编 委 会

主　编：李　华

副主编：李　丽　王　利　韩雪山　牛淑梅

编　委：王振华　孙彬青　杨　凯　崔　洁

陈志强　王东方　付　奇　王　旭

王海燕　张卫红　路冰琳　袁文广

徐炜峰　冯　勇　刘　波

主要包装物特性与资源再生实用手册

李　华　主编
李　丽　王　利
韩雪山　牛淑梅　副主编

中国环境科学出版社·北京

图书在版编目（CIP）数据

主要包装物特性与资源再生实用手册/李华主编. —北京：中国环境科学出版社，2010.10
ISBN 978-7-5111-0359-8

Ⅰ. ①主… Ⅱ. ①李… Ⅲ. ①包装材料—性能②包装材料—再生资源—资源利用 Ⅳ. ①TB484

中国版本图书馆 CIP 数据核字（2010）第 169073 号

责任编辑 连 斌
责任校对 尹 芳
封面设计 玄石至上

出版发行 中国环境科学出版社
（100062 北京崇文区广渠门内大街 16 号）
网 址：http://www.cesp.com.cn
联系电话：010-67112765（总编室）
发行热线：010-67125803，010-67113405（传真）
印 刷 北京市联华印刷厂
经 销 各地新华书店
版 次 2010 年 10 月第 1 版
印 次 2010 年 10 月第 1 次印刷
开 本 787×1092 1/16
印 张 14.25
字 数 300 千字
定 价 43.00 元

前 言

随着我国包装工业的迅猛发展，包装废物造成的环境问题逐渐引起公众的关注。据调查，我国进入城市生活垃圾处理场的垃圾中包装废物占15%~20%，即我国每年至少有3 000万t包装废物进入生活垃圾处理场。增加的这部分生活垃圾将增加无害化处理的压力，增加处理费用和土地占用量，增加污染物排放量，加大环境污染的风险；如果处理不当，将造成严重的环境污染，破坏土地结构从而降低土地价值，破坏城乡景观，降低居民生活质量；大量的包装废物不能得到综合利用又将造成资源的巨大浪费。因此对包装废物造成的环境污染进行治理迫在眉睫。

为实现包装废物的减量化和资源化，降低其环境影响，应对包装废物从产生—分类收集—再生利用全过程中的各个环节进行研究，以针对不同类型的包装物的特性确定其资源再生方式。同时，通过对包装物从生产—使用—处置的整个生命周期内的性质特征进行研究，还可以利用生命周期评价（LCA）方法明确包装物生产与使用中产生的环境影响，以在环境管理中针对其全生命周期进行环境评价、制定相应的污染防治技术政策。

本手册介绍了主要类型包装物的原料来源、种类与特征、性能与应用、安全与环境影响、废弃与回收等，列出了主要包装物分类表，为对包装物进行生命周期评价、进行相应的环境管理技术与制度研究提供了基本资料。

本手册是在科技部“十一五”国家科技支撑计划重大项目“清洁生产与循环经济关键技术开发及应用”之课题“包装废物资源化利用技术”（2006BAC02A13）的资金支持下完成的。

希望本手册能对从事环境保护与资源再生、生命周期评价、包装产品等领域的技术人员与管理人员有所帮助。

目　录

第一章　塑料类包装

第一节　塑料类包装概述

一、塑料包装的发展

现代包装是从使用塑料薄膜进行预包装开始的。

最早的薄膜包装是玻璃纸。20 世纪 50 年代，开发出了用于火腿肠真空包装的聚合玻璃纸。此后，新薄膜的开发扩大到方便面的自动包装应用。塑料包装材料强度高，阻隔性好，质轻携带方便。随着商品流通的发展，商品预先包装的需求愈来愈旺盛，促使新型塑料包装材料得到开发和应用，也使采用新型材料的包装商品在市场上得到推广，同时促进了填充和包装的包装机械的开发，在这三者相互关联的基础上，包装技术得到不断发展。

塑料用作包装材料是现代包装技术发展的重要标志，因其性能优良，成为近几十年来发展最快、用量最大的包装材料。塑料包装材料逐步取代传统包装材料，体现了包装形式的丰富多样、流通使用方便的特点。

用于包装的塑料产品主要品种及特点如下：

➢ 薄膜、片材包括各种膜、袋等

特点：功能化、复合化、多样化、产量大。

➢ 容器包括桶、箱、瓶、杯、盘等

特点：材料品种单一、有功能化趋势、产量稳步增长。

➢ 编织制品包括编织袋、集装袋等

特点：材料品种单一、产量大。

➢ 泡沫制品包括泡沫垫、膜、袋等

特点：有限品种、产量稳步增长。

➢ 其他如打包带、胶粘带等辅助包装制品

特点：量较少，但用途广泛、不可或缺。

目前，世界塑料制品总产量中的 25%用于包装。中国包装工业经过近 30 年的发展，已形成了一个以纸、塑料、金属、玻璃、印刷和包装机械为主的独立、完整、门类齐全的工业体系。其中，塑料包装是包装产业中发展最快的分支之一，1980 年我国塑料包装材料总量仅有 19.1 万 t，产值 30 亿元；2005 年塑料包装材料年产量超过 800 万 t，占我国包装材料总量的 30%以上；预计到 2010 年我国塑料包装材料年产量将达到 1 100 万 t。

我国塑料包装需求量及预测见表 1-1。

表 1-1　我国塑料包装需求量及预测　　单位：万 t

塑料包装类别	1995 年	2000 年	2005 年	2010 年
包装薄膜	52.0	100.0	300.0	415.0
复合薄膜	12.0	43.0	85.0	125.0
包装用片材	14.8	24.0	35.0	46.0
周转箱	4.7	7.0	10.0	14.0
瓦楞箱	2.8	4.0	5.0	7.0
塑料托盘	0.5	1.0	2.0	5.0
中空容器	20.1	33.0	68.0	80.0
饮料瓶	3.6	18.0	35.0	47.0
编织制品	31.4	120.0	220.0	300.0
包装带、胶粘带	5.2	5.0	7.0	8.0
泡沫包装材料	4.9	22.0	40.0	53.0
总产量	152.0	377.0	807.0	1 100.0

塑料材料在灌装包装薄膜和运输硬质容器包装上显示出技术优点，塑料包装易加工，生产线速度快，运输包装成本低，具有较强的竞争力，市场前景看好。除不断扩大在各种包装材料中所占的份额之外，塑料包装材料正向高机能、多功能性、环保适应性、新材料、新工艺、新设备及拓宽应用领域等方向发展。例如将在高阻隔性、耐高温、保鲜、防虫防霉、无菌等方面增强其功能；在保证包装效果的同时将努力减轻、减薄，以降低包装成本。此外，包装产品的发展将更重视包装材料的功能化，如高阻隔化、耐高温和保鲜功能等。

二、塑料包装材料基本特性

塑料是以聚合物树脂为基本成分，再加入一些用来改善其性能的各种添加剂制成的。用于包装的聚合物树脂主要包括聚乙烯、聚丙烯、聚氯乙烯、聚苯乙烯、聚酯、聚酰胺、聚碳酸酯、聚偏二氯乙烯、乙烯-乙烯醇共聚物等。常用的添加剂有稳定剂、增塑剂、着色剂等，用以改善树脂加工及使用性能。

塑料包装材料主要有以下特点：

（1）质轻，机械性能好。塑料的密度一般为 0.9～2.0 g/cm^3，按材料单位质量计算的强度比较高。

（2）适宜的阻隔性与渗透性。如 PVC 具有良好的阻油、阻气性，但阻湿性较差；PVA 的阻气、阻香性好，等等。

（3）化学稳定性好。塑料对一般的酸碱盐等均有良好的抗腐蚀力，足以耐受来自被包装物（如食品中的酸性成分、油脂等）和包装外部环境的水、氧气、二氧化碳及各种化学介质的腐蚀，这一点较金属有很强的优势。

（4）光学性能优良。如 PS、PVC 具有很好的透明度。

（5）卫生性良好。纯的聚合物树脂几乎是没有毒性的，可以放心地用于食品包装。但个别树脂的单体（如聚氯乙烯中单体氯乙烯等），如果在用作食品包装容器时含量过高，超过一定浓度时，容易迁移到被包装的食品中，经食品进入人体后有一定的危害作用。如果在树脂聚合过程中，尽量将单体控制在一定数量之下，则可确保其卫生性。

（6）良好的加工性能和装饰性。塑料包装制品可以用挤出、注射、吸塑等方法成型，还能很容易地染上美丽的颜色或印刷上装潢图案。塑料薄膜还可以方便地在高速自动包装机上自动成型、灌装、热封，生产效率高。

除上述特点之外，塑料还有以下性能：①大多数塑料化学性稳定，不会锈蚀；②耐冲击性好；③具有较好的透明性和耐磨耗性；④绝缘性好，导热性低；⑤一般成型性、着色性好，加工成本低；⑥大部分塑料耐热性差，热膨胀率大，易燃烧；⑦尺寸稳定性差，容易变形；⑧多数塑料耐低温性差，低温下变脆；⑨容易老化；⑩某些塑料易溶于溶剂。

三、塑料包装产品分类

塑料包装的形态有膜袋（初级产品）、容器（桶、箱、瓶、盒等）、编织袋、托盘、打包带、胶粘带、标签等。

塑料包装制品按材料和形状分类如下：

（1）聚乙烯包装制品：

薄膜袋：包装用聚乙烯吹塑薄膜、液体包装用聚乙烯吹塑薄膜、高密度聚乙烯吹塑薄膜、单向拉伸高密度聚乙烯薄膜、聚乙烯自粘保鲜膜、聚乙烯热收缩薄膜，未拉伸聚乙烯薄膜、运输包装用缠绕膜、夹链自封袋、商品零售包装袋。

容器：聚乙烯吹塑桶、软塑折叠包装容器、塑料防盗瓶盖、聚乙烯塑料瓶。

其他：塑料编织袋、塑料周转箱、聚乙烯泡沫塑料、托盘等。

（2）聚丙烯包装制品：

薄膜片材类：热封型双向拉伸聚丙烯薄膜、双向拉伸聚丙烯珠光薄膜、未拉伸聚丙烯薄膜、聚丙烯挤出片材。

容器类：塑料餐饮具、各种瓶和瓶盖等。

其他：塑料编织袋、集装袋、塑料周转箱、聚丙烯泡沫塑料、托盘、打包带、胶粘带。

（3）聚氯乙烯包装制品：

薄膜、片材：聚氯乙烯膜片、热收缩膜。

容器：聚氯乙烯瓶。

其他：周转箱、聚氯乙烯泡沫。

（4）聚苯乙烯包装制品：

双向拉伸聚苯乙烯片材、聚苯乙烯泡沫、发泡聚苯乙烯饭盒。

（5）聚对苯二甲酸乙二醇酯包装制品：

薄膜：包装用双向拉伸聚酯薄膜。

容器：聚酯无气饮料瓶、聚对苯二甲酸乙二醇酯碳酸饮料瓶、热罐装用聚对苯二甲酸乙二醇酯瓶、饮水桶、奶瓶等。

（6）聚酰胺包装制品：

双向拉伸尼龙薄膜、肠衣膜（复合膜）。

（7）聚碳酸酯包装制品：

聚碳酸酯饮用水罐、塑料奶瓶、塑料饮水杯。

（8）聚偏二氯乙烯包装制品：

食品包装用聚偏二氯乙烯片状肠衣膜、聚偏二氯乙烯乳胶（用于涂布复合膜）。

（9）乙烯-乙烯醇共聚物包装产品：

EVOH 薄膜（主要为共挤复合膜）。

四、塑料包装的成型工艺

塑料的成型加工是指由聚合物制成最终塑料制品的过程。加工方法（通常称为塑料的一次加工）包括模压成型、吹塑成型、挤出成型、注射成型、压延成型等。

（1）模压成型或压制成型，是将粉状、粒状或纤维状塑料放入成型温度下的模具型腔中，然后闭模加压使其成型并固化，开模取出制品的成型方法，主要用于酚醛树脂、脲醛树脂、不饱和聚酯树脂等热固性塑料的成型。

（2）吹塑成型，是借助于气体压力使闭合在模具中的热熔型坯吹胀形成中空制品的方法。吹塑成型可以制得各种不同容量、不同壁厚的塑料瓶、桶、罐等包装容器。适于吹塑的塑料有 PE、PVC、PP、PS、PET、PA、PC 等。

（3）挤出成型，是指物料通过挤出机料筒和螺杆间的作用，边受热塑化，边被螺杆向前推送，连续通过机头而制成各种截面制品或半制品的一种加工方法。挤出方法按塑化方式分为干法挤出与湿法挤出，按加压方式分为连续挤出与间歇挤出。其特点是生产连续、效率高、投资省、成本低、操作简单、应用范围广。

（4）注射成型，是指有一定形状的模型，通过压力将熔融状态的胶体注入模腔而成型，工艺原理是将固态的塑胶按照一定的熔点融化，通过注射机器的压力，用一定的速度注入模具内，模具通过水道冷却将塑胶固化而得到与设计模腔一样的产品。注塑是使热塑性或热固性模塑料先在加热料筒中均匀塑化，而后由柱塞或移动螺杆推挤到闭合模具的模腔中成型的一种方法。注射成型几乎适用于所有的热塑性塑料。近年来，注射成型也成功地用于成型某些热固性塑料。注射成型的成型周期短（几秒到几分钟），成型制品质量可由几克到几十千克，能一次成型外形复杂、尺寸精确、带有金属或非金属嵌件的模塑品。因此，该方法适应性强，生产效率高。

（5）压延成型，是将熔融塑化的热塑性塑料通过两个以上的平行异向旋转辊筒间隙，使溶体受到辊筒挤压延展、拉伸而成为具有一定规格尺寸和符合质量要求的连续片状制品的成型方法。

（6）二次成型，是塑料成型加工的方法之一。以塑料型材或型坯为原料，使其通过加热和外力作用成为所需形状制品的一种方法。主要包括以下几种成型方法：热成型，双轴拉伸，固相成型等。

五、塑料包装的应用

（一）食品

塑料食品包装产品广泛应用在我们日常生活中，主要产品有塑料袋和发泡塑料盒。塑料用于食品包装的量约占塑料总产量的 1/4。在超市及商场，很多食品包装均是塑料做的。在饮料市场上，塑料瓶，特别是 PET 瓶是最主要和最引人注目的包装。塑料袋装酱油也已经出现，塑料桶装酱油、醋等已经打破玻璃瓶的一统天下。味精、胡椒粉等小包装基本是塑料袋的市场，纸包装很少采用。从中国罐头工业协会获悉，国内市场中，以难以开启的笨重的玻璃瓶、马口铁包装为主的罐头，在国外发达国家，正在被小包装、易携带、好开启的塑料软包装罐头逐步取代。塑料软包装罐头受到消费者的青睐，在短短的几年内就迅速占领罐头包装市场近 30%的份额。在我国，阻碍塑料包装在罐头领域大显身手的主要因素是价格。

此外，在啤酒行业中，目前全球都在着力开发 PET 塑料瓶作为替代产品。与罐头包装相比，啤酒包装要求有更好的保鲜性和氧气阻隔性，目前因技术尚未完全成熟，如瓶口的密封性、耐压程度、防渗透等方面对啤酒质量的影响程度仍在探索，所以国内企业对是否采用塑料包装仍处于观望和实验阶段。

（二）药品

目前药品包装仍是铝、塑、玻共存，但塑料包装比例正在迅速提升。我国药品片剂用铝、塑包装比例已从 1990 年的 10%提升到了 40%，玻璃瓶包装比例从 1990 年的 85%下降到了 2003 年的 15%。塑料瓶、铝塑泡罩包装、条包装、袋包装已占到片剂总包装量的 95%以上。其中，条包装约占 15%，袋包装约占 10%，塑料瓶与铝塑泡罩包装各占 30%以上。塑料瓶已抢占了玻璃瓶的大部分市场份额。铝塑泡罩包装方兴未艾，不仅占了 30%以上，而且呈与瓶包装一争高下之势。但塑料袋包装比例较几年前明显下降，只有个别小药厂还在采用这种包装形式。到 2005 年底，我国药品包装用 PVDC 及 PVC/PVDC、PVC/PE 复合材料需求量已达到 6 万 t。但我国药用塑料瓶主要是由 PE 和 PP 制成的，由于要考虑避光保存，PET 瓶在这一领域的应用受到一定限制。不过总的趋势是使用量越来越大。部分生产中低速 PET 设备的厂家，已经把目标锁定在药品包装上。

（三）化妆品

化妆品市场对包装的外观要求越来越高，塑料因为其坚固耐久而被广泛使用，玻璃则给人一种高贵的外观感，因此也是化妆品包装中的主选材料。玻璃的璀璨夺目非常适合于香水瓶等的包装，而塑料凭借着合理的价格和较轻的质量赢得了这场化妆品包装材料的竞争。塑料的强度大、质量轻和不易破碎等特点使其在竞争中立于不败之地，不仅如此，种类繁多的塑料包装设计可在很短的时间内实现并实施于生产。塑料包装赋予了化妆品生产商很多机会，可用经济合理的成本生产出众多包装精美、匠心独具的产品。

通过化学家和塑料生产商的努力，塑料制品又取得了从前只有玻璃才有的透明特性。现在绝大部分洗发用品的瓶子还是不透明的 PE 瓶，只是个别瓶盖改用透明 PP 材质。今后高透明性的 PP 瓶和 PET 瓶将在洗发护发品等包装方面获得更多的应用。PET 很容易被染成各种颜色，而且即使经过抗 UV 处理，透明性依旧不变。多层塑料复合技术能使多层不同种类的塑料复合在一起，一次成塑出来，可以选择任何可想象的色彩以及设计出各式容器。有了多层成塑技术，塑料包装一方面能完全隔绝光、空气，避免护肤品氧化；另一方面通过糅合进不同种类的物质，在外观上获得奇妙的视觉效果和独特的手感，提高了软管的可曲折性。多层塑料复合技术将会有广泛的应用前景。

（四）水泥袋

纸袋是水泥包装几十年一贯的传统包装物，塑料编织袋是水泥包装改革以来最早出现的新材料袋型。当时是包装机械引进的全盛年代，上百条塑编生产线从外国引进，带有成型制袋全套设备的也有一二十条，国产设备也自此纷纷上马。国家建材主管部门面对当时水泥产量年年递增纸袋纸极度短缺的压力下，积极寻找水泥包装新材料，缓解纸资源之不足，塑料编织布的出现，无疑是一个振奋人心的喜讯。结果证明，除聚氯乙烯外，凡聚丙烯、聚乙烯、高密度聚乙烯制作的塑编水泥袋都对水泥质量无影响，塑料编织袋具有较高的强度，能大大降低包装的破损率，是综合性能优良的一种新材料。自此，塑料编织袋走上了水泥包装的舞台，成为它的主要成员。

（五）兵器包装

1. 导弹包装

我国的导弹包装经过科研人员的多年努力，取得了很大进展。借鉴国外先进经验用玻璃钢经缠绕成型导弹包装筒兼发射筒，成功地应用到红箭-8及某新型反坦克导弹的包装上，用具有高阻隔性的铝塑复合材料制作前、后密封膜片及防潮包装袋，用高发泡聚乙烯塑料作缓冲材料，并用工程塑料制作包装筒兼发射筒的前、后密封膜保护盖（易碎盖）。

2. 枪械包装

近年来，国内新兴的包装工业得到迅速发展，各种性能优良的包装隔离材料、缓冲材料、代木材料等相继投入生产，为枪械的防潮密封材料和代木包装提供了必要的物质条件，并在枪械包装上推广应用，我国正逐步利用工程塑料、玻璃钢及木质塑料等作枪械外包装。借鉴国外先进技术，用软质复合塑料防潮包装袋作内包装，用泡沫塑料作缓冲材料，并将气相防锈塑料薄膜、气相防锈复合纸等气相封存技术应用于枪械及各类轻重武器上的防锈封存包装，获得很大成功。

3. 弹药包装

国外关于弹药等军用设备的包装材料及包装容器的研究较深入，目前正大量开发各种耐寒薄膜、防潮薄膜、防腐膜、高屏蔽薄膜等多功能性复合薄膜，以适应各种产品的包装需要。目前美军不断地寻求新的内包装材料，大力发展各种新型材料在弹药包装上的应用，在内包装上大量采用塑铝塑复合膜进行防潮密封包装；外包装上正研制各种高性能、轻质化的塑料筒、玻璃钢筒及玻璃钢箱，以提高包装的贮存、运输、使用性能。我国在 20 世纪 60 年代中期曾采用低密度聚乙烯挤出拉管成型，两端热焊封用来包装中、小口径炮弹。用玻璃钢制作包装筒这种非金属弹丸筒具有质量轻、比强度高、耐化学腐蚀性好等特点，弹丸筒一致性好，装配方便，生产效率高，勤务维修性好。

另外还有军用光学仪器包装、坦克和车辆封存包装等。

（六）农药包装

农药包装中采用塑料包装的仅占 10%。长期以来液剂农药一直采用玻璃瓶包装，玻璃瓶包装破损率高、易泄漏、计量不便、难以回收、运输成本高。近现代塑料加工应用以来，化工农药部门推广应用塑料包装，塑料包装将成为今后市场的主流。

（七）运输用托盘

托盘有木托盘、塑料托盘、纸托盘、钢托盘、复合材料托盘之分。我国的托盘以木托盘为主导，大约占 90%。据称，一棵成材大树只能制 6 个标准托盘，用木材制造托盘是对资源的极大浪费。从环境保护和节省资源的角度出发，很多托盘生产企业开发出了人造板（中纤板、刨花板、夹板）托盘、蜂窝纸托盘、塑木托盘、模压托盘等。目前全球对塑料托盘的需求正以每年 10%的速度增长。

六、塑料包装废物的处理

目前，塑料包装材料废物的回收处理方法很多，依照有益于生态环境持续发展的含义来对它们进行排序，首先是回收再利用，其次是重获原料或焚烧获取能量，最终处置方式一般是填埋。

（一）塑料包装的回收再利用

塑料包装回收再利用是一种最积极的促进材料再循环使用的方式，即不再有加工处理的过程，而是通过清洁后直接重复再用。这是一种回收循环利用技术，它是有效节约原料资源和能源、减少包装废物产生量的重要手段，应予以充分重视。

许多塑料包装容器如托盘、周转箱、大包装盒、塑料桶等用于运输包装的硬质、光滑、干净、易清洁的较大容器，经一次使用甚至多次使用仍然完好，只需稍作修整和清洁消毒就可以重复使用。其复用技术处理工艺一般为：分类→挑选（刚用后丢弃的，基本无污染、无划痕、透明、光滑）→水洗→酸洗→碱洗→消毒→水洗→亚硫酸氢钠浸泡→水洗→蒸馏水洗→50℃烘干→再使用。

（二）机械处理再利用

机械处理再利用包括直接再生和改性再生两大类。

直接再生主要是指废旧塑料经前处理破碎后直接塑化，再进行成型加工或造颗粒，有些情况需添加一定量的新树脂或适当的配合剂（如防老剂、润滑剂、稳定剂、增塑剂、着色剂等），制成再生塑料制品的过程。它可采用现有技术、设备，既经济又高效。直接再生利用的一般过程为：预处理（分拣、清洗、脱泡等）→粉碎→冲洗搅拌→混炼均化→塑化→造粒或再制品成型。

改性再生的目的是提高再生料的基本力学性能，以满足再生专用制品质量的需要。改性的方法，可分为物理改性和化学改性。

（三）塑料包装材料的化学降解再生

化学降解再生的基本原理是将废旧塑料制品中原树脂高聚物进行较彻底的大分子链分解，使其回到低分子状态，有的组分就是其单体，其他组分是基本有机原料，不同聚合度的小分子、化合物、燃料等高价值的化工产品。这种回收处理方式使自然资源的使用真正形成了一个封闭的循环圈。

此种方法有如下优点：其一，分解生成的化工原料在质量上与新的原料不分上下，可以与新料同等使用，达到了再资源化；其二，具有相当大的处理潜力，能达到真正治理塑料所形成的“白色污染”。所以此法具有更高的经济效益和社会效益，是必然的发展趋势。它可分为解聚、水解和醇解、热裂解、氢解、气化。其中，水解是一种既方便又经济的塑料回收手段；热裂解也属于比较有发展前景的技术，国内外对此都极为重视。热裂解按照所得产物的不同可分为油化工艺、气化工艺及炭化工艺。

（四）焚烧法回收热能和填埋处理

焚烧法是将不能用于回收的混杂塑料及其他垃圾的混合物作为燃料，置于焚烧炉中焚化，然后充分利用燃烧产生的热量。此法最大的特点是将废物转化成为能源，同时具有明显的减容效果。燃烧后的残渣体积小、密度大，填埋时占地极小，也很方便，同时又稳定，易于解体溶于土壤之中。但焚烧方法存在以下不足之处：焚烧设备建设的一次性投资大，费用高；若不加以区分地焚烧处理，有些塑料在焚烧过程中不可避免地产生二次污染的有害物质，如 SO_2、HCl、HCN 等，剩余灰烬中残存有重金属及有害物质，它们都会对生态环境和人体健康造成危害。

因为普通塑料要经过好几百年才会分解，因此填埋是一种消极简单的处理方法，对于减轻环境负荷来说是最不理想的，只能是在无法进行上述处置时对塑料类包装材料的最终处置方式。

第二节 聚乙烯包装制品

一、聚乙烯概况

（一）材料来源及加工生产

聚乙烯简称 PE，为目前使用量最大的通用型塑料之一。聚乙烯是乙烯单体经聚合制得的一种热塑性树脂，在工业上，也包括乙烯与少量 α-烯烃的共聚物。聚乙烯的性质因品种而异，主要取决于分子结构和密度。采用不同的生产方法可得不同密度（0.91～0.96 g/cm^3）的产物。随着石油化工的发展，聚乙烯生产得到迅速发展，产量约占塑料总产量的 1/4。

用于包装的聚乙烯主要种类如下：①LDPE：低密度聚乙烯；②LLDPE：线性低密度聚乙烯；③MDPE：中密度聚乙烯；④HDPE：高密度聚乙烯；⑤改性聚乙烯：CPE、交联聚乙烯（PEX)；⑥乙烯共聚物：乙烯—丙烯共聚物（塑料)、EVA、乙烯—丁烯共聚物、乙烯—其他烯烃（如辛烯 POE、环烯烃）的共聚物、乙烯—不饱和酯共聚物（EAA、EMAA 、EEA、EMA、EMMA、EMAH)。

（二）聚乙烯材料性能和包装应用

1．低密度聚乙烯（LDPE）

低密度聚乙烯为乳白色圆珠形颗粒。无毒、无味、无臭，表面无光泽。密度为 0.916～

0.930 g/cm³。性质较柔软，具有良好的延伸性、电绝缘性、化学稳定性、加工性能和耐低温性（可耐－70℃），但机械强度、隔湿性、隔气性和耐溶剂性较差。分子结构不够规整，结晶度（55%～65%）低，结晶熔点（108～126℃）也较低。

低密度聚乙烯（即高压聚乙烯）适合热塑性成型加工的各种成型工艺。成型加工性好，如注塑、挤塑、吹塑、旋转成型、涂覆、发泡工艺、热成型、热风焊、热焊接等。主要用途是作薄膜产品，如农业用薄膜、地面覆盖薄膜、农膜、蔬菜大棚膜等；包装用膜，如糖果、蔬菜、冷冻食品等包装；液体包装用吹塑薄膜（牛奶、酱油、果汁、豆腐、豆奶）；重包装袋、收缩包装薄膜、弹性薄膜、内衬薄膜；建筑用薄膜，一般工业包装薄膜和食品袋等。还用于注塑制品，如小型容器、盖子、日用制品。医疗器具，药品和食品包装材料、热成型等制品；吹塑中空成型制品，如奶制品和果酱类食品容器，药物、化妆品、化工产品容器、槽罐等。

低密度聚乙烯主要产品牌号有 18D、18D0、2426F、2426H、2426K。

2．线性低密度聚乙烯（LLDPE）

LLDPE 产品无毒、无味、无臭，呈乳白色颗粒。与 LDPE 相比具有强度高、韧性好、刚性强、耐热、耐寒等优点，还具有良好的耐环境应力开裂、耐撕裂强度等性能，并可耐酸、碱、有机溶剂等。

线性低密度聚乙烯由于较高的抗张强度、较好的抗穿刺和抗撕裂性能，主要用于替代 LDPE 制造薄膜。2005 年世界 LLDPE 消费量为 1 617 万 t，同比增长 6.4%。在消费结构中，薄膜制品仍占最大比例，消费量为 1 190 万 t，占总消费量的 73.6%；其次为注塑，消费量为 114.8 万 t，约占 LLDPE 总消费量的 7.1%。

2005 年，我国 LLDPE 和 LDPE 消费总量为 598 万 t，其中 LLDPE 消费量为 355 万 t，同比增长 25.4%，占 LLDPE 和 LDPE 消费总量的 59.4%；LDPE 消费量为 243 万 t，同比增加 0.7%，占 LLDPE 和 LDPE 消费总量的 40.6%。

与通常使用的丁烯共聚单体相比，以己烯和辛烯作为共聚单体生产的 LLDPE 具有更为优良的性能。LLDPE 树脂的最大用途在于薄膜的生产，以长链 α-烯烃（如己烯、辛烯）作为共聚单体生产的 LLDPE 树脂制成的薄膜及制品在拉伸强度、冲击强度、撕裂强度、耐穿刺性、耐环境应力开裂性等许多方面均优于用丁烯作为共聚单体生产的 LLDPE 树脂。自 20 世纪 90 年代以来，国外的 PE 生产厂商及用户均趋向于用己烯及辛烯替代丁烯。据悉，用辛烯作共聚单体，树脂性能不一定能比己烯共聚有更进一步的改善，且价格反而贵些，因此目前国外主要 LLDPE 生产商使用己烯来替代丁烯的趋势更为明显。

3．高密度聚乙烯（HDPE）

高密度聚乙烯是一种结晶度高、非极性的热塑性树脂。原态 HDPE 的外表呈乳白色，在微薄截面呈一定程度的半透明状。高密度聚乙烯具有优良的耐化学品的特性、不吸湿并具有好的防水蒸气性，可用于各种包装用途。

密度是决定 HDPE 特性的主要变量，密度与结晶率呈线性关系。美国一般分类按美国材料试验学会（ASTM）D1248 规定，HDPE 的密度在 0.940 g/cm³ 以上；中密度聚乙烯（MDPE）密度范围为 0.926～0.940 g/cm³。其他分类法有时把 MDPE 归类于 HDPE 或 LLDPE。均聚物具有最高密度、最大的刚度，良好的防渗透性和最高的熔点，但一般具有很差抗环境应力开裂（ESCR）。ESCR 是 PE 抗由机械或化学应力所引起的开裂性的能力。更高的密度一般能改进物理机械性能（如拉伸强度、刚度和硬度），热性能（如软化点温度和热变形温度），防渗透性（如透气性或水蒸气透过性）。较低的密度改进其冲击强度和 ESCR。聚合物密度主要是受共聚单体加入的影响，但较少程度也受分子量影响。高分子量百分数使密度略有降低。

HDPE 树脂采用注塑、吹塑、挤塑、滚塑等成型方法，生产薄膜制品、日用品及工业用的各种大小中空容器、管材、包装用的压延带和结扎带，绳缆、渔网和编织用纤维、电线电缆等。

（三）安全和环境影响

聚乙烯对人体无毒，因而大量用作食品包装材料。聚乙烯薄膜生产中产生的边角料、残次品等，这些废料清洁，品种明确，可粉碎压缩后直接送入挤出机造粒，回收过程较简单。聚乙烯生产混炼造粒过程产生的各种污染粒子，对产品的优级品率和最终加工性能产生了很大的影响。各种污染粒子的产生既有物理过程，也有化学过程。

来自化学工业、电气工业、食品与消费品工业等的废弃薄膜，这些废膜均已被污染，有的已着色并印有商标，有的还含有砂子、木屑或碎纸等杂质。

白色污染泛指塑料制品和塑料包装的废物给环境带来的危害。聚乙烯塑料制品废弃后，在自然环境中难以分解，这是危害环境的主要因素。

（四）回收利用情况

废塑料中各品种所占的质量分数大致为低密度聚乙烯（LDPE）27%；高密度聚乙烯（HDPE）21%；聚丙烯（PP）18%；聚苯乙烯（PS）16%；聚氯乙烯（PVC）7%。可见 PE 占有相当大的比重，加之其回收利用价值高、耐老化性较好等特点，PE 的回收利用受到特别的重视。

回收量较大的是生产中的低密度聚乙烯（LDPE）残次品和边角料，日常废弃 LDPE 包装薄膜并未大量回收。高密度聚乙烯（HDPE）是回收的第二大废品，主要为塑料容器，包括牛奶瓶、农用化学品包装、洗涤剂、漂白剂瓶等。由于回收料是单一品种，再生加工比较简单，主要是清洗和轧碎。其工序为：回收的废瓶经切碎、清洗，利用密度不同进行分离清除杂质、干燥、挤塑、造粒等。利用水力旋流法从废物中可分离出 60%～80% 聚烯烃，再生的聚乙烯、聚丙烯混合料适合制造薄膜和其他高附加值产品，其性能与新料相近，但价格便宜。

再生料可用于制造管、桶、隔栅、新的饮料瓶杯形底、饮料瓶条板箱、花钵、垃圾箱、汽车挡泥板、厨房用滴水板等。

二、典型聚乙烯包装产品

聚乙烯包装产品主要有薄膜、中空制品、泡沫塑料、塑料周转箱等。其典型产品如下：

（1）薄膜、袋：包装用聚乙烯吹塑薄膜，高密度聚乙烯吹塑薄膜，单向拉伸高密度聚乙烯薄膜，聚乙烯自粘保鲜膜，聚乙烯热收缩薄膜，运输包装用缠绕膜，夹链自封袋，商品零售包装袋。

（2）容器：聚乙烯吹塑桶，塑料瓶、杯等，软塑折叠包装容器，塑料防盗瓶盖。

（3）泡沫塑料：聚乙烯泡沫塑料，聚乙烯发泡布（珍珠棉）。

（4）塑料周转箱。

三、聚乙烯包装制品及其废物特性

（一）聚乙烯薄膜

1．基本配方

（1）包装用聚乙烯吹塑薄膜的配方：聚乙烯树脂 100 份、防雾剂 0.1～0.5 份、稳定剂 0.1～0.5 份。

（2）聚乙烯自粘保鲜膜的配方：增粘线型低密度聚乙烯 25～35 份、线性低密度聚乙烯 40～50 份、茂金属聚乙烯 10～20 份、弹性体 1～5 份、防雾剂 1～4 份、白油 0～0.5 份。

（3）聚乙烯热收缩薄膜的配方：LLDPE 100 份、LDPE 30～50 份、助剂 0.2～1.5 份。

（4）单向拉伸高密度聚乙烯薄膜的配方：HDPE 98%、聚氧化乙烯十八烷基胺 2%。

（5）运输包装用缠绕膜的配方：LLDPE 90 份、EVA 15～30 份、丁基橡胶 1～2 份、甘油 0.2～1 份、油酸酰胺 0.5～1 份。

（6）夹链自封袋：根据需要可用 LDPE 树脂、LLDPE 树脂、HDPE 树脂或其混合树脂进行配方。

（7）聚乙烯气相防锈膜配方：LDPE 树脂 100 份、缓蚀剂（亚硝酸钠、苯甲酸钠、辛酸二环己胺）2～4 份、邻苯二甲酸二辛酯增塑剂 10 份、45 μm 的白炭黑填料 0.5 份。

2．生产工艺流程

（1）包装用聚乙烯吹塑薄膜的生产工艺：料斗上料→物料塑化挤出→吹胀牵引→风环冷却→人字夹板→牵引辊牵引→电晕处理→薄膜收卷。

（2）自粘保鲜膜的生产工艺流程：LLDPE 或 LDPE 粒子进料→共挤出机共挤出→圆形口模挤出吹塑→循环风冷却→人字架引膜→熄泡辊熄泡牵引→收卷。

（3）聚乙烯热收缩膜生产工艺流程：配料→拌料上斗→挤出下吹→风冷→双向拉伸→水冷→收卷。

（4）单向拉伸高密度聚乙烯薄膜生产工艺流程：配料→拌料上斗→挤出平膜法或泡管膜法→牵引→纵向拉伸→定型→收卷。

（5）运输包装用缠绕膜生产工艺流程：LLDPE 或 LDPE 粒子进料→共挤出机挤出→圆形口模挤出吹塑→循环风冷却→人字架引膜→熄泡辊熄泡牵引→收卷。

（6）夹链自封袋：LDPE 树脂→挤出吹膜→牵引→合口（夹链成型）→冷却→卷绕→封切→成品→检验。

（7）聚乙烯气相防锈膜生产工艺流程：缓蚀剂+PE+其他助剂→混合造粒（母料）→与 PE 混合加入挤出机→吹膜→冷却→收卷。

3．使用资源、生产环境与排放

资源：电能、冷却循环水。

生产环境：噪声、高温。

4．产品主要指标

（1）包装用聚乙烯吹塑薄膜的性能指标：拉伸强度、断裂伸长率、冲击强度。

（2）聚乙烯自粘保鲜膜的性能指标：拉伸强度、断裂伸长率、直角撕裂强度、气体（氧气、二氧化碳）透过率、水蒸气透过率、透光率、雾度、自粘性。

（3）聚乙烯热收缩膜性能指标：拉伸强度、断裂伸长率、热收缩率、热合强度。

（4）单向拉伸高密度聚乙烯薄膜性能指标：拉伸强度、断裂伸长率、热收缩率、热合强度、透光率、抗静电性能、扭结性能。

（5）运输包装用缠绕膜性能指标：拉伸强度、断裂伸长率、拉力保持、永久变形、弹性恢复、粘性、水蒸气透过量、抗穿刺、透光率、雾度。

（6）夹链自封袋性能指标：拉伸强度、断裂伸长率、夹链开合性能、热合强度、跌落性能、密封性能、卫生性能。

（7）聚乙烯气相防锈膜性能指标：拉伸强度、撕裂强度、气相缓蚀能力、消耗后的气相缓蚀能力、接触腐蚀、与铜的适应性。

5．产品标准

GB/T 4456—2008　包装用聚乙烯吹塑薄膜

GB 10457—2009　食品用塑料自粘保鲜膜

GB/T 13519—1992　聚乙烯热收缩薄膜

GB/T 14188—2008　气相防锈包装材料选用通则

GB/T 19532—2004　包装材料 气相防锈塑料薄膜

QB/T 1128—1991　单向拉伸高密度聚乙烯薄膜

BB/T 0024—2004　运输包装用拉伸缠绕膜

6．产品用途

聚乙烯薄片、薄膜的密度低、柔软而不必加增塑剂、抗撕强度高、不吸水、不透水及耐化学药品性，这些都是包装材料所必需的，因此聚乙烯薄膜在包装工业中有着十分广阔的市场。如农业用薄膜、地面覆盖薄膜、农膜、蔬菜大棚膜等；包装用膜如糖果、蔬菜、冷冻食品等包装；液体包装用吹塑薄膜（牛奶、酱油、果汁、豆腐、豆奶）；重包装袋、收缩包装薄膜、弹性薄膜、内衬薄膜；建筑用薄膜，一般工业包装薄膜、夹链自封袋、食品袋及各种功能包装膜的基材等。

7．产品复用性

一次使用后废弃，可回收造粒再生使用。

8．废物回收状况

（1）回收途径：社会自然回收和工业回收。

（2）回收工艺过程：粉碎→清洗→脱水→烘干→造粒。

（二）聚乙烯泡沫塑料

1．基本配方

（1）交联 PE 泡沫塑料配方：PE 树脂（100 份）、偶氮二甲酰胺发泡剂（20 份）、过氧化二异丙苯交链剂（1 份）、三盐基性硫酸铅活化剂（4 份）。

（2）聚乙烯发泡布（珍珠棉）工艺配方：LDPE 树脂（100 份）、发泡剂（丁烷 15～30

份）、单甘酯（2～5 份）、其他助剂适量。

2．生产工艺流程

（1）无填料交联 PE 泡沫塑料生产工艺：配料→二辊炼胶机上炼塑→拉片冷却裁切→层压机上装片（叠片）→模压发泡（165℃，30min）→冷却开模出片→产品交联发泡 PE。

（2）聚乙烯发泡布（珍珠棉）工艺流程：塑料颗粒→配方混料→加热挤出→发泡剂注入→混合塑化→挤出→冷却成型→定径切剖→冷却牵引→展平→卷绕→成品。

3．使用资源、生产环境与排放

资源：电能、冷却循环水。

生产环境：噪声、高温、发泡剂挥发。

4．产品主要指标

（1）交联 PE 泡沫塑料的性能：密度、吸水量、线收缩率、抗压强度、拉伸强度、伸长率、耐热耐寒性、耐油性、耐酸性、耐碱性。

（2）聚乙烯发泡布（珍珠棉）性能：拉伸强度、伸长率、单位质量面积、热封强度、耐热耐寒性、耐油性、耐酸性、耐碱性。

5．产品标准

暂无标准。

6．产品用途

发泡倍率小于 5 的 PE 泡沫，相对密度同木材接近，表面可以制成硬质皮层，以塑代木，做成各种轻型包装箱、商品周转箱、钙塑瓦楞纸箱、钙塑板箱等。

发泡倍率大于 5 的，主要应用于精密仪器仪表、贵重物品、易碎产品、出口陶瓷、工艺品等作缓冲防震衬垫材料，也可模塑成各种包装形状的泡沫制品，如：蛋类周转箱、各种食品的包装衬垫。

发泡率在 10～15 的较硬质的 PE 片材，可真空吸塑成禽蛋托盘、箱子，用于精密仪器、光学仪器、电视机、电子计算机、玻璃、陶瓷器皿、工艺品等的包装。

高发泡率塑料片材还可以在 150℃下进行真空吸塑成型做成各种食品盒、快餐饭盒等。

EPE 珍珠棉对机械油、润滑脂等具有耐久性，由于完全是独气泡体，因此几乎没有吸水、吸湿性，能防油、防潮，还能抵御许多化合物的侵蚀。

EPE 珍珠棉能根据不同产品的需求，满足不同的包装要求，抗静电性、阻燃性，或着各种包装色彩，具有极易加工性。在生产过程中没有其他化学衍生物产生，废弃的 EPE 可回收造料再利用，对环境无污染，符合环保标准。EPE 珍珠棉因其柔软的质地，良好的减震性，已成为市场上看好的新型软包装材料，被广泛应用于家电产品、玻璃陶瓷器皿、精密电子仪器、仪表、高档家具、鞋帽的包装。该产品经过复合、增厚等再次加工，可用于箱包衬垫，木地板防潮层、冷库保温层、运动软垫等行业。

7．产品复用性

一次性使用，交联 PE 发泡材料熔融利用回收较困难，珍珠棉可熔融再利用或回收造粒。

8．废物回收途径

社会自然回收和工业回收。

（三）聚乙烯容器

1. 基本配方

（1）抗静电聚乙烯瓶：HDPE（100 份）、抗静电剂（0.2 份）、白油（0.2 份）、颜料适量。

（2）药用包装瓶：HDPE（98.8%）、钛白粉（1%）、硬脂酸锌（0.2%）。

（3）珠光化妆品瓶：HDPE 和 LDPE 等（100 份）、珠光颜料（12.5 份）、稳定剂（5%）。

（4）吹塑桶：HDPE（75%～85%）、LDPE（15%～20%）、EVA（0%～5%）。

（5）塑料防盗瓶盖：HDPE（85%）、色母料（10%～15%）、改性剂（0%～5%）。

2. 生产工艺

聚烯烃密封容器使用注射工艺用特殊的耐冲击级的聚乙烯生产而成，工艺流程相当。容器本体、盖子以及把手三个部件是分别注射而成的，然后用熔接的方法加工成一个整体，有良好的密封可靠性，生产成本也较低。由于注射成型容器本体时，表面是平直的，因此，印刷比较方便，商品有良好的外观。由于模具和成型技术的进步，大幅度降低了成型的周期时间，1 L 容器的本体注塑周期仅 7～8 s，容器的本体为 12～13 s，在生产成本上降低了，可以充分对抗金属罐的竞争。吹塑桶典型工艺流程如下：

容器本体：原料→加热塑化→挤压坯管→吹塑成型→毛坯取出→修整飞边。

其他部件（盖、塞、把、压紧箍等）：原料→加热塑化→注塑成型→与桶坯组装成桶。

3. 使用资源、生产环境与排放

资源：电能、冷却循环水。

生产环境：噪声、高温。

4. 产品主要指标

（1）吹塑桶：

抗冲击强度：室温 1.2 m 高度跌落试验：①底部着地，②桶口着地，③桶边着地都不发生裂纹或损坏，重复两次。

抗冲击低温强度：－10℃下，1.2 m 高度跌落试验：①底部着地，②桶口着地，③桶边着地跌落无损坏，重复两次。

抗振动：装满液体，振幅 25.4 cm，1 h 振动无任何不良现象。

内压试验：0.105 MPa 内压，经 5 min，不发生变形、渗漏。

静压试验：装满液体，1 090 kg 负荷，经 48 h，最大径向形变不大于 25.4 mm。

（2）聚乙烯塑料瓶：

密封性能、跌落性能、应力开裂、卫生性能。

5. 产品标准

GB/T 13508—1992　聚乙烯吹塑桶

GB/T 17876—1999　包装容器 塑料防盗瓶盖

GB/T 5009.60—2003　食品包装用聚乙烯、聚苯乙烯、聚丙烯成型品卫生标准的分析方法

YBB 0009—2002　口服液体药用高密度聚乙烯瓶（试行）

YBB 0012—2002　口服固体药用高密度聚乙烯瓶（试行）

YBB 0017—2004　口服固体药用低密度聚乙烯防潮组合瓶盖（试行）

6．产品用途

密封容器主要用于包装水性涂料、乳胶状制品、液体制品和粉末制品。塑料桶不仅具有比钢桶重量轻不易损坏的优点，而且可以装运那些不能用钢桶来装运的材料，如对钢铁有腐蚀性的化学品及不适宜用钢桶来装运的液体，常见的有食品、光化学品、医药品、反应性化学试剂。

在食品、医药包装容器当中，塑料瓶是最广为应用的容器，具有透明度高、阻隔防潮性能特别优异、成本低等特点。另外聚乙烯成型加工温度较低，不需要添加其他助剂，具有良好的卫生性能，因此食品、医药品对聚乙烯塑料瓶的需求表现出大幅增长的态势。

7．产品复用性

可重复使用，损坏后可回收熔融再生制品原料或粉碎造粒。

8．废物回收途径

社会自然回收和工业回收。

（四）聚乙烯周转箱

1．基本配方

HDPE（熔体指数为 1～3 g/10 min）100 份、紫外吸收剂 0.5 份、抗静电剂 0.5 份、颜料 5～10 份、填充剂 10～20 份。

2．生产工艺介绍

塑料周转箱是采用注射成型加工而成的用于商业短途运输或生产车间零部件流转使用的一种硬质包装容器。通过配料混合均匀后，将料粒加热熔融并注射到模具中，冷却后取出型坯，修整边幅后即可得制品。

周转箱具体生产工艺流程：HDPE、辅料→混合→注塑机料斗→加热熔融塑化→注射入模具→保压冷却→出模→修整→周转箱成品。

3．使用资源、生产环境与排放

资源：电能、冷却循环水。

生产环境：噪声、高温。

4．产品主要指标

耐环境性能、耐低温性能、堆码性能、跌落性能。

5．产品标准

GB/T 5737—1995　食品塑料周转箱

6．产品用途

塑料周转箱容量可在 1 L 至 1 000 L 之间，最大可达 2 000 L。它是用来代替原先的木材、纸箱、铁皮箱而出现的具有自重较轻、美观、清洁卫生、防潮、防锈、防虫害、减少零部件或产品损耗等特点的一种方便且使用寿命长的包装形式，已广泛用于蔬菜、食品、机械零部件等包装上。

7．产品复用性

可多次重复使用，废弃后熔融再生制品原料或粉碎造粒。

8．废物回收途径

社会自然回收和工业回收。

（五）聚乙烯打包带

1. 基本配方

LLDPE（5～70 份）、LDPE 或 HDPE（30～95 份）、填充剂（5～15 份）。

2. 生产工艺

原料混炼→挤出牵引成带→拉伸定型→压花→卷绕成卷。

3. 使用资源、生产环境与排放

资源：电能、冷却循环水。

生产环境：噪声、高温。

4. 产品主要指标

抗拉强度、断裂伸长率、宽度、厚度。

5. 产品标准

QB/T 3811—1999　塑料打包带

6. 产品用途

用于各种纸箱包装的捆扎、紧固。

7. 产品复用性

一次性使用，废弃后可熔融再生利用。

8. 废物回收途径

社会自然回收和工业回收。

第三节　聚丙烯包装制品

一、聚丙烯概况

（一）材料来源及加工生产

聚丙烯（PP）是由丙烯单体聚合而制得的一种热塑性树脂，有等规物、无规物和间规物三种构型，工业产品以等规物为主要成分。

热裂解石脑油、轻柴油，既可以得到乙烯，也可以得到部分丙烯。丙烯还可以从天然气的裂解产物中提取。

丙烯在常温常压下为气体，但易被加压液化。用于聚合的丙烯，纯度必须达到 99.5% 以上。丙烯单体的精制非常重要，因为 O_2、CO、CO_2、硫化物和水等杂质都会使催化剂中毒，其他烯烃则会引起聚合物分子量和结晶度改变。

聚丙烯的生产方法如下：①淤浆法。在稀释剂（如己烷）中聚合，是最早工业化，也是迄今生产量最大的方法。②液相本体法。在 70℃和 3 MPa 的条件下，在液体丙烯中聚合。③气相法。在丙烯呈气态条件下聚合。后两种方法不使用稀释剂，流程短，能耗低。液相本体法现已显示出后来居上的优势。

聚丙烯是常见塑料中较轻的一种结晶性聚合物，熔体冷凝时因比容积变化大、分子取向程度高而呈现较大收缩率（1.0%～1.5%）。PP 在熔融状态下，用升温来降低其粘度

的作用不大。因此在成型加工过程中，应以提高注塑压力和剪切速率为主，以提高制品的成型质量。

聚丙烯塑料成型主要为挤出成型，包括充模阶段、增密阶段、保压阶段和冷却阶段，每个阶段所需压力各有不同，熔体流动情况也有所不同。聚丙烯成型特性如下：①结晶料，吸湿性小，易发生融体破裂，长期与热金属接触易分解。②流动性好，但收缩范围及收缩值大，易发生缩孔、凹痕、变形。③冷却速度快，浇注系统及冷却系统应缓慢散热，并注意控制成型温度。料温低温高压时容易取向；模具温度低于 50℃时，塑件不光滑，易产生熔接不良，流痕；90℃以上易发生翘曲变形。④塑料壁厚须均匀，避免缺胶、尖角，以防应力集中。

（二）聚丙烯树脂的基本特征

聚丙烯通常为半透明无色固体，无臭无毒；由于结构规整而高度结晶化，故熔点高达 167℃，耐热，制品可用蒸汽消毒是其突出优点；密度 0.90 g/cm^3，是最轻的通用塑料；耐腐蚀，抗张强度 30 MPa，强度、刚性和透明性都比聚乙烯好。缺点是耐低温冲击性差，较易老化，但可分别通过改性和添加抗氧剂予以克服。

聚丙烯密度小，强度、刚度、硬度耐热性均优于低压聚乙烯，可在 100℃左右使用。具有良好的电性能和高频绝缘性，不受湿度影响，但低温时变脆、不耐磨、易老化。适于制作一般机械零件、耐腐蚀零件和绝缘零件。

由于均聚物型的 PP 在温度高于 0℃以上时非常脆，因此许多商业的 PP 材料是加入 1%～4%乙烯的无规则共聚物或更高比率乙烯含量的嵌段式共聚物。共聚物型的 PP 材料有较低的热扭曲温度（100℃）、低透明度、低光泽度、低刚性，但是有更强的抗冲击强度。PP 的强度随着乙烯含量的增加而增大。PP 的维卡软化温度为 150℃。由于结晶度较高，这种材料的表面刚度和抗划痕特性很好。PP 不存在环境应力开裂问题。通常，采用加入玻璃纤维、金属添加剂或热塑橡胶的方法对 PP 进行改性。PP 的流动率 MFR 范围在 1～40。低 MFR 的 PP 材料抗冲击特性较好但延展强度较低。对于相同 MFR 的材料，共聚物型的强度比均聚物型的要高。由于结晶，PP 的收缩率相当高，一般为 1.8%～2.5%。并且收缩率的方向均匀性比 PE-HD 等材料要好得多。加入 30%的玻璃添加剂可以使收缩率降到 0.7%。均聚物型和共聚物型的 PP 材料都具有优良的抗吸湿性、抗酸碱腐蚀性、抗溶解性。然而，它对芳香烃（如苯）溶剂、氯化烃（四氯化碳）溶剂等没有抵抗力，PP 也不像 PE 那样在高温下仍具有抗氧化性。

（三）包装性能与应用

聚丙烯在包装中有广泛的应用，尤其是 20 世纪 70 年代开发的双向拉伸聚丙烯薄膜的出现，大大改变了软塑包装的面貌。

我国双向拉伸聚丙烯（BOPP）薄膜是 PP 树脂消费量最大的领域之一。2003 年我国有 BOPP 生产企业 86 家（123 条生产线），总生产能力约 140 万 t/a，2004 年达到 200 万 t/a（138 条生产线），产量将突破 100 万 t。按我国现有的 BOPP 薄膜生产能力换算，每年对 PP 树脂的需求量近 200 万 t，因此应重视开发 BOPP 薄膜用高线速、延伸性、透明性好的 PP 专用料，包括配套用的乙、丙共聚物，以适应新引进的 BOPP 薄膜设备。

双向拉伸聚丙烯（BOPP）薄膜应用广泛，消耗量较大。常用的 BOPP 薄膜包括：普通型双向拉伸聚丙烯薄膜、热封型双向拉伸聚丙烯薄膜、香烟包装膜、双向拉伸聚丙烯珠光膜、双向拉伸聚丙烯金属化膜、消光膜等。

聚丙烯还可制成打包带、编织袋、周转箱、钙塑瓦楞箱、泡沫缓冲材料、胶粘带基材薄膜、捆扎绳、塑料瓶和塑料桶等多种包装制品。

（四）安全和环境影响

聚丙烯树脂无毒、无味，常见的酸、碱有机溶剂对它几乎不起作用，可用于食具，使用安全性较好。聚丙烯耐酸、耐碱、耐热、耐光，抗老化性能良好，故聚丙烯最大的环境危害就是不易降解，在通常环境下能存在很长时间，与聚乙烯等形成了常见的白色垃圾。

（五）回收利用情况

目前，对废旧聚丙烯的处理方法主要是焚烧和填埋。两种方法均存在较大缺点，其中，焚烧法处理对焚烧炉要求较高，生成的反应物进入焚烧灰、粉尘及废水处理的污泥中，构成对水体和大气环境的污染。填埋法处理则因聚丙烯难以被降解而成为永久垃圾。

聚丙烯薄膜通常用于农业和包装领域，薄膜多用于复合产品，废料也主要来源于此，难于回收。PP 废料的回收主要来源于 PP 塑料瓶和塑料编织袋，可回收用来制造再生塑料颗粒。

二、典型聚丙烯包装产品

聚丙烯包装产品主要有薄膜、塑料编织袋、容器（瓶、瓶盖、餐盒）、周转箱、塑料打包带等。

薄膜产品有：双向拉伸聚丙烯薄膜，热收缩薄膜。

三、聚丙烯包装制品及其废物特性

（一）聚丙烯薄膜

1. 基本配方

（1）珠光膜：PP 树脂 100 份、抗静电剂 2～3 份、珠光母料 11～13 份、抗粘连剂 0.5～1.5 份。

（2）CPP 膜：PP 树脂 100 份、抗静电剂 2 份、乙烯—丙烯共聚物 4～9 份、色母料适量。

（3）BOPP 膜：种类较多，除 PP 树脂外，根据用途分别添加抗静电剂、粘结剂、着色剂、防雾剂等。

2. 生产工艺流程

聚丙烯薄膜一般采用挤出流延法生产。

（1）CPP 薄膜工艺流程：一般采用 T 型模头法，这种制法的特点为：①平膜法省去管膜法的吹膜阶段，容易开车，废料少；②平膜法生产时，PP 分子排列有序，故有利于提高薄膜的透明性、光泽及厚薄均匀度，适合于高级包装；③平膜内设有特殊滞留槽，能与模隙成为一体，调整方便。其工艺流程如下：原料树脂→挤出机熔化→T 型机头→流延→冷却定型成薄膜→厚度测量→牵引→电晕处理→切边→收卷为薄膜卷。

（2）BOPP 生产工艺流程：PP 原料→挤出机挤出厚膜→水骤冷→在加热导管内加热到 t_g（玻璃化温度）～t_f（粘流温度）的高弹态的一个双向拉伸温度下→纵向牵引辊快速牵引 5～7 倍→横向吹胀 5～7 倍→冷却→收卷→在定型设备上放卷→逐级加热到定型温度→在定型温度的辊筒下保持一定时间→冷却辊逐步冷却→电晕处理→收卷成品。

3．使用资源、生产环境与排放

资源：电能、冷却循环水。

生产环境：噪声、高温。

4．产品主要指标

拉伸强度、断裂伸长率、热收缩率、摩擦系数、雾度、光泽度、润湿张力、透湿量等。

5．产品标准

GB/T 10003—2008　普通用途双向拉伸聚丙烯薄膜

BB/T 0002—2008　双向拉伸聚丙烯珠光薄膜

GB/T 19787—2005　包装材料 聚烯烃热收缩薄膜

6．产品用途

聚丙烯薄膜是食品、药品、日用品、纺织品包装的重要材料。聚丙烯薄膜按制法、性能和不同用途可分为流延聚丙烯（CPP）薄膜、吹胀聚丙烯（IPP）薄膜和双向拉伸聚丙烯（BOPP）薄膜三种。聚丙烯薄膜占世界 PP 总消费量的 20%，是仅次于注塑、纤维（包括扁丝）的第三大应用产品，我国 PP 薄膜占 PP 消费结构份额相对低，仅为 10%左右。

CPP 薄膜具有透明性好、光泽度高、挺度好、阻湿性好、耐热性优良、易于热封合等特点，而且其抗括性和包装机械适用性优于聚乙烯薄膜，一般用于耐蒸煮复合包装的内层。

BOPP 薄膜经过印刷、制袋，用于食品、文具、杂货和纺织品等物的包装，也可与其他薄膜复合后使用，一般作为复合薄膜的外层材料。应用于各种食品，包括需要加热杀菌的食品、调味品、汤料和日用百货等的包装。

BOPP 热收缩薄膜具有良好的透明性、优异的耐曲折性、良好的刚性和强度，常用于包装新鲜肉类、熟肉制品、奶酪及其他高脂肪性食品。

7．产品复用性

一次使用后废弃或回收造粒。

8．废物回收状况

（1）回收途径：社会自然回收和工业回收。

（2）回收工艺过程：粉碎→清洗→脱水→烘干→造粒。

（二）聚丙烯泡沫塑料

1．基本配方

（1）常压法 PP 发泡配方：PP 树脂 100 份、发泡剂 24～26 份、改性剂 0～4 份。

（2）模压法 PP 发泡配方：PP 树脂 50～100 份、乙丙共聚物 25～50 份、聚异丁烯 0～

25 份、AC 发泡剂 3～5 份、交联剂 0～1 份、稳定剂 0.2～2 份。

（3）挤出法低发泡 PP 配方：PP 树脂 50～100 份、聚异丁烯 0～15 份、AC 发泡剂 0.5～1.0 份、叠氮化合物 0.05～0.1 份、稳定剂 0～0.2 份。

2．生产工艺流程

常压法 PP 泡沫塑料生产工艺流程：配方混合→双辊混炼→放射线辐照交联→在甘油浴中于 240℃下发泡→闭孔性高发泡交联 PP 泡沫，交联度 5%～85%。

模压法 PP 泡沫塑料生产工艺流程：配方→二辊混炼→拉片冷却→叠片→层压→预成型片材→模框→压机中加热加压→发泡→冷却→制品。

3．使用资源、生产环境与排放

资源：电能、冷却循环水。

生产环境：噪声、高温、发泡剂挥发。

4．产品主要指标

表观密度、闭孔率、拉伸强度、压缩强度、永久压缩变形、吸水率等。

5．产品标准

暂无国家标准。

6．产品用途

PP 泡沫塑料具有极好的缓冲性能，是优良的包装缓冲材料、隔热材料和保温、隔音材料。

7．产品复用性

未交联聚丙烯泡沫塑料可熔融再利用或回收造粒。

8．废物回收途径

社会自然回收和工业回收。

（三）聚丙烯塑料编织袋

1．基本配方

PP 树脂（85～90 份）、PP 色母粒（3～15 份）、抗氧剂或紫外吸收剂（0.1～0.5 份）、改性剂（5～15 份）。

2．生产工艺流程

聚丙烯塑料编织袋生产工艺流程：塑料混料→挤出→拉丝→卷绕→织布→（覆膜→）裁剪→缝合成袋。

3．使用资源、生产环境与排放

资源：电能、冷却循环水。

生产环境：噪声、高温。

4．产品主要指标

（1）外观：塑料编织袋、复合塑料编织袋、纸塑复合袋应符合下述要求：

①布面不允许出现在同一处断裂 3 根的断丝，两层错织在一起的粘连；经纬密度 A 型袋为 36×36（根），B 型袋为 40×40（根），允许偏差±1 根/100 mm。

②布面涂膜不允许出现开膜、缺膜、分层、气泡、硬块等复合质量问题。

③缝合要求不允许缝线脱针、断丝、未缝住卷折处等。

④袋体清洁，印刷清晰、牢固。

（2）性能检验：塑料编织袋须进行拉断力试验及垂直冲击跌落试验，复合塑料编织袋还须进行剥离力试验。

① 塑料编织袋、复合塑料编织袋拉断力、剥离力试验应满足表 1-2 的要求。

表 1-2 塑料编织袋、复合塑料编织袋拉断力和剥离力

项目		A 型	B 型
拉断力/N	径向拉断力	550	650
	纬向拉断力	550	650
	缝边向拉断力	300	350
	缝底向拉断力	250	300
剥离力/N		3	3

② 纸塑复合袋拉断力、剥离力应满足表 1-3 的要求。

表 1-3 纸塑复合袋拉断力和剥离力

项目		A 型	B 型
拉断力/N	纵、横向	550	650
	边、底向粘接	350	400
	边、底缝向	300	350
剥离力/N		3	3

③ 垂直冲击跌落试验：

跌落高度：1.2 m，三条样袋，分别按立面—平面—侧面，平面—侧面—立面，侧面—立面—平面顺序跌落，样袋应无破损，内装物无撒漏。

5. 产品标准

GB/T 8946—1998 塑料编织袋

GB/T 8947—1998 复合塑料编织袋

SN/T 0274—1993 出口商品运输包装 塑料编织袋检验规程

SN/T 0275—1993 出口商品运输包装 复合塑料编织袋检验规程

SN/T 0268—1993 出口商品运输包装 纸塑复合袋检验规程

6. 产品用途

编织袋占塑料包装产品总量的 30%，广泛用于农产品、水产品、化工原料、建材、日用产品包装。

7. 产品复用性

由于塑料编织袋具有重量轻、便于回收清洗的特点，在清洁、安全的前提下，塑料编织袋可有限重复使用。

8. 废物回收途径

社会回收和工业回收。

国内成熟回收生产工艺为：清洗→粉碎→造粒→包装（供编织袋二次生产使用）。

（四）聚丙烯周转箱

1. 基本配方

PP 树脂 100 份、颜料 1～2 份、抗老化剂 0.2 份、增韧剂 5～10 份、增强剂 5～20 份。

PP 周转箱耐低温，冲击强度好，但弯曲强度稍差。可以在配料中添加柔软剂和提高其熔体流动性的辅助材料，如熔体指数较大的注塑级聚丙烯以及颜料，混合后直接上料，或者在二辊车上塑化混合造粒，再上料注塑。

2. 生产工艺介绍

PP 周转箱具体生产工艺流程：PP 树脂、颜料等辅料→混合→注塑机料斗→加热熔融塑化→注射入模具→保压冷却→出模→修整→周转箱成品。

以 PP130 为原料，注塑机加热温度为 210℃、235℃、240℃、245℃、250℃（料斗到喷嘴的温度设定），注射压力为 80 MPa，背压 0.5 MPa，成型周期 100 s，冷却水温为 25～30℃。

3. 使用资源、生产环境与排放

资源：电能、冷却循环水。

生产环境：噪声、高温。

4. 产品性能

耐环境性能、耐低温性能、堆码性能、跌落性能。

5. 产品标准

GB/T 5737—1995　食品塑料周转箱

GB/T 5738—1995　瓶装酒、饮料塑料周转箱

6. 产品用途

塑料周转箱的重量轻，体积小，费用低，搬运方便；可提高安全度，不会发生箱底脱落现象，玻璃瓶的破损率大大降低；塑料箱的采用，可以节约宝贵的木材资源。但塑料周转箱的一次性投资大，成本高；空箱要占用运输储存费用；密封性差，在某些情况下有碍卫生；缺少标志，给物流管理带来了一定困难。

周转箱是一种适合短途运输，可以长期重复使用的运输包装。同时，它是一种敞开式的、不进行捆扎、用户也不必开包的运输包装。一切厂销挂钩、快进快出的商品都可采用周转箱，如饮料、肉食、豆制品、牛奶、糕点、禽蛋等食品。PP 周转箱也广泛用于机械零部件等包装。

7. 产品复用性

可多次重复使用，废弃后熔融再生制品原料或粉碎造粒。

8. 废物回收途径

社会自然回收和工业回收。

（五）聚丙烯容器

1. 基本配方

聚丙烯容器配方通常如下：本体法 PP（粉）（MFR＜2）70 份、HDPE 20 份、SBS 10 份、抗氧剂 0.1 份、润滑剂 0.21 份、脱氧剂 0.2 份。

2．生产工艺流程

PP 容器生产工艺流程：配料→捏合→粉末加料→挤出→吹制模塑。

3．使用资源、生产环境与排放

资源：电能、冷却循环水。

生产环境：噪声、高温。

4．产品指标

密封性能、跌落性能、卫生性能。

5．产品标准

GB 9693—1988　食品包装用聚丙烯树脂卫生标准

GB 9688—1988　食品包装用聚丙烯成型品卫生标准

GB/T 17876—1999　包装容器 塑料防盗瓶盖

6．产品用途

PP 容器常用于液体洗剂、涂药膏、输液、食用醋、蜂蜜的包装瓶、餐具容器等。

7．产品复用性

一般为一次性使用，餐具、水杯等可重复使用。废物可熔融再利用或回收造粒用于非食品包装。

8．废物回收途径

社会自然回收和工业回收。

（六）聚丙烯塑料打包带

1．基本配方

PP 树脂 100 份、填充母料 10～20 份、改性剂 5～10 份、抗氧剂 0.1～0.5 份。

2．生产工艺

原料混炼→挤出牵引成带→拉伸定型→压花→卷绕成卷。

3．使用资源、生产环境与排放

资源：电能、冷却循环水。

生产环境：噪声、高温。

4．产品主要指标

抗拉强度、断裂伸长率、宽度、厚度等。

5．产品标准

QB/T 3811—1999　塑料打包带

6．产品用途

用于各种纸箱包装的捆扎、紧固。

7．产品复用性

一次性使用，废弃后可熔融再生利用。

8．废物回收途径

社会自然回收和工业回收。

第四节 聚苯乙烯包装制品

一、聚苯乙烯概况

(一) 材料来源

聚苯乙烯（PS）类塑料是一种比较古老的塑料，生产工艺也已经较为完善。苯乙烯可以在引发剂存在下按自由基机理或离子型机理进行聚合。工业化生产的聚苯乙烯是用引发剂按自由基机理进行聚合。聚合的实施可以是本体聚合、悬浮聚合、溶液聚合或乳液聚合。PS 注塑工艺条件如下：

- 模具干燥处理：除非储存不当，通常不需要干燥处理。如果需要干燥，建议干燥条件为 80℃、2～3 h。
- 熔化温度：180～280℃。对于阻燃型材料其上限为 250℃。
- 模具温度：40～50℃。
- 注射压力：20～60 MPa。
- 注射速度：使用快速的注射速度。
- 流道和浇口：可以使用所有常规类型的浇口。

PS 是一种热塑性非结晶性的树脂，主要分为：①通用级聚苯乙烯（GPPS），适用于日常用品、玩具、塑料板等方面；②抗冲击级聚苯乙烯（HIPS），是添加了 BR 或 SBR 等橡胶的 PS 产品，主要用于汽机车零配件、电气外壳等；③发泡级聚苯乙烯（EPS），是添加丁烷、戊烷等挥发性液体作为发泡剂的预发泡粒，依发泡程度，可用于生产包装材、隔热材、缓冲材等。

市场上出售的常有 HIPS 和 GPPS 两种，其中 HIPS 为抗冲击性聚苯乙烯，它具有很好的抗冲击性能。

GPPS 为通用级聚苯乙烯。GPPS 为无色、无臭、无味而有光泽的透明的颗粒。质轻、价廉、吸水性低、着色性好、尺寸稳定性及电性能好、制品透明、加工容易。其主要缺点是质脆易裂、冲击强度低、耐热性较差，不能耐沸水，只能在较低温度和较低负荷下使用。耐日光性差、易燃。燃烧时发黑，且有特殊臭味。

HIPS 为乳白色不透明珠粒，具有较高的冲击强度和韧性，可任意着色，成型加工性、抗化学腐蚀性、电性能也好。经橡胶改性的聚苯乙烯，虽然冲击强度和韧性有很大的提高，但拉伸强度、弯曲、硬度、耐光和热稳定性比均聚物有所下降。HIPS 由于含有橡胶成分，其冲击强度比 GPPS 高 5～10 倍，使聚苯乙烯的应用范围扩大了，目前已部分代替了价高的 ABS 材料。

(二) 聚苯乙烯的基本特征

聚苯乙烯具有良好的透明性（透光率 88%～92%）和表面光泽、容易染色、硬度高、刚性好，此外，还有良好的耐水性，耐化学腐蚀和加工流动性。其主要缺点有：性脆、冲击强度低、易出现应力开裂、耐热性差等。

大多数商业用的 PS 都是透明的、非晶体材料。PS 具有非常好的几何稳定性、热稳定性、光学透过特性、电绝缘特性以及很微小的吸湿倾向。它能够抵抗水、稀释的无机酸，但能够被强氧化酸如浓硫酸所腐蚀，并且能够在一些有机溶剂中膨胀变形。典型的收缩率在 0.4%～0.7%。聚苯乙烯的化学稳定性比较差，可以被多种有机溶剂（如芳烃、卤代烃等）溶解，会被强酸强碱腐蚀，不抗油脂，在受到紫外光照射后易变色。

（三）包装性能与应用

聚苯乙烯主要有以下特点：

- 产生静电低，适合于要求低静电产品的包装。
- 易于真空成型，且制品具有良好的抗冲击性能。
- 具有良好的卫生性能，可直接与食品接触，不产生有害物质。
- 易着色处理，可做成颜色各异的材料，生产成不同颜色的真空罩。
- 硬度良好，此种片材与同等厚度的其他片材比较，其硬度较佳。热成型杯可作为冷热饮杯。
- 符合环境保护要求，可回收再利用，焚烧其废物时，不产生危害环境的有害物质。

抗冲击性聚苯乙烯（HIPS）为乳白色不透明颗粒，密度为 1.05 g/cm^3，熔融温度 150～180℃，热分解温度 300℃，溶于芳香烃、氯化烃、酮类（除尔酮外）和酯类，能耐许多矿物油、有机酸、碱、盐、低级醇及其水溶液，不耐沸水。HIPS 是最便宜的工程塑料之一，和 ABS、PC/ABS、PC 相比，材料的光泽性比较差，综合性能也相对差一些。HIPS 是由 PS 加丁二烯改性而成的，因为 PS 的冲击强度很低，做出的产品很脆，而丁二烯的韧性很好，加入丁二烯后可使 PS 的冲击性能提高 2～3 倍。尽管 HIPS 的冲击强度比 GPPS 的冲击强度高出很多，但其综合性能还是不如 ABS、PC/ABS 等。HIPS 的冲击性能在工程塑料中还是比较低的，因此，我们在使用次料时应注意对材料的冲击性能的检验。

聚苯乙烯经常被用来制作泡沫塑料制品，还可以和其他橡胶类型高分子材料共聚生成各种不同力学性能的产品，日常生活中常见的应用有各种一次性塑料餐具、透明 CD 盒等，其主要用途如下：

- 典型应用范围：产品包装，家庭用品（餐具、托盘等），电气（透明容器、光源散射器、绝缘薄膜等）。
- 电子电器：可用于制造电视机、录音机以及各种电器仪表零件、壳体、高频电容器等。
- 建筑方面：用于公用建筑透明部件、光学仪器和透明模型的生产，如灯罩、仪器罩壳、包装容器等。
- 日常用品：梳子、盒子、牙刷柄、圆珠笔杆、学习用品、儿童玩具等。
- 其他方面：可用于发泡制作防震、隔音、保温、夹芯结构材料，电冰箱、火车、飞机等也用它们来隔热、隔音，还可用来做救生圈等。

（四）安全和环境影响

聚苯乙烯是苯乙烯的均聚物，是一种热塑性通用塑料，产量仅次于聚乙烯、聚丙烯、聚氯乙烯。聚苯乙烯的应用范围很广。通用聚苯乙烯和抗冲击聚苯乙烯制品使用寿命长，废弃后可用常规的回收方法回收，故对环境的压力也较小。发泡聚苯乙烯片材及其热成型制品和可发性聚苯乙烯发泡制品多属于一次性包装，体积大，消耗量大，如不处理而直接废弃，会对环境造成极大的压力。人们常说的“白色污染”中很大一部分内容即是发泡聚苯乙烯。

发泡聚苯乙烯基本由碳和氢元素组成，不含有害物质。它完全燃烧后，生成二氧化碳和水，不产生有害气体。有时燃烧时产生的黑烟是空气不足导致燃烧不完全而产生的炭黑（含碳量较高的缘故，约 90%）。

白色污染的罪魁祸首并不是餐盒本身，而是没能很好地回收再利用。发泡聚苯乙烯是一种优良的材料，如果能再生循环利用，它的优势会更加明显。快餐盒经回收后，被送往再生处理公司，经过分拣、粉碎熔融、造粒等工艺流程，可生成塑料再生粒子。在再生处理过程中，有污水处理设施避免二次污染。这些再生粒子经过再加工后，可制成再生制品，可用于制作轻质建筑保温材料、涂料、粘合剂、防水材料等。1 t 一次性塑料饭盒经过再生处理，可以生成约 0.5 t 塑料再生粒子，其售价可达 2 500 元/t。

日本聚苯乙烯再生资源化协会在各原料商和各成型加工商的大力支持下，再生资源化利用率 1998 年达 31%，2000 年达 35%。美国 20 世纪 80 年代曾大力推广可降解塑料，但现在反而组织回收来解决废物的问题。欧盟也要求各成员国回收包装废物达到 50%～65%，完成可持续利用。我国目前利用率比较低，大多是低质量的利用（热回收），可利用的空间非常大。

聚苯乙烯本身是无毒、无害的物质，目前的环境问题关键是它没能被充分有效地利用。采取各种措施积极地走可持续发展的道路，它的优势会更加明显，而不应是被禁止使用。

（五）回收利用情况

聚苯乙烯塑料是世界上应用最广泛的塑料之一，它是热塑性塑料，产量在塑料中仅次于聚氯乙烯及聚乙烯，居第三位。聚苯乙烯泡沫塑料由于具有质轻、吸震、低吸潮、易成形，且价格低等特点，被广泛应用于仪器仪表、家用电器、工艺品等易损贵重物品及快餐食品的包装。这种包装材料大都是一次性使用，废弃量巨大。而且由于聚苯乙烯具有耐老化、抗腐蚀等特点，不能自行降解而消失，从而给环境造成日益严重的污染。

在聚苯乙烯泡沫塑料的回收利用方面前些年已有很多报道，主要有用其生产涂料、粘合剂、挤出造粒和裂解回收单体等方法。近年来，又有许多人投入了大量的研究，并提出许多新途径。

（1）生产阻燃剂。有人将回收的聚苯乙烯泡沫塑料清洗、干燥后溶于有机溶剂，用液溴与其进行反应而制得阻燃剂溴化聚苯乙烯。与其他有机阻燃剂相比，溴化聚苯乙烯在燃烧过程中不会释放出二噁英等致癌物质，是一种性能良好的阻燃剂。用该工艺制备的溴化聚苯乙烯阻燃剂，其性能可以与商品溴化聚苯乙烯阻燃相媲美。

（2）制备抗冲塑料。近年来，北京等地的泡沫塑料回收单位成功地制备了聚苯乙烯粒料，但是这种回收粒料质脆、色泽及透明度都远逊于通用透明聚苯乙烯。有必要对其进行改性以提高其性能。有人用线性 SBS 或 SBS/$CaCO_3$ 复合增韧剂对回收聚苯乙烯泡沫塑料进行增韧改性。实验发现，SBS 与聚苯乙烯具有良好的相容性和分散性，加入适量的这类增韧剂不但能使回收聚苯乙烯的抗冲强度得到大幅度的提高，还可以改善共混物的成型性能。

（3）制作轻质建筑保温材料。将废聚苯乙烯泡沫塑料破碎成粒径小于 20 mm 的碎颗粒，然后与水泥和膨胀珍珠岩粉料拌合，均匀铺设在屋面上养护 3 天，自然干透后用水泥砂浆将其上面找平，从而制成混凝土保温屋面。该屋面完全符合《民用建筑节能设计标准》（JGJ 26—1995）的规定，具有造价低、保温效果好、重量轻等优点，既达到了建筑节能的效果，又达到了回收利用聚苯乙烯泡沫塑料的目的。

（4）非溶剂热介质消泡回收工艺。聚苯乙烯泡沫塑料回收工作中的一个难题是，由于其密度太小，运输费用要占回收成本的很大一部分。刘英俊、张颂培等在《塑料科技》中介绍了用非溶剂热介质消泡回收的新工艺。该工艺是将废聚苯乙烯泡沫塑料投入消泡罐中，加入加热到一定温度的热介质，使之与泡沫塑料接触并与正在消泡收缩的物料一起落入加热贮槽中，然后将已消泡的物料和所使用的介质分离即可得到已消泡的回收料。实际使用结果表明该工艺具有十分显著的经济效益和社会效益。

（5）高回收率的裂解工艺。聚苯乙烯的热裂解已研究了许多年，其裂解反应工艺也有较多的报道，包括溶液降解、催化降解、金属浴降解、管式反应器降解等。在这些研究中，苯乙烯的得率大多在 60%左右，为了提高苯乙烯降解反应的影响，获得了优化裂解工艺参数，使苯乙烯的得率提高到 70%左右。

（6）溶剂法再生。CN1080645A 主要针对废聚苯乙烯快餐盒而设计了溶剂法再生工艺，该工艺是将废聚苯乙烯泡沫塑料溶于脂肪烃或芳烃等有机溶剂中，静置并将沉淀的杂质去除后把溶液送入蒸发器，挥发的溶剂经过冷凝器冷凝回收后可循环利用，留下的聚苯乙烯物料经挤出造粒而得到回收。由于聚合物溶液的粘度很大，流动性很差，所以其溶剂的挥发速度比较慢。日本三井造船株式会社开发的再生法以柠檬烯为溶剂，解决了高粘度流体中脱除溶剂困难的问题，可以得到性能良好的聚苯乙烯再生粒料。

（7）物理法再生。以前的再生利用方法都有一个共同的缺点，就是原材料必须干净，否则就会给清洗、分拣、分离等前期工作带来很大的困难。有人将聚苯乙烯泡沫塑料粉碎成颗粒料，掺入溶于有机溶剂的充填胶结料，然后在常温下重新模制成型，不需溶剂，不需加热，也不需对原材料进行清洗、分拣、分离，具有简单、节能和无环境污染的特点。用该工艺可将废聚苯乙烯泡沫塑料制备成保温材料、建筑材料。

二、典型聚苯乙烯包装产品

聚苯乙烯包装制品主要有 PS 薄膜片材、PS 泡沫塑料及片材，HIPS 还可以用来制作周转箱。

三、聚苯乙烯制品及其废物特性

（一）聚苯乙烯薄膜、片材

1. 基本配方

聚苯乙烯膜片：PS 树脂 100 份、参混料 5～50 份、开口剂 1～50 份。

2. 生产工艺

（1）聚苯乙烯膜片工艺：

国产化设备主要采用 BOPS 吸塑片材生产线。未经改性的普通 PS 薄膜硬而脆，通过双向拉伸可以提高其韧性，改善其脆性。可以用吹胀管膜法进行双轴拉伸定向，也可用平膜法制取。

无规 PS 粒子，一般在约 200℃下挤出，挤出后可直接冷却到 100～130℃下进行纵横向拉伸 2～4 倍，拉伸应始终保持 80℃以上的温度。对于等规 PS 粒子，是在约 290℃的温度下挤出，在 115～140℃下纵横向拉伸 5～8 倍，拉伸后在原有张力下于 170～190℃下热定型处理，冷却后得到双向拉伸 PS 薄膜。

聚苯乙烯薄膜经拉伸处理后，耐冲击强度差的缺点得到改善，可制成热收缩薄膜。

聚苯乙烯膜片工艺流程：PS 树脂→高温挤出→拉伸→定型→冷却→（电晕处理→）剪切→绕卷。

（2）聚苯乙烯发泡片材工艺：

PS 树脂 100 份质量，氟利昂 10～20 份，碳酸氢钠 0.1 份，柠檬酸 0.1 份，挤出片材表面光滑平整，泡孔细腻均匀，可真空热成型饭盒。

3．使用资源、生产环境与排放

资源：电能、冷却循环水。

生产环境：噪声、高温。

4．产品主要指标

拉伸强度、断裂伸长率、透光率、雾度、润湿张力。

5．产品标准

GB/T 16719—2008　双向拉伸聚苯乙烯（BOPS）片材

6．产品用途

PS 片材可应用在电子产品（产生静电低）、食品包装（如饮料、糖果及肉类包装）、乳类制品（聚苯乙烯片材容器包装的乳类制品可以放入冷藏库中，不易变坏）。PS 热收缩薄膜可用于食品的收缩包装，并适宜于低温储存。

7．产品复用性

一次使用后废弃。

8．废物回收途径

社会自然回收。

（二）聚苯乙烯泡沫材料

1．基本配方

苯乙烯单体、聚合反应引发剂、发泡剂、低沸点烃类溶剂。

2．生产工艺流程

苯乙烯单体、聚合反应引发剂、发泡剂、低沸点烃类溶剂→EPS 粒子→预发泡→PS 泡沫塑料成型。

目前，PS 泡沫塑料的成型方法有热压法成型、挤出成型、乳液法成型，其中乳液法的具体工艺流程如下：配方混合→球磨机球磨→过筛→称重预成块→模压熔结→毛坯放置 1～7 天熟化→蒸汽发泡→整形→成品。

3. 使用资源、生产环境与排放

资源：电能、冷却循环水。

生产环境：噪声、高温。

4. 产品主要指标

表观密度、压缩强度、断裂弯曲负荷、尺寸稳定性、含水量等。

5. 产品标准

QB/T 1649—1992　聚苯乙烯泡沫塑料包装材料

6. 产品用途

PS 泡沫塑料具有良好的均匀闭孔结构，广泛用于隔音、隔热用建材和缓冲包装材料。

7. 产品复用性

一次使用后废弃，可回收粉碎重塑成塑料再生粒子。

8. 废物回收途径

社会自然回收或工业回收。

（三）聚苯乙烯发泡片材

1. 基本配方

（1）PS 树脂 100 份，氟利昂 10～20.3 份，碳酸氢钠 0.1 份，柠檬酸 0.1 份。

（2）GPS 99 份、滑石粉 0.9 份、硬脂酸钙 0.1 份、发泡剂 10 份。

（3）可发性 PS 珠粒料（发泡剂含量 5.5%～6%）100 份，柠檬酸成核剂 0.3～0.5 份，碳酸氢钠成核剂 0.3～0.5 份，液体石蜡 0.3～0.5 份。

2. 生产工艺

原料混合→挤出机挤出形成微孔片材→真空成型（碗、皿等）→检验包装。

3. 使用资源、生产环境

资源：电能、冷却循环水。

生产环境：噪声、高温、发泡剂挥发。

4. 产品性能

外观、抗压性能、耐折性能、耐热性能、卫生性能（理化指标和微生物指标）。

5. 产品标准

GB 18006.1—2009　塑料一次性餐饮具通用技术要求

6. 产品用途

一次性餐具。

7. 产品复用性

一次性使用，社会、业界对此产品的生产使用有争议。可回收造粒用于非食品用途。

8. 废物回收途径

社会自然回收，回收成本较高，一般燃烧处理。

（四）抗冲击性聚苯乙烯周转箱

1. 基本配方

HIPS，颜料等辅料。

2. 生产工艺介绍

HIPS 周转箱具体生产工艺流程：HIPS、颜料等辅料→混合→注塑机料斗→加热熔融塑化→注射入模具→保压冷却→出模→修整→周转箱成品。

3. 使用资源、生产环境与排放

资源：电能、冷却循环水。

生产环境：噪声、高温。

4. 产品性能

耐环境性能、耐低温性能、堆码性能、跌落性能。

5. 产品标准

GB/T 5737—1995　食品塑料周转箱

GB/T 5738—1995　瓶装酒、饮料塑料周转箱

6. 产品用途

HIPS 周转箱广泛用于蔬菜、食品、机械零部件等包装上。

7. 产品复用性

可多次重复使用，废弃后熔融再生制品原料或粉碎造粒。

8. 废物回收途径

社会自然回收，工业回收，粉碎造粒。

第五节　聚氯乙烯包装制品

一、聚氯乙烯概况

（一）材料来源

聚氯乙烯（PVC）是四大通用树脂之一，目前国内聚氯乙烯生产大致分为石油（乙烯）法和电石（乙炔）法。石油（乙烯）法主要通过石油裂解产物乙烯来生产，占 PVC 产能的 60%，随着石油价格的不断上涨，成本相对较高。电石法主要依靠电石来生产，成本比石油法要低，但有高能耗和高污染的缺点。2006 年，电石法 PVC 成本比乙烯法低 150 美元/t，而销售价格只低 100 美元/t。截至 2007 年 3 月，电石法 PVC 成本增加至 710 美元/t，售价大约为 854 美元/t；同期，乙烯法 PVC 成本则下降至 830 美元/t 左右，而售价为 905 美元/t。目前电石法 PVC 较乙烯法 PVC 有很多生产优势，但由于面临产能过剩、成本上涨、节能减排、出口收紧等压力，发展前景不令人乐观。

（二）聚氯乙烯的基本特征

聚氯乙烯本色为微黄色半透明状，有光泽。透明度胜于聚乙烯、聚苯烯，差于聚苯乙烯。随助剂用量不同，分为软、硬聚氯乙烯，软制品柔而韧，手感黏；硬制品的硬度高于低密度聚乙烯，而低于聚丙烯，在屈折处会出现白化现象。

聚氯乙稀有较好的电气绝缘性能，可作低频绝缘材料，其化学稳定性也好，不易被酸、碱腐蚀；具有阻燃（阻燃值为 40 以上）、耐化学药品性高（耐浓盐酸、浓度为 90%

的硫酸、浓度为 60%的硝酸和浓度 20%的氢氧化钠）、机械强度及电绝缘性良好的优点。但其耐热性较差，长时间加热会导致分解，放出 HCl 气体，使聚氯乙烯变色，所以其应用范围较窄，使用温度一般在－15～55℃。

聚氯乙烯具体特征如下：

（1）白色粉末坚硬固体，密度 1.3～1.7 g/cm^3。

（2）无规聚合物，透明度好，有光泽，有较好的印刷性能。

（3）耐化学性能优良，但冲击强度不高，产品耐低温性能差。

（4）有一定的防潮性和阻气性能。

（5）含有氯原子，燃烧时有绿色火焰，冒黑烟，离火熄灭，具有阻燃作用。

（6）熔解温度 210℃，在 100℃下就开始分解，高于 130℃分解迅速，加工时需使用热稳定剂以提高分解温度。同时需要加入增塑剂降低熔融温度，根据增塑剂用量大小，聚氯乙烯可制成硬质和软质产品。

（三）包装性能与应用

聚氯乙烯树脂具有优异的物理机械性能，产量仅次于聚乙烯，用途广泛。2007 年国内 PVC 产能达到 1 000 万 t，其中仅有 5%用于包装。PVC 制品用于包装主要为各种容器、薄膜及硬片。大多数容器是吹塑成型，片材以挤出成型为主，而薄膜用挤出、压延、吹塑成型。原料可使用悬浮或本体法树脂。PVC 用于包装具有良好的防潮、气体和气味的阻隔性，耐水和耐化学品性，透明度高和韧性好；无色、无味、无毒。PVC 有良好的耐老化性能和防雾性，可用吹塑、挤出、压延、热成型和复合的方法制成高或低氧渗透性的产品。硬质聚氯乙烯具透明性、易加工性、价格便宜的优点，其片材用于果品的保护容器、医药的泡罩包装，也可作工具泡罩包装等。硬质薄膜经拉伸而具有热收缩性，可用作玻璃瓶或塑料瓶收缩标签和组合包装的收缩膜；软质薄膜透明、柔软，用于医疗输液袋、防锈膜、工业品包装等；拉伸薄膜具有可缠绕和自粘性，在卫生安全因素允许的情况下，自粘膜用于水果、肉类、鱼贝类的保鲜包装，缠绕膜用于非食品（如电线、托盘运输、玻璃器皿等）的缠绕包装，具有优异的物理机械性能；单向拉伸膜可作为糖果包装用扭结膜等。

PVC 包装薄膜（片材）大多是由聚氯乙烯树脂，通过添加增塑剂、稳定剂等多种助剂，经由加工塑化而成。按聚氯乙烯树脂中氯乙烯单体的含量可分为：工业级、食品级、卫生级三种。用于食品医药类包装时，选用的助剂应无毒，符合有关安全卫生标准的规定（GB 9685—2003）。

PVC 树脂的主要包装用途如下：

（1）PVC 薄膜。PVC 与添加剂混合、塑化后，利用三辊或四辊压延机制成规定厚度的透明或着色薄膜，用这种方法加工薄膜，成为压延薄膜。也可以通过剪裁，热合加工包装袋、雨衣、桌布、窗帘、充气玩具等。宽幅的透明薄膜可以供温室、塑料大棚及地膜之用。经双向拉伸的薄膜，所受热收缩的特性，可用于收缩包装。

（2）PVC 泡沫制品。软质 PVC 混炼时，加入适量的发泡剂做成片材，经发泡成型为泡沫塑料，可作泡沫拖鞋、凉鞋、鞋垫及防震缓冲包装材料。也可用挤出机挤出成低发泡硬 PVC 板材和异型材，可替代木材使用，是一种新型的建筑材料。

（3）PVC 透明片材。PVC 中加冲击改性剂和有机锡稳定剂，经混合、塑化、压延而成为透明的片材。利用热成型可以做成薄壁透明容器或用于真空吸塑包装，是优良的包装材料和装饰材料。

（4）PVC 容器。PVC 中加入稳定剂、润滑剂和填料，经混炼后，用挤出机可挤出各种容器，如周转箱、包装瓶等。

（四）安全和环境影响

聚氯乙烯是经常使用的一种塑料，它是由聚氯乙烯树脂、增塑剂和防老剂组成的树脂，本身并无毒性，但所添加的增塑剂、防老剂等主要辅料有毒性。日用聚氯乙烯塑料中的增塑剂，主要使用对苯二甲酸二丁酯、邻苯二甲酸二辛酯等，这些化学品都有毒性；聚氯乙烯的防老剂硬脂酸铅盐也是有毒的。含铅盐防老剂的聚氯乙烯制品和乙醇、乙醚及其他溶剂接触会析出铅。含铅盐的聚氯乙烯用作食品包装与油条、炸糕、炸鱼、熟肉类制品、蛋糕点心类食品相遇，就会使铅分子扩散到油脂中去；而且聚氯乙烯塑料制品在较高温度下，如 50°左右就会慢慢地分解出氯化氢气体，这种气体对人体有害，所以不能使用聚氯乙烯塑料袋盛装食品，尤其不能盛装含油类的食品。

PVC 透明性佳，耐油性良好，对水蒸气和氧气具有良好的阻隔性，对酸、碱、盐等众多物质也具有很好的耐腐蚀性。采用氯乙烯单体含量低的食品级聚氯乙烯树脂和无毒添加剂，可制得符合国家标准、可直接接触包装饮料、食品及药品的塑料包装。然而，一旦氯乙烯单体含量超标或选用了不合适的添加剂，就可能引起聚氯乙烯包装薄膜使用过程中与食品接触的安全问题。另外，PVC 包装薄膜一般是一次性使用，大量使用 PVC 包装薄膜会产生更多的不环保废物，给废物的处理带来许多问题。如 PVC 助剂中的增塑剂和稳定剂在以垃圾填埋方式处理时，会对地下水及土壤产生铅等重金属污染；而用焚烧方式处理时，会产生氯化氢和二噁英，对环境和人体造成不利影响。基于此，国际上许多国家的环保部门已颁布相关法规禁止或限制 PVC 的大量使用，欧洲在 1992 年就禁止使用 PVC 作为食品包装材料，日本也在 2000 年就禁止使用 PVC 包装。根据世界包装组织理事会的公告，日本、新加坡、韩国和欧洲各国已全面禁止 PVC 作为包装材料。国内相关行业应制定相关法律、法规限制 PVC 包装薄膜的使用，同时大力开发新的环保、安全的替代品材料；台湾地区已出台了《废物清洁法》，明文规定 2006 年禁用 PVC 作为包装材料。

（五）回收利用情况

聚氯乙烯历史上曾经是使用量最大的塑料，现在某些领域上已被聚乙烯、PET 所代替，但仍然在大量使用，其消耗量仅次于聚乙烯和聚丙烯。PVC 国际塑料回收代码是 3（3 字在三个循环再用箭号中心），塑料本体底部或包装上须列明，以便消费者及回收商能适当地分类。

聚氯乙烯制品很多，按增塑与否可分为硬质与软质两大类。硬质 PVC 制品是用较低分子量 PVC 加 15%冲击改性剂和 3%加工助剂生产的；而分子量较高的 PVC 难于加工，通过加增塑剂则可加工为软质制品。两者均含 5%稳定剂。

废旧 PVC 制品主要有以下两个来源：

（1）塑料成型加工中产生的边角料、废品、废料：这类废物比较干净，成分均一，可用简单回收的方式重新造粒，按一定比例加到新料中，替代部分新料，进行再成型加工。

（2）日常生活和工业应用中报废的制品：由于 PVC 塑料中含有大量的添加剂，因此这类废料品种多，成分不均一，且受到外界环境的影响性能变化大，同时还混杂有其他废物，回收过程较为复杂。一般按以下方法回收：①首先分离、去除混杂的非 PVC 制品。②因 PVC 制品有硬质与软质之分，因此在回收时应按产品的种类分别回收，并经筛选、清洗、干燥等预处理，去除杂质。

PVC 制品在加工中添加了大量的添加剂以保证制品的性能，在使用的过程中，受外界条件的影响，PVC 树脂及这些添加剂会发生变化。因此在 PVC 废料再生加工之前，应首先对废旧制品中 PVC 的分子量（或粘度）、双键结构、剩余添加剂种类及含量有一定的了解，然后根据再生制品的要求，判断需添加的添加剂种类及用量，例如可以添加适量的吸收 HCl 能力较强、热稳定效果较高的三盐基硫酸铅，有较强抗氧化性和紫外吸收能力的二盐基亚磷酸铅，以及有光稳定作用的甲基苯甲酰肼等热稳定剂，以满足再生制品的要求。

二、典型聚氯乙烯包装产品

PVC 包装制品主要包括软材、薄膜、涂层制品、泡沫制品、片材、塑料瓶、周转箱等。

其中，聚氯乙烯薄膜、片材产品主要有：软质 PVC 压延膜片、硬质 PVC 压延膜片、软质 PVC 吹塑薄膜、硬质 PVC 吹塑薄膜、热收缩膜、拉伸膜（自粘膜、缠绕膜）、扭结膜等。

三、聚氯乙烯制品及其废物特性

（一）聚氯乙烯薄膜、片材

1. 基本配方

PVC 树脂 100 份、增塑剂 15～20 份、稳定剂 0.5～5 份、增强剂适量、色浆（根据需要）。

2. 生产工艺流程

软质 PVC 薄膜、片材一般采用压延成型工艺，其生产流程为：配料→捏合→塑化→供料→压延成型→引离→冷却→轧花→卷取→分切→检验包装。

3. 使用资源、生产环境与排放

资源：电能、冷却循环水。

生产环境：噪声、高温。

4. 产品主要指标

拉伸强度、断裂伸长率（纵横）、低温伸长率、直角撕裂强度等。

5. 产品标准

GB/T 3830—2008　软聚氯乙烯压延薄膜和片材

QB/T 1127—1991　软聚氯乙烯印花薄膜

6．产品用途

一般不用于食品包装，主要用于工业品的包装。

7．产品复用性

一次使用后废弃。

8．废物回收途径

社会自然回收。

（二）硬质聚氯乙烯薄膜片

1．基本配方

食品级 PVC 100 份、增塑剂 0～5 份、无毒稳定剂 0～0.5 份、适量改性剂。

2．生产工艺流程

硬质聚氯乙烯薄膜片几乎采用压延法生产，其生产流程与软质聚氯乙烯薄膜相似：配料→捏合→塑化→供料→压延成型→引离→冷却→卷取→分切→检验包装。

3．使用资源、生产环境与排放

资源：电能、循环水。

生产环境：噪声、高温。

4．产品主要指标

拉伸强度、断裂伸长率、透光率、直角撕裂强度、表面电阻、水蒸气透过量等。

5．产品标准

GB/T 15267—1994　食品包装用聚氯乙烯硬片、膜

GB 9681—1988　食品包装用聚氯乙烯成型品卫生标准

6．性能与应用

聚氯乙烯片材分为食品包装用和非食品包装用两种级别，主要用于食品包装。此片材的性能特点：透光性好，光泽性优良，可制成各种颜色的透明片材；机械性能优良，冲击强度、硬度及刚性适宜，耐寒、耐热、耐候性；二次加工性能好，可热粘接；可以回收再加工应用；印刷性能好，着色性能好；化学稳定性好，阻隔性能好，无毒无味，对霉菌、细菌有抵抗性。

所以在包装中应用范围甚广，如经吸塑或压塑等二次加工成型为盆、盒、盘、杯等容器，用来包装食品，或成型为相应被包装商品外形的多穴泡罩，用来包装玩具、小五金、工具等，满足商品包装中、小包装要求。

7．产品复用性

一次使用后废弃。

8．废物回收途径

社会自然回收。

（三）软质聚氯乙烯吹塑薄膜

软质聚氯乙烯吹塑薄膜以聚氯乙烯树脂为原料，加增塑剂、稳定剂和其他助剂，经挤出吹塑而成。

1. 基本配方

PVC 树脂 100 份、增塑剂 30～40 份、稳定剂（不含铅类）2.1～2.7 份、其他（润滑剂、防雾剂等）适量。

2. 生产工艺流程

配料→捏合→挤出吹塑→冷却成型→牵引→卷取→检验包装。

3. 使用资源、生产环境与排放

资源：电能、循环水。

生产环境：噪声、高温。

4. 产品主要指标

拉伸强度、断裂伸长率、低温伸长率、直角撕裂强度等。

5. 产品质量标准

QB 1257—1991　软聚氯乙烯吹塑薄膜

6. 应用范围

吹塑制成的软质聚氯乙烯薄膜较压延薄膜要薄，有更大的宽度，具有更高的强度，分为农业和工业用两种。可制成透明、半透明或者着色薄膜，具有柔软、强度好、易印刷、易焊接等优点，采用高频焊接拼缝与制袋，用于各种工业原料、半成品、成品的包装。

7. 产品复用性

一次使用后废弃。

8. 废物回收途径

社会自然回收。

（四）硬质聚氯乙烯吹塑薄膜

1. 基本配方

PVC 树脂 100 份、改性剂 ARC 或 MBS 5～10 份、稳定剂 2～4 份、滑爽剂 0.5～1.0 份、润滑剂 3～4 份，着色剂适量。

香烟包装需要在配方中添加适量抗静电剂，消除快速包装产生的静电，并进行热封涂覆处理，以利于自动化低温热封。

2. 生产工艺流程

配料→捏合→冷却→挤出吹塑→（抗静电处理→热封涂覆处理→）分切→检验→包装。

3. 使用资源、生产环境与排放

资源：电能、循环水。

生产环境：噪声、高温。

4. 产品主要指标

拉伸强度、断裂伸长率、透光率、直角撕裂强度、表面电阻、水蒸气透过量等。

5. 产品质量标准

GB/T 15267—1994　食品包装用聚氯乙烯硬片膜

6. 应用范围

硬质聚氯乙烯吹塑薄膜比硬质聚氯乙烯压延薄膜还要薄，其力学性能相似，表现为拉伸强度高、透光率高，还有独特的扭结性能，可与玻璃纸相比，多用于糖果扭结包装；

此外，其防潮性能、耐候性、印刷性能较佳，也用于香烟和食品包装。

7．产品复用性

一次使用后废弃。

8．废物回收途径

社会自然回收。

（五）热收缩膜

收缩薄膜的生产通常采用挤出吹塑或挤出流延法生产出厚膜，然后在软化温度以上、熔融温度以下的一个高弹态温度下进行纵向和横向拉伸，或者只在其中的一个方向上拉伸定向，而另一个方向上不拉伸，前者叫双轴拉伸收缩膜，用于热收缩包装；而后者叫单向收缩膜，用于热收缩标签。使用时，在大于拉伸温度或接近于拉伸温度时就可靠收缩力把被包装商品和容器包扎住。

1．基本配方

PVC 树脂 100 份、增塑剂 20 份、稳定剂 5～6 份、改性剂 15～20 份、润滑剂 1～2 份、其他助剂 1～2 份、色浆（食品包装用薄膜应使用无毒增塑剂、无毒稳定剂及其他助剂）。

2．生产工艺流程

原料准备→混合挤出膜坯（压延、流延或管膜法）→冷却→牵引→加热拉伸（单向或双向）→冷却定型→收卷、分切→检验包装。

3．使用资源、生产环境与排放

资源：电能、循环水。

生产环境：噪声、高温。

4．产品指标

拉伸强度、断裂伸长率、撕裂强度、热收缩率、收缩温度、透光率等。

5．性能及应用范围

PVC 热收缩膜，分普通包装膜、彩印膜两种。普通包装膜：适用于各类产品外包装及组合包装。该产品特点为：透明度好、收缩率强、易操作。包装后的产品能密封防潮湿、绝缘、光亮、坚固、美观。彩印膜，除用于各种彩印标签外，还适用于产品瓶、盒包装的旋体式封口热封。

PVC 热收缩膜可对被包装物单个包装或群体集合包装起到紧贴、牢固、防水、防潮、防尘及美观作用。该产品可加工制成 PVC 单剖膜、卷膜、筒膜、热收缩袋、筒料切断及各种规格收缩标签、收缩胶帽等。广泛用于食品、饮料、药品、保健品、文具、书刊、化妆品、工艺品、玩具、电子产品等的外包装。

6．产品标准

GB/T 19787—2005　包装材料 聚烯烃热收缩薄膜

QB/T 3632—1999　聚氯乙烯热收缩薄膜、套管

7．产品复用性

一次使用后废弃。

8．废物回收途径

社会自然回收。

（六）拉伸膜（自粘膜、缠绕膜）

聚氯乙烯自粘膜又称拉伸膜、弹性膜，用于缠绕包装时又叫缠绕膜。自粘膜具有特殊的自粘性，在室温下，薄膜自身能相互黏附，对一些材料如玻璃、搪瓷、陶瓷、某些金属具有一定的黏附性，故而得名。

1. 基本配方

PVC 树脂 100 份、增塑剂 30～50 份、稳定剂 2～5 份、增黏剂 0.3～2.5 份、防霉剂 1～4 份、润滑剂 0.1～1 份。

2. 生产工艺流程

原料检验→配料→捏合→捏合料冷却→过筛→挤出吹塑→切边→收卷→二次分卷→成品检验包装。

3. 使用资源、生产环境与排放

资源：电能、循环水。

生产环境：噪声、高温。

4. 产品指标

自粘膜：拉伸强度、断裂伸长率、直角撕裂强度、柔软性能、雾度、透气量、自粘性等。缠绕膜：拉伸强度、断裂伸长率、直角撕裂强度、柔软性能、雾度、透气量、自粘性、透光率、水蒸气透过量、弹性恢复、拉力保持等。

5. 产品性能及应用范围

PVC 自粘膜具有良好的力学性能、柔软、自粘性好、透明度高、具有适量的透气和透湿性、防雾、防尘、手感舒适、拉伸适度、回弹性好等特点，用于水果、肉类、鱼贝类的保鲜包装。PVC 缠绕膜用于非食品如电线、托盘运输、玻璃器皿等的缠绕包装。

6. 产品标准

GB 9681—1988　食品包装用聚氯乙烯成型品卫生标准

GB/T 10457—2009　食品用塑料自粘保鲜膜

BB/T 0024—2004　运输包装用拉伸缠绕膜

7. 产品复用性

一次使用后废弃。

8. 废物回收途径

社会自然回收。

9. PVC 保鲜膜问题

食品保鲜膜按材质分为聚乙烯（PE）、聚氯乙烯（PVC）、聚偏二氯乙烯（PVDC）等种类。PE 和 PVDC 是安全的。PVC 被广泛用于食品、蔬菜外包装，它对人体的潜在危害主要来源于两个方面。一是产品中氯乙烯单体残留量（氯乙烯对人体的安全限量标准为小于 1 mg/kg）；二是加工过程中使用的加工助剂的种类及含量。现行国际标准和我国国家标准都允许限量使用已二酸二辛酯（DOA）作为增塑剂（不超过 35%）。

质检总局对 44 种 PVC 食品保鲜膜进行了专项国家监督抽查，所检样品的氯乙烯单体含量均小于 1 mg/kg，全部符合国家标准以及 1991 年国际食品法典委员会（CAC）公布的要求。抽查同时发现，一些主要用于外包装的 PVC 保鲜膜含有不被国家相关标准允

许使用的二（2-乙基己基）己二酸酯（DEHA）增塑剂，含有 DEHA 的保鲜膜遇上油脂或高温时（超过 100），增塑剂容易释放出来，随食物进入人体后会对健康带来影响。

（七）聚氯乙烯泡沫塑料

1．基本配方

（1）软质 PVC 微孔低发泡塑料配方：PVC 树脂 100 份、BaSt 0.5～0.8 份、DBP 33～40 份、CdSt 0.5 份、DOP 37～42 份、AC 发泡剂 0.8～1.0 份、三盐基性硫酸铅 0.3～1.5 份、$CaCO_3$ 适量。

（2）硬质 PVC 泡沫塑料配方：PVC 树脂（乳液型）50 份、PVC 树脂（悬浮 3 型）50 份、偶氮二异丁腈 12～14 份、偶氮二甲酰胺 7～9 份、三盐基性硫酸铅 4～6 份、三氧化二锑 6 份、磷酸三甲酚酯 7 份、二氯甲烷 60～65 份。

（3）使用碳酸氢铵、碳酸氢钠、亚硝酸丁酯为发泡剂的硬质 PVC 泡沫塑料配方：PVC 树脂 100 份、$NaHCO_3$ 1.2～1.3 份、尿素 0.9 份、Sb_2O_3 0.8 份、BaSt 2～3 份、磷酸三苯酯 6～7 份、NH_4HCO_3 12～13 份、二氯甲烷 50～60 份、亚硝酸丁酯 11～13 份。

2．生产工艺流程

模压法生产 PVC 泡沫塑料的工艺流程：配方→捏合→二辊炼塑拉片→冲切称重→叠片模内发泡→热处理→PVC 泡沫片材。

注塑法生产 PVC 泡沫塑料的工艺流程：配方→捏合→二辊炼塑拉片→冷却切粒→注塑机注射成型。

3．使用资源、生产环境与排放

资源：电能、冷却循环水。

生产环境：噪声、高温。

4．产品主要指标

密度、线收缩、自熄性、吸水性、抗压强度、拉伸强度、耐热性、耐寒性、耐油性、耐酸性、耐碱性、热导率等。

5．产品标准

QB/T 2463.1—1999　硬质聚氯乙烯低发泡板材自由发泡法

QB/T 2463.2—1999　硬质聚氯乙烯低发泡板材塞路卡法

6．产品用途

PVC 泡沫塑料回弹性大、压缩变形小、耐磨性优、拉伸强度高、韧性大，是优良的缓冲包装材料。

7．产品复用性

一次性使用后废弃，可回收熔融再利用或回收造粒。

8．废物回收途径

社会自然回收和工业回收。

（八）聚氯乙烯塑料瓶

1．基本配方

（1）无毒透明 PVC 瓶配方：PVC（悬浮 K=58～63）100 份、硬脂酸丁酯 1 份、DOP 4

份、DBP 4 份、有机锡 3 份、亚磷酸苯二异辛酯 1.5 份、HSt 0.5 份、MBS 8～12 份。

（2）食品包装用 PVC 瓶配方：PVC（*K*=55）100 份、硬脂酸甘油酯 1.0～1.5 份、TVS 8831 1.5～2.0 份、TVS 8813 0.5～1.0 份、低相对分子质量聚乙烯 0.1～0.15 份、MBS（B-22 牌号）10～15 份、PA-20 加工助剂 0.5～1.0 份。

（3）非食品包装用 PVC 瓶配方：PVC（*K*=59）100 份、硬脂酸甘油酯 1.0～1.5 份、TVSN2000-E 3.0～4.0 份、低相对分子质量聚乙烯 0.1～0.15 份、MBS（B-22 牌号）10～15 份、PA-20 加工助剂 1.0～1.5 份。

2．生产工艺

PVC 瓶的生产方法主要有挤拉吹、挤吹、注拉吹。其中，挤吹法生产成本最低；注吹法生产的瓶子质量最好，而且无颈边和底线，但工艺上不易控制，成本较贵，设备投资也较挤吹法贵；挤拉吹生产的 PVC 瓶，厚薄和重量波动范围小，瓶子的透明度、光泽度及冲击强度均有提高，耗用的原料可以比非拉伸瓶减少 25%～30%。

生产工艺流程：配料→熔融挤出或注塑→拉伸→吹塑成型→检验→包装。

3．使用资源、生产环境与排放

资源：电能、冷却循环水。

生产环境：噪声、高温。

4．产品主要指标

壁厚、容量、雾度、跌落强度、热水充灌收缩率、透湿度、透氧率等。

5．产品标准

GB 4803—1994 食品容器、包装材料用聚氯乙烯树脂卫生标准

GB 14944—1994 食品包装用聚氯乙烯瓶盖垫片及粒料卫生标准

QB 2388—1998 食品包装容器用聚氯乙烯粒料

6．产品用途

PVC 瓶耐热性较差，不适宜于热灌装包装，尤其是双向拉伸的 PVC 瓶，由于 PVC 是无定形聚合物，这种聚合物经双轴定向后，不能热定型，无论什么条件下热定型都无效果，遇热仍旧会收缩，为此 PVC 瓶适宜于包装食用油、酱油、醋、酒、矿泉水、果汁、化妆品、去垢剂、洗洁精；注拉吹 PVC 瓶可用于碳酸饮料的包装。

7．产品复用性

一次性使用，可回收 PVC 塑料瓶，共挤出夹芯板、建筑用壁板、折叠板等。

8．废物回收途径

社会自然回收和工业回收。

第六节 聚偏二氯乙烯包装制品

一、聚偏二氯乙烯概况

（一）材料来源

聚偏二氯乙烯（PVDC）由偏二氯乙烯以过氧化物或偶氮化合物为引发剂经自由基聚

合制备。方法有悬浮和本体聚合。本体聚合时由于产物不溶于单体，所以属沉淀聚合。

PVDC 是以偏二氯乙烯为主要成分的共聚物，由于纯 PVDC 难以加工应用，均聚物一直无法工业化。20 世纪 30 年代，美国 DOW 化学公司研制成功 VDC-VC 共聚物，并取名为“SARAN”，80 年代又推出 VDC-MA 系列，因此，所谓的 PVDC 工业也是指以 VDC 为主体的共聚高分子工业。

PVDC 工业的发展主要是随着其应用技术的发展而发展的。初始的 PVDC 工业，其产品仅仅用于军品的防潮包装。20 世纪 50 年代中叶，由美国 DOW 公司推向民用，因为解决了仅为 12 μm 厚度的吹膜技术及其自粘性，为美国家庭主妇所接受，作为食品保鲜膜直至今日仍盛行不衰，随着单膜复合、涂布复合、肠衣膜、共挤膜技术的发展，在军品、药品、食品包装业的发展更为广泛。尤其是随着现代化包装技术和现代人生活节拍的加快而大量发展起来的速冻保鲜包装，微波炉的炊具革命，食品、药品货架寿命的延长，使 PVDC 的应用更加普及。几十年来，作为高阻隔包装材料，其主导地位未曾动摇。80 年代出现的高阻隔新材料 EVOH，由于其具有可回收性能，一度曾威胁过 PVDC 的发展，但由于 EVOH 在高湿度下阻隔功能急剧下降，而未能进一步发展，包括双向拉伸的尼龙膜，都无法取代 PVDC 的多种优异功能。

PVDC 工业两大类型产品树脂、胶乳，在 80 年代中期曾发展到高峰，达 17 万 t/a，后来由于 EVOH 问世以及双向拉伸尼龙膜的发展，PVDC 产品曾降至 9 万 t/a。据了解，由于 PVDC 的不可取代的特异性能以及现代包装技术的发展和军品包装的高要求，近几年又回升到 13 万 t/a。90 年代初的海湾战争，美军在沙漠作战，随军食品全部为 PVDC 软包装，由于其轻便快捷，又可保证食品的色、香、味、口感，因此，战后美国进一步提出军品包装货架寿命应达到 3 年这一苛刻的要求，能保证做到这一点的只有 PVDC。近年来，PVDC 市场并未因为 EVOH 的竞争以及白色污染的宣传而减产，反而随着应用的开拓而有所发展。

（二）聚偏二氯乙烯的基本特征

PVDC 是偏二氯乙烯（1,1-二氯乙烯）的聚合物。玻璃化温度为－17℃，熔融温度为 198～205℃，结晶密度 1.96 g/cm^3。具有耐燃、耐腐蚀、气密性好等特性。由于极性强，常温下不溶于一般溶剂。缺点是光、热稳定性差，加工困难。

（三）包装性能与应用

聚偏二氯乙烯可制成片材、管材、模塑件、薄膜和纤维。其纤维在中国称作偏氯纶，美国商品名莎纶（Saran，包括偏二氯乙烯与氯乙烯或丙烯腈的共聚物）。为了克服溶解性差，加工困难的缺点，通常将偏二氯乙烯与少量（15%～20%）氯乙烯、丙烯腈、丙烯酸酯等单体共聚，得到二元或三元共聚物。偏二氯乙烯共聚物也用作涂料、胶粘剂等。由于它对紫外、电子束等辐照十分敏感并分解产生少量氯化氢，因此还用于酸敏记录材料。

PVDC 是一种阻隔性高、韧性强以及低温热封、热收缩性和化学稳定性良好的理想包装材料，在包装行业独树一帜，特别是其具有阻湿、阻氧、防潮、耐酸碱、耐油浸和耐多种化学溶剂等性能，50 年来广泛用于食品、药品、军品的包装。

（四）安全和环境影响

PVDC 常用于制造肠衣、保鲜膜和涂覆膜。据估计，PVDC 约占城市塑料垃圾的 0.5%，燃烧产生的致癌物二噁英很有限，远不及汽车尾气排放和落叶植物堆烧所产生的毒害物质。

因 PVC 保鲜膜所用的 DEHA 增塑剂有致癌作用，一些包装肉制品的生产单位也逐步改用 PVDC 或 PE 保鲜膜，目前双汇所用保鲜膜全部为 PVDC 保鲜膜。随着人民生活水平、生活质量的提高及生活节奏的加快，PVDC 在调理肉的工业保鲜膜包装方面及家用高档保鲜膜方面将会出现大的增长。

（五）回收利用情况

PVDC 主要用于制造薄膜，用于包装肉类、食品和药品等，还常被用来做半刚性热塑性容器的阻隔层。因此，其回收再利用手段和普通薄膜一样，可以用来熔融造粒等。

二、典型聚偏二氯乙烯包装产品

热收缩膜、肠衣膜、保鲜自粘膜、PVDC 胶乳（用于涂布复合）。

三、聚偏二氯乙烯制品及其废物特性——PVDC 热收缩膜、肠衣膜

1. 基本配方

偏二氯乙烯共聚物树脂 90～100 份、增塑剂 0.5～10 份、着色剂适量、稳定剂适量。

2. 生产工艺流程

配料→捏合→挤出厚管→加热→泡管双向拉伸→冷却→卷绕→成品。

3. 使用资源、生产环境与排放

资源：电能、冷却循环水。

生产环境：噪声、高温。

4. 产品主要指标

热收缩膜性能：拉伸强度、断裂伸长率、撕裂强度、热收缩率、耐油性、吸水率、透湿度、透氧率等。

肠衣膜性能：拉伸强度、断裂伸长率、撕裂强度、热收缩率、摩擦系数、透湿度、透氧率等。

5. 产品标准

GB/T 17030—2008 食品包装用聚偏二氯乙烯（PVDC）片状肠衣膜

6. 产品用途

聚偏二氯乙烯薄膜具有良好的阻气、阻氧和阻水性，主要用于包装肉类或其他食品、药品等。单层薄膜也广泛用于日常家用包装，与聚烯烃通过共挤制成多层薄膜常用于包装肉类、奶酪和其他对水汽较敏感的食品包装。

7. 产品复用性

一次性使用后废弃当垃圾处理。

8．废物回收途径

社会自然回收或工业回收造粒。

第七节　聚碳酸酯包装制品

一、聚碳酸酯概况

（一）材料来源

聚碳酸酯（PC）是一种无色透明的无定性热塑性材料，泛指分子链中含有碳酸酯基的聚合物，常用以下四种制备方法。

（1）接口光气法：接口光气法工艺先由双酚 A 和 50%氢氧化钠溶液反应生成双酚 A 钠盐，送入光气化反应釜，以二氯甲烷为溶剂，通入光气，使其在接口上与双酚 A 钠盐反应生成低分子聚碳酸酯，然后缩聚为高分子聚碳酸酯。

反应在常压下进行，一般采用三乙胺作催化剂。缩聚反应后分离的物料、离心母液、二氯甲烷及盐酸等均需回收利用。该法工艺成熟，产品质量较高。

（2）溶液光气法：溶液光气法工艺是将光气引入含双酚 A 和酸接受剂（加氢氧化钙、三乙胺及对叔丁基酚）的二氯甲烷溶剂中反应，然后将聚合物从溶液中分出。GE 公司曾在其美国的第一套装置中使用此工艺。此工艺经济性较差，与接口光气法相比缺乏竞争力。

（3）普通熔融酯交换法：熔融酯交换法工艺是以苯酚为原料，经接口光气化反应制备碳酸二苯酯（DPC），碳酸二苯酯再在催化剂（如卤化锂、氢氧化锂、卤化铝锂及氢氧化硼等）、添加剂等存在下与双酚 A 进行酯交换反应得到低聚物，进一步缩聚得到 PC 产品。

酯交换法生产成本比接口光气法低，但该工艺存在的一些缺陷，阻碍了其工业化应用。如产品光学性能差、分子量范围有限、催化剂存在污染等。目前 Bayer 公司仍在对该工艺继续进行研究，试图用电解法从副产物氯化钠中回收氯，并将氯循环用于制光气。

（4）非光气熔融法工艺：由于光气法毒性大、污染严重，近年来不用光气法生产聚碳酸酯的新工艺已研究成功，并实现了工业化，这是聚碳酸酯工业生产的一大突破。与普通熔融酯交换法的不同之处是，非光气熔融法工艺不使用剧毒的光气生产碳酸二苯酯，而是用碳酸二甲酯（DMC）和苯酚进行酯交换反应生产碳酸二苯酯，碳酸二苯酯再和双酚 A 缩聚得到聚碳酸酯。

此工艺中的原料碳酸二甲酯的生产方法一般采用意大利埃尼公司的专利，以甲醇、一氧化碳和氧气为原料经氧化羰基化制得。GE 公司在日本、西班牙分别建设了规模 40 kt/a 和 130 kt/a 的非光气法聚碳酸酯生产装置。

非光气熔融法工艺不使用剧毒光气，有利于环境保护，产品更适合于生产高附加值的光盘。生产过程中，甲醇和苯酚循环使用，降低了原料成本。与接口光气法相比，非光气熔融法工艺在投资和生产成本上更具优势。

聚碳酸酯作为五大工程塑料中唯一的透明产品，国内外产能增长迅猛，2000 年全球生产能力约为 185 万 t，2001 年为 220 万 t，2002 年 265 万 t，2003 年 275 万 t，年均增长率约为 12%。

目前全球PC应用已向高功能化、专用化方向发展，鉴于我国PC生产能力和市场需求均呈现快速发展局面，尤其是国内多套规模化装置的建设，加上汽车工业迅猛发展拉动，未来几年我国PC工业将进入一个新的发展阶段，其中最为关键的是加快PC的应用研究。

首先国内生产企业应充分利用国内生产能力增加和在塑料改性及塑料合金方面积累的经验，加快PC合金等复合材料开发、生产及应用，其中最为重要的是低残留有害物的食品容器。工业合成PC是双酚A型，由于合成时候有微量未反应的单体双酚A残留在树脂中，在作为饮水桶和食品容器时，易被溶出从而影响人们身体健康，因此要开发卫生级的PC树脂，用作饮水桶和其他食品容器的生产与使用。作为饮水桶和其他食品包装材料及容器PC在国内应用前景非常看好。

（二）聚碳酸酯的基本特征

聚碳酸酯的基本性能特征如下：

- 聚碳酸酯是一种透明、白色或微黄色聚合物。
- 制品透明性好；吸水率较低，一般在0.13%左右。
- 聚碳酸酯的力学性能优良，特别是耐冲击强度比聚酰胺和聚甲醛都高许多；耐低温，制品尺寸稳定性能好；但耐疲劳强度差，耐磨性能也欠佳。
- 树脂熔融温度高，粘度大，流动性差，所以成型制品加工难度较大。
- 耐热性、耐低温性均优良，可在－100～125℃环境中使用。
- 电性能也较好，可在较宽的温度范围内有较好的电绝缘性。
- 不易燃烧，但能缓慢燃烧，离火后慢慢熄灭。
- 有一定的耐化学腐蚀能力，对有机酸、盐类、油、脂肪烃及醇等较稳定，但不耐浓酸、稀碱和氯烃等。能溶于氯代烃、三甲酸和磷酸三甲酯等溶剂中。

（三）包装性能与应用

聚碳酸酯是常见的一种材料。由于其无色透明和优异的抗冲击性，包装方面常用于制造包装瓶、包装桶和塑料水杯。

（四）安全和环境影响

PC是一种安全的工程塑料，对人体无毒害，常用来制造塑料容器，安全性、透明度和强度都较好。但是，在其他领域的应用上，常会添加一些增塑剂、稳定剂、抗氧剂等，会有毒性，且给回收带来困难。尤其应防止非食品级材料用于食品容器的生产，危害人体健康。

许多塑料瓶，特别是水壶、水杯、奶瓶，其材料是聚碳酸酯树脂，这种树脂由双酚A（BPA）聚合而成。这种塑料瓶在使用过程中会释放出微量的BPA到瓶内水或食物中。PC塑料瓶在反复使用、磨损后，会增加BPA的释放量。BPA能干扰人体激素信号系统，有研究表明BPA能增加患乳腺癌和子宫癌的风险，并有其他健康危害。但是小剂量的BPA是否对健康有危害，仍有争议。

（五）回收利用情况

PC是一种工程塑料，其废料来源有：

1．工业废料

树脂生产过程中的废料：树脂生产过程中的废料包括不合格的树脂、反应釜中形成的附壁物等。这些废料视其质量而采取不同的处理方法，如焦料等只能作填埋处理，技术指标略低的可降级使用。

塑料制品加工中的废料：塑料制品加工中会有不合格产品和边角料产生，这些废料中杂质少，大多数由生产车间回收，将其粉碎后直接加到原料中使用，有的也可以由回收厂回收，回收成本低。

二次加工中的废料：二次加工中的废料主要是半成品再加工中产生的下脚料等。这种废料可以返回到加工厂，粉碎后直接加到原料中使用。

2．消费后的废料

- 废汽车上的塑料件。
- 民用及其他消费品中的废工程塑料件。

该类废料的回收与利用技术包括以下几个方面：

- 收集、拆卸、分类；
- 清洗、干燥；
- 加工处理技术；
- 利用技术。

二、典型聚碳酸酯包装产品

聚碳酸酯在包装上主要用于制造中空容器（饮水桶、热水杯、奶瓶、食品容器等）。

三、聚碳酸酯制品及其废物特性——PC 中空容器

1．基本配方

PC 树脂 100 份、抗氧剂适量、紫外吸收剂适量、润滑剂适量。

2．生产工艺

PC 可进行注塑成型、挤出成型、吹塑成型、热成型、压缩成型等。PC 用 PE 共混可降低成本、提高制品冲击强度、降低应力开裂性，制成耐冲击要求高的容器。用 PMMA 同 PC 共混可提高 PC 的耐环境应力开裂性、提高冲击强度及耐候性。

PC 桶是由注射延伸吹塑成型机以“注拉吹”工艺生产出来的。工艺流程为：原料干燥→配料→熔融→注射成桶坯→拉伸→吹塑成型→检验→包装。

3．使用资源、生产环境与排放

资源：电能、冷却循环水。

生产环境：噪声、高温。

4．产品主要指标

密封性能、跌落性能、堆码性能、卫生性能。

5．产品标准

GB 14942—1994　食品容器、包装材料用聚碳酸酯成型品卫生标准

QB 2460—1999　聚碳酸酯（PC）饮用水罐

6．产品用途

由于聚碳酸酯具有透明和耐热等性能，常被用来制造纯净水、矿泉水的周转桶，旅行用热水杯、奶瓶及餐具等。

7．产品复用性

产品可多次周转使用，使用破损后废弃或熔融再利用。

8．废物回收途径

PC 桶清洗消毒流程：回收桶→空桶质检→拔盖→灌装机自动化消毒→灌装机自动化清洗→无菌灌装→成品检验→客户使用→回收。

废物：社会自然回收或工业回收造粒。

第八节　聚酯包装制品

一、聚酯概况

（一）材料来源

聚酯（PET）于 1941 年首先由英国 Whinfield 与 Dickon 研制成功。PET 作为纤维原料已有几十年的历史，英国帝国化学公司于 1946 年以涤纶（Teleron）纤维投入生产，继而美国杜邦（DuPont）公司于 1948 年以“达可纶”（Dacron）纤维投入生产。PET 不仅是重要的合成纤维原料之一，而且可以用来制造薄膜和瓶子，在工程塑料以及其他工业领域也有重要的用途。随着石油化工的发展，我国的聚酯产业成就卓越，现已成为世界上最大的聚酯产品制造基地。目前，国际上比较先进的聚酯生产技术主要有德国吉玛（Zimmer）公司、日本钟纺（Kinebo）公司、美国杜邦（DuPont）公司、瑞士伊文达（Inventa）公司等拥有的技术。

合成聚酯主要采用对苯二甲酸（PTA）与乙二醇（EG）的直接酯化（PTA）法和对苯二甲酸二甲酯（DMT）与乙二醇的酯交换法，其中对苯二甲酸与环氧乙烷（EO）直接酯化法只在日本有工业化规模的装置。PTA 法具有原料消耗低、反应时间短等优势，自 20 世纪 80 年代起已成为聚酯的主要工艺和首选技术路线。我国已在翔鹭石化企业有限公司、珠海碧阳化工有限公司和中国石化仪征化纤股份有限公司等地建成大型 PTA 装置。催化剂是聚酯生产的重要环节，选择合适的催化剂能提高 PET 的生产效率。

（二）聚酯的基本特征

PET 是乳白色或浅黄色、高度结晶的聚合物，表面平滑有光泽。在较宽的温度范围内具有优良的物理机械性能，长期使用温度可达 120℃，电绝缘性优良，甚至在高温高频下，其电性能仍较好，但耐电晕性较差，抗蠕变性、耐疲劳性、耐摩擦性、尺寸稳定性都很好。PET 有酯键，在强酸、强碱和水蒸气作用下会发生分解，耐有机溶剂、耐候性好。缺点是结晶速率慢，成型加工困难，模塑温度高，生产周期长，冲击性能差。

（三）包装性能与应用

PET 在开发初期主要用于制造合成纤维（占 PET 消耗量的 70%左右）。PET 还用来制造绝缘材料、磁带带基、电影或照相胶片片基和真空包装等。PET 非纤应用的另一主要领域是中空容器和双向拉伸薄膜的制造，其中尤以包装容器的发展最引人注目。现在已有 20%以上的 PET 用于包装材料，且呈逐年上升的趋势。

（四）安全和环境影响

PET 由于性能优良，成本低，用途非常广。根据其制品形式，可分为四类：聚酯纤维、薄膜、工程注塑件、瓶类。PET 瓶由于质轻不碎、能耗低等优势，替代了一些传统的包装材料，大量应用在食品、饮料、化妆品等领域，特别是饮料瓶，PET 已占绝对优势。饮料瓶都是一次性使用，所以废弃量极大。

废 PET 塑料的来源主要有工业废料和消费后塑料。工业废料主要是树脂生产中的废料、加工中的边角料、不合格品等。消费后塑料有 PET 工程塑料和民用消费品，如 PET 饮料瓶、薄膜、包装材料等。工业废料相对集中且清洁，其回收比较容易，一般在生产车间即可回收。而消费后 PET 废料的收集和回收要难得多，为现在关注的热点。

由于环境保护的要求、公众环境保护意识的增强、能源危机、资源利用的迫切需要和土地资源的减少，PET 的回收已成为其应用时必须解决的问题。

（五）回收利用情况

聚对苯二甲酸乙二醇酯（PET）主要用于生产纤维、聚酯瓶、薄膜等。废聚酯的来源主要有两部分，一部分是生产加工过程中产生的废料、边角料；第二部分则是废弃的聚酯包装，如聚酯瓶、聚酯薄膜等。第一种废聚酯较干净，可直接再利用；第二种废料往往带有污染物，必须经过分离先除去污染物和附加物才能进行回收利用。

废聚酯的回收方法分为物理回收法和化学回收法。物理回收法有重力分选、清洗、干燥、造粒等工艺。化学回收法是在物理回收的基础上将干净的 PET 分解、醇解、水解等。化学回收法将固态的聚合物材料解聚，使其转化为较小的分子、中间原料或是直接转化为单体。对于聚酯来说，化学回收法可使聚酯链断裂成低相对分子质量的对苯二甲酸乙二醇酯（BHET）中间体或是完全降解为精对苯二甲酸（PTA）或对苯二甲酸二甲酯（DMT）和乙二醇（EG）。

PET 回收中的一个主要问题是要清除其中的杂质，以防止其加速 PET 的水解。在清洗时也应该避免使用碱性清洗剂。水解的催化剂是酸或碱，酸或碱提高了水解的速度，一旦发生水解，反应就是自催化的。PET 水解形成小分子聚合物，这些聚合物是以羧酸为端基的，进一步加速了水解。

PET 瓶的回收技术在国外已达到相当高的水平，美国、德国等国家回收率现已达 80%以上。不仅如此，为方便回收，这些国家还专门制定了一些地方性法规，对 PET 瓶的废弃、收集、使用、设计制造作了强制性的规定。

由于食品领域不允许使用物理回收法回收的废聚酯，对废聚酯的化学回收法的研究就显得非常重要，只有开发经济实用的化学回收技术才能有效促进这种树脂的再利用。

目前，降解聚酯同用新原料生产聚酯相比，回收成本还不具竞争力，因此降解聚酯的方法还不能大规模地应用。

二、典型聚酯包装产品

聚对苯二甲酸乙二醇酯主要为PET瓶、包装用双向拉伸聚酯薄膜、热收缩聚酯薄膜。

三、聚酯制品及其废物特性

（一）PET瓶

1. 基本配方

制瓶用PET树脂，从特性粘度、乙醛含量、树脂的密度三个方面来选择。特性粘度直接影响PET瓶的强度、透明度及加工性能；PET瓶用树脂中的乙醛含量应受到严格的控制，尤其对于包装碳酸饮料及酒类饮料来说，过高的乙醛含量直接影响内容物的品质，国家规定碳酸饮料用PET瓶用树脂中的乙醛含量应在5 mg/kg以下；PET树脂的密度和PET树脂的结晶度成直线关系，随密度的提高结晶度提高，而PET结晶度的提高有利于瓶子气密性的提高。

阻隔聚酯瓶配方：PET 90%、LDPE 10%。

抗冲击阻隔聚酯瓶配方：PEN 85%、PET 15%。

2. 生产工艺

PET瓶的生产方法有直接吹塑法、注射吹塑法和双向拉伸法。由于双向拉伸PET瓶有很多的优越性能，因此应用很广泛。双向拉伸PET瓶的生产工艺有二步法和一步法之分，二步法又叫冷型坯法，而一步法又叫热型坯法，其生产过程都包括原料的干燥、型坯的生产和型坯的拉伸吹塑三个过程。工艺流程如下：原料干燥→熔融→注塑成型（瓶坯）→拉伸吹塑→检验→包装。

3. 使用资源、生产环境与排放

资源：电能、冷却循环水。

生产环境：噪声、高温。

4. 产品主要指标

密封性能、跌落性能、垂直载压、耐内压力、透光率、热稳定性、乙醛含量、卫生性能。

5. 产品标准

QB/T 2665—2004　热灌装用聚对苯二甲酸乙二醇酯（PET）瓶

QB 2357—1998　聚酯无汽饮料瓶

QB/T 1868—2004　聚对苯二甲酸乙二醇酯（PET）碳酸饮料瓶

6. 产品用途

PET有较好的氧气和二氧化碳阻隔性，经过双轴取向可进一步提高其性能。PET瓶的最大应用领域是饮料瓶，常用于包装食品、精馏酒精、碳酸饮料、非碳酸饮料和化妆品，如芥末、花生黄油、调味品、食用油、果酱、鸡尾酒等。

7. 产品复用性

一次使用后废弃。消费者可清洗后异物使用。产品边角料可熔融再生PET粒子。

8．废物回收状况

（1）回收途径：社会自然回收和工业回收。

（2）回收工艺过程：

物理回收：PET 瓶→切碎→真空干燥→共混→挤出→水冷却→切粒→共混物或纯料。

化学回收：PET 瓶→切碎→清洗→干燥→醇解或水解→分离→清洗干燥→化工原料。

（二）双向拉伸聚酯薄膜

1．基本配方

PET 树脂、抗静电剂、抗粘连剂。

2．生产工艺

用于包装的 PET 薄膜都是双向拉伸的双轴定向膜，PET 双向拉伸膜使用 PET 粒子在 250～300℃熔体温度下挤出，在 60～80℃下冷却，然后在纵向 80～90℃的拉伸温度、横向 95～115℃的拉伸温度下拉伸 2.5～4 倍，然后在 150～230℃下以拉伸时的张力下热定型，冷却后成双向拉伸 PET 膜。工艺流程为：PET 原料→挤出机挤出厚膜→水骤冷→加热→纵向牵引辊快速牵引 2.5～4 倍→横向拉伸 2.5～4 倍→逐级加热到定型温度→在定型温度的辊筒下保持一定时间→冷却辊逐步冷却→电晕处理→收卷成品。

3．使用资源、生产环境与排放

资源：电能、冷却循环水。

生产环境：噪声、高温。

4．产品主要指标

拉伸强度、断裂伸长率、热收缩率、雾度、光泽度、摩擦系数、润湿张力、氧气透过率、水蒸气透过量等。

5．产品标准

GB/T 16958—2008　包装用双向拉伸聚酯薄膜

6．产品用途

BOPET 薄膜主要作为软包装复合膜的基材，提供良好的阻隔性、力学性能等。可用于耐热、耐冷冻、耐消毒的食品包装；水果蔬菜用 PET 膜包装－17℃下保存可保鲜一年；PET 还用于电子元器件的包装；PET 作为复合膜包装的面层材料，有良好耐蒸煮性，可用于烤箱和热封食品包装，有良好的阻气、阻湿、阻油性。

7．产品复用性

使用后废弃。产品边角料可熔融再生 PET 粒子。

8．废物回收状况

（1）回收途径：社会自然回收和工业回收。

（2）回收工艺过程：BOPET 薄膜粉碎→清洗→脱水→烘干→造粒。

（三）热收缩聚酯薄膜

1．基本配方

PET 树脂、抗静电剂、抗粘连剂。

2．生产工艺

无定形聚酯切片→真空干燥→熔融挤出或排气式双螺杆挤出→急冷铸片→单向拉伸3.5～4倍→冷却定型→收卷、分切→检验包装。

3．使用资源、生产环境与排放

资源：电能、冷却循环水。

生产环境：噪声、高温。

4．产品主要指标

拉伸强度、断裂伸长率、热收缩率、光泽度、摩擦系数、润湿张力。

5．产品标准

GB/T 16958—2008　包装用双向拉伸聚酯薄膜

GB/T 19787—2005　包装材料 聚烯烃热收缩薄膜

6．产品用途

PET热收缩膜具有优良的印刷性能、力学性能等。主要应用领域是食品、饮料、保健品、日化产品、化工产品等的包装装潢。食品包装饮料PET瓶的标签膜用量较大，是目前代替PVC标签膜的理想材料。

7．产品复用性

使用后废弃。产品边角料可熔融再生PET粒子。

8．废物回收状况

（1）回收途径：社会自然回收和工业回收。

（2）回收工艺过程：PET薄膜粉碎→清洗→脱水→烘干→造粒。

第九节　聚酰胺包装制品

一、聚酰胺概况

（一）材料来源

聚酰胺俗称尼龙（Nylon），英文名称Polyamide，简称PA，是分子主链上含有重复酰胺基团—[NHCO]—的热塑性树脂总称。包括脂肪族PA、脂肪—芳香族PA和芳香族PA。其中，脂肪族PA品种多，产量大，应用广泛，其命名由合成单体具体的碳原子数而定。

聚酰胺是美国DuPont公司最先开发用于纤维的树脂，于1939年实现工业化。20世纪50年代开始开发和生产注塑制品，以取代金属满足下游工业制品轻量化、降低成本的要求。聚酰胺主链上含有许多重复的酰胺基，用作塑料时称尼龙，用作合成纤维时我们称为锦纶。聚酰胺可由二元胺和二元酸制取，也可以用ω-氨基酸或环内酰胺来合成。根据二元胺和二元酸或氨基酸中含有碳原子数的不同，可制得多种不同的聚酰胺，目前聚酰胺品种多达几十种，其中以聚酰胺-6、聚酰胺-66和聚酰胺-610的应用最广泛。

聚酰胺-6、聚酰胺-66和聚酰胺-610的链节结构分别为$[NH(CH_2)_5CO]$、$[NH(CH_2)_6NHCO(CH_2)_4CO]$和$[NH(CH_2)_6NHCO(CH_2)_8CO]$。聚酰胺-6和聚酰胺-66主要用于纺织合成纤维，

称为锦纶-6 和锦纶-66。尼龙-610 则是一种力学性能优良的热塑性工程塑料。

聚酰胺（尼龙）中的主要品种是尼龙-6 和尼龙-66，占绝对主导地位，其次是尼龙-11、尼龙-12、尼龙-610、尼龙-612，另外还有尼龙-1010、尼龙-46、尼龙-7、尼龙-9、尼龙-13，新品种有尼龙-6I、尼龙-9T 和特殊尼龙-MXD6（阻隔性树脂）等。尼龙的改性品种数量繁多，如增强尼龙、单体浇铸尼龙（MC 尼龙）、反应注射成型（RIM）尼龙、芳香族尼龙、透明尼龙、高抗冲（超韧）尼龙、电镀尼龙、导电尼龙、阻燃尼龙、尼龙与其他聚合物共混物和合金等，满足不同特殊要求，广泛用作金属、木材等传统材料代用品，作为各种结构材料。

（二）聚酰胺的基本特征

聚酰胺为韧性角状半透明或乳白色结晶性树脂，工程塑料用聚酰胺分子量一般为 1.5 万～3 万，聚酰胺具有很高的机械强度，软化点高，耐热，摩擦系数低，耐磨损，自润滑性，吸震性和消音性，耐油，耐弱酸，耐碱和一般溶剂，电绝缘性好，有自熄性，无毒，无臭，耐候性好，染色性差。缺点是吸水性大，影响尺寸稳定性和电性能。

（三）包装性能与应用

聚酰胺具有良好的综合性能，包括力学性能、耐热性、耐磨损性、耐化学药品性和自润滑性，且摩擦系数低，有一定的阻燃性，易于加工。

聚酰胺在包装方面可用于拉伸或非拉伸尼龙膜的生产，用于复合软包装膜基材，提供优良的阻隔性能、耐冲击性能和耐化学性能。也可以与其他材料如聚乙烯、乙烯-乙烯醇共聚物等树脂进行多层共挤生产阻隔性复合膜或片材。

（四）安全和环境影响

聚酰胺是合成材料中的主要品种之一，主要用于生产纤维、薄膜、工程塑料等。包装上主要用于食品包装薄膜，无毒无害。

（五）回收利用情况

聚酰胺的废料来源主要有两部分，一部分是生产中所产生的废屑、边角料等，此类产品杂质少，可进行熔融造粒再生，以一定比例与纯聚酰胺切片混合，再加工。第二部分是废弃的旧地毯、轮胎帘子线、工程塑料等，由于这一部分含杂质较多，目前基本上采用填埋或焚烧的方法处理，但由于可供填埋的场地不断减少，致使填埋费用不断上涨，而简单焚烧带来严重的二次污染等诸多问题，越来越引发环境与材料的可持续发展问题间的矛盾。

目前很多公司都在致力于开发聚酰胺解聚成己内酰胺或己二胺单体的“闭路循环”研究。PA-6 和 PA-66 都属于缩聚产品，产品结构中存在重复单元，因此，可在适当的条件下，通过破坏聚合物分子链重新得到聚合物单体。用这种方法得到的单体净化后可继续作聚合单体使用。废塑料、纤维等材料回收废物的重复利用是根治环境污染、节约资源的一条重要途径。

二、典型聚酰胺包装产品

聚酰胺制品主要有双向拉伸薄膜等，另外，PA-6 可以用来制作塑料周转箱。聚酰胺树脂与其他塑料树脂可进行共挤出生产共挤复合膜。

三、聚酰胺制品及其废物特性——聚酰胺（尼龙）薄膜

1. 基本配方

PA-6 100 份、稳定剂 1～5 份、抗粘连剂适量。

2. 生产工艺介绍

聚酰胺薄膜有未拉伸和双向拉伸薄膜两种，根据薄膜的生产方法有 T 型口模挤出流延法和圆形口模挤出吹胀法以及管膜法和平膜法双轴定向尼龙膜的生产。聚酰胺薄膜 80%以上是双向拉伸膜，聚酰胺 6 拉伸温度为 140～150℃、拉伸倍数 2.2～3.5、热定型温度 150～210℃。其工艺流程如下：PA 原料→干燥→挤出机挤出厚膜→水骤冷→加热→纵向牵引辊快速牵引→横向拉伸→逐级加热到定型温度→在定型温度的辊筒下保持一定时间→冷却辊逐步冷却→电晕处理→收卷成品。

3. 使用资源、生产环境与排放

资源：电能、冷却循环水。

生产环境：噪声、高温。

4. 产品主要指标

拉伸强度、断裂伸长率、5%伸长时的应力、撕裂强度、冲击强度、穿刺强度、动摩擦系数、透氧率、透水蒸气性、热水收缩率等。

5. 产品标准

GB/T 20218—2006 双向拉伸聚酰胺（尼龙）薄膜

6. 产品用途

双向拉伸聚酰胺（尼龙）薄膜对空气和湿度有良好的阻隔性，耐热性和力学强度也较好，用于复合包装膜的基材，常用来包装液体食品、农产品、水产品、蒸煮食品、乳制品等。

7. 产品复用性

一次使用后废弃。

8. 废物回收途径

社会自然回收或工业回收造粒。

第二章　金属类包装

第一节　金属类包装概述

包装用金属材料，一般是指将金属压延成薄片，用于包装的一种材料。

金属包装材料是传统的包装材料之一。虽然只有不足 200 年的历史，但由于其具有高强度、高阻隔性和优越的加工、使用性能，使得金属包装材料被广泛应用于产品包装、运输包装和销售包装中，在现代包装中占有重要地位。

在各种包装技术日新月异的今天，新型包装材料不断出现，相互竞争十分激烈，金属包装材料在某些方面的应用已部分地被塑料或复合材料所代替。但由于金属包装材料具有极优良的综合性能，且资源较为丰富，所以金属包装仍然保持着其生命力，应用形式也更加多样，特别是在复合材料领域找到了用武之地，成为复合材料中主要阻隔材料层，如以铝箔为基材的复合材料和镀金属复合薄膜的成功应用就是很好的证明。

一、材料来源

金属包装材料资源丰富，而且可以将废旧材料回收加工，循环使用。从环境保护方面讲，是较为理想的包装材料。

我国包装工业目前的经济增长方式仍处于粗放型，资源消耗很大。就金属包装而言，铁、铝包装材料的耗电量（同一体积容器）铁为 0.70 kW/h，铝为 3 kW/h，能耗比重都远大于其他包装材料。自然环境是我国钢铁工业材料生产的基础，而以落后的技术、大量消耗资源和污染环境为前提的钢铁生产和加工，最终必然导致资源的枯竭，使材料的生产难以持续发展。中国有色金属矿石资源并非先天优越，特别是在有色金属工业中举足轻重的四大金属，资源状况不容乐观。金属矿产资源是在地壳形成后，经过几千万年、几亿年甚至几十亿年的地质作用生成的，从这个意义上讲，金属矿产资源是不可更新的自然资源，因此大量消耗就必然会使人类面临资源逐渐减少以至枯竭的威胁。为了减轻经济增长对金属矿产资源供给的压力，必须大力发展循环经济，实现金属矿产资源的高效和循环利用。

二、材料种类与特征

金属材料的种类很多，但是现阶段能够用在包装上的材料种类并不多。钢材和铝材是在包装中使用的主要金属材料。

（一）钢材

与其他金属包装材料相比，钢材来源较丰富，能耗和成本相对较低，至今仍占金属包装材料的首位。包装用钢材主要是低碳薄钢板（含碳量≤0.25%）及其复合材料。低碳薄钢板具有良好的塑性和延展性，制桶制罐工艺性好，有优良的综合防护性能，但是冲拔性能没有铝材好。钢质包装材料最大的缺点是耐蚀性差，易锈，必须采用表面镀层和涂料等方式才能使用。钢材一般用于制造运输包装类容器及产品，如集装箱、钢桶、钢箱以及捆扎材料。

1．镀锡薄钢板

镀锡薄钢板又称马口铁，是用量最大的一种金属包装板材。镀锡薄钢板是在低碳薄钢板的两面镀锡而成，由钢基板、锡铁合金层、锡层、氧化膜和油膜五层构成，厚度为 0.15～0.30 mm。根据镀锡工艺的不同，分为热浸镀锡板和电镀锡板，电镀锡板又可分为等厚镀锡板和差厚镀锡板。金属锡无毒、无味、柔软，附着于钢基板上，使之具有良好的焊接性能，并具有光亮的外表。镀锡薄钢板将钢和锡的优点集于一身，成为世界上使用最广泛的一种金属包装材料，大量用于罐头食品、饮料工业，也用来制作其他包装容器。

2．镀铬薄钢板

镀铬薄钢板是 20 世纪 60 年代初为减少价格较高的锡的用量而出现的一种新材料，又称无锡钢板（Tin-free-steel，TFS），简称镀铬板，是在低碳薄钢板上镀铬而成，是制造桶（罐）的主要材料之一，可部分代替马口铁，主要用于制造食品包装容器如啤酒罐和饮料罐以及食品罐的底、盖等。

3．镀锌薄钢板

镀锌薄钢板，又称白铁皮，是在酸洗薄钢板后，经过热浸镀锌处理，使钢板表面镀上厚度为 0.02 mm 以上的锌保护层而成。因为锌的电极点位比铁低，化学性质比较活泼，在空气中能很快生成一层氧化锌薄膜，这层氧化锌薄膜非常致密，保护了里面的锌和钢板不受腐蚀，即使擦破了镀锌层，由于锌先发生氧化而保护了铁，从而大大提高了钢板的耐腐蚀性能。用镀锌板制成容器后，就不必再进行表面防腐处理，因此镀锌薄钢板广泛用来制作金属包装容器。这种容器强度高、密封性能好，是在工业产品包装中应用较多的一种包装材料。镀锌薄钢板是制桶（罐）材料之一，主要用于生产工业产品的包装容器；还可以用于制造汽车润滑油、油漆、化工产品、洗涤剂等方面的钢桶（罐）类容器，是应用较多的一种金属包装材料。

4．低碳薄钢板

低碳薄钢板俗称黑铁皮，是指含碳量≤0.25%、厚度一般为 0.25～4 mm 的薄钢板。低碳薄钢板价格较低，机械强度高，加工性能良好，具有优良的综合防护性能，遮光性强，导热率高，耐热性和耐寒性优良，易于印刷装饰。低碳薄钢板主要用于制造各种规格的桶型容器、集装箱和捆扎带等。目前，为降低包装成本，国外已经开始采用低碳薄钢板制造食品和饮料罐。这种经一次或二次冷轧的低碳薄钢板经酸洗后，其表面作钝化或不钝化处理，内壁的表面要涂特殊的有机涂料，外壁的表面要涂印彩色涂料，涂料的种类、涂层的厚度和涂印工艺视容器的特定用途而定。此外，低碳薄钢板也用于制造玻璃瓶盖。

（二）铝材

铝质包装材料的使用历史较短，但由于铝质材料具有某些比钢更优异的性能，特别是铝资源丰富，铝的提炼方法有了很大的改进，故铝质材料作为包装材料近年发展很快，在某些方面已取代了钢质包装材料。

铝材的主要特点是重量轻、无毒无味、可塑性好、延展性及冲拔性能优良，在大气和水汽中化学性质稳定，不生锈、表面洁净有光泽。铝的不足之处是在酸、碱、盐介质中不耐蚀，故表面也须涂料或镀层才能用作食品容器，而且它的强度比钢低，成本比钢高，故铝材主要用于销售包装，很少用在运输包装上。通常在包装行业应用最多的铝材是铝合金薄板和铝箔。

1. 铝合金薄板

工业纯铝的铝含量为 99%以上，其强度较低，应用受到很大限制。为改善其强度和硬度，工业上多采用以铝为基础，加入一种或几种其他元素组成的铝合金。包装常用的铝合金薄板材料是铝镁合金和铝锰合金，又称为防锈铝合金。其特点是耐蚀性强、抛光性能好、能长期保持光亮的外观，并且无毒、轻巧耐用，故广泛用于制作罐头容器和包装饮料用罐。

2. 铝箔

铝箔是由厚度为 0.4～0.7 mm（较多用 0.5 mm）的工业纯铝板经过多次冷轧减薄制成的可挠性金属箔材。铝箔的种类按用途分类，有电解电容器用铝箔和工业用铝箔两种，前者用高纯度铝轧制而成，厚度一般较大，除此以外的铝箔统称为工业铝箔。按产品厚度、生产工艺不同分类，可分为单张铝箔和双张铝箔。按照供应状态分类，可分为硬质铝箔和软质铝箔。铝箔作为一种挠性包装材料，具有许多优异性能：

（1）对水、水蒸气、各种气体具有高阻隔性，可以防止内装物由于吸潮、氧化或香味散失而变味或变质。

（2）铝箔对光和热的反射率高达 85%～90%，可作为遮光和热绝缘包装材料。

（3）防护性能好，可防止细菌、霉菌、虫子等的入侵而污染被包装物。

（4）铝箔无毒、无害、卫生，可用于食品和医药的包装。

（5）耐热、耐寒，形状稳定，传热好，冷冻迅速，适用于耐高温蒸煮处理和冷冻包装。

（6）质量轻、厚度小，可相对降低包装成本。

（7）具有良好的加工性能。

（8）表面金属光亮、美观，具有很好的装潢效果。

铝箔的主要缺点是：强度较低，不能受力；无封缄性；有针孔缺陷；易起皱。所以在包装上一般不能单独使用，将它与纸、塑料薄膜一起制成复合材料则能弥补铝箔的缺点，使它的优点得到充分发挥。

三、材料性能与应用

金属包装材料的机械性能优良、强度高，因此金属包装容器可以制成薄壁、耐压强度高、不易破损的包装容器。这样使得包装产品的安全性有了可靠的保障，并便于贮存、携带、运输、装卸和使用。

金属包装材料的加工性能优良，加工工艺成熟，能连续化、自动化生产。金属包装材料具有很好的延展性和强度，可以轧成各种厚度的板材、箔材。板材可以进行冲压、轧制、拉伸、焊接，制成形状大小不同的包装容器；箔材可以与塑料、纸等进行复合。金属铝、金、银、铬、钛等还可镀在塑料薄膜或纸张上。因而金属能以多种形式充分发挥优良的、综合的防护性能。

金属包装材料具有极优良的综合防护性能。金属的水蒸气透过率为零，也完全不透光，能有效地避免紫外线的有害影响，其阻气性、防潮性、遮光性和保香性大大超过了塑料、纸等其他类型的包装材料。因此金属包装能长时间保持商品的质量，这对于食品包装尤其重要。

金属包装材料具有特殊的金属光泽，也易于印刷装饰，这样可使商品外表华贵富丽，美观适销。另外，各种金属箔和镀金属薄膜是非常理想的商标材料。

金属包装材料具有可回收性，使用后回收能耗和成本也比较低，从环境保护方面讲，是较为理想的包装材料。

金属包装材料虽然具有以上特性，但也有不足之处。主要是：化学稳定性差，耐蚀性不如塑料和玻璃，尤其是普通钢质包装材料容易锈蚀。因此很多金属包装材料须在表面再覆盖一层防锈物质，以防止来自外界和被包装物的腐蚀破坏作用，同时也要防止金属中的有害物质对商品的污染。

四、材料安全和环境影响

（一）材料安全

在对金属包装容器进行印刷时，应使用为满足印铁制罐要求而设计的印铁油墨。印铁油墨一般可分为印铁白墨、彩色油墨、印铁底漆、上光油等类别，常用的有醇酸树脂、氨基树脂、环氧树脂、丙烯酸树脂等。印铁油墨与纸张印刷油墨最大的不同，就是油墨印在铁皮上后完全不能够渗透，它的干燥主要靠加热来实现，因此对颜料的耐热性能要求较高。印铁油墨与金属包装容器表面应该有非常好的黏附力，以保证在经受弯曲、敲打等各种加工工艺时，油墨层不受到损坏。印品在印完后经常要上一层上光油，以保护印刷图案，提高光泽度。上光油中含有苯、脂、醇、酮类强溶剂，所以印铁油墨应有良好的耐溶剂性，特别是颜料必须能够耐溶剂，否则图案渗色、化色，会影响产品质量。

在使用金属包装容器的过程中，如果使用不当就会使内装物中含有其中的一些微量金属元素，这些元素会在人体中慢慢累积，当达到某一限度时，就会危害人体健康。不锈钢是由铁铬合金再掺入其他一些微量元素而制成的，如果长时间盛放强酸或强碱性食品，不锈钢中的铬、镍等元素就会溶出。铝制品主要的食品安全性问题在于铸铝中和回收铝中的杂质。目前使用的铝原料的纯度较高，有害金属较少，而回收铝中的杂质和金属难以控制，易造成食品的污染。而对于焊接三片罐来说，使用的锡铅焊料也有可能污染内装物，从而危害到人体的健康。因此金属包装容器内涂层材料的保护作用不容忽视，尤其是对于应用于食品行业的金属包装。作为印刷食品包装的内涂层耐腐蚀性要强，尤其是食品罐头的内涂料对耐腐蚀性提出了更高的要求。例如，装肉罐头类产品的包装内涂料要耐脂肪、蛋白质的作用；装鱼蟹类产品的包装内涂料要耐硫化氢的侵蚀；装饮料的要耐溶剂、碳酸气等；装水果的要耐水果酸。如果盛装食品的金属包装容器由于其内壁涂料卫生质量达不到食品安全卫生要求，将会造成二次污染，从而影响产品的内在质量。我国允许使用在钢桶内壁上的食品涂料有：聚酰胺环氧树脂涂料、过氧乙烯涂料、有机氟涂料等。

在包装制品的生产过程中，包括选择材料及结构设计、生产工艺、涂装生产、使用储运的每一个环节，只要处理不当，均会对人体及环境造成伤害和污染，其中尤其以桶身磨边工艺的噪声和来自砂轮与钢板摩擦产生的烟尘对人体和环境的污染最为严重。

（二）环境影响

金属包装从生命周期全过程，即采矿、冶炼、轧制成型到制作包装、使用废弃整个过程来看，对资源及能源的消耗均很大，对环境尤其是大气也造成了污染。

用金属材料制作包装，对环境造成污染最主要的有以下两点：一是金属材料的开采冶炼；二是包装制品的生产过程。

在金属冶炼过程中，高炉气中含有许多可燃成分（氢气、甲烷和有毒气体一氧化碳），如表 2-1 所示。它们不仅有毒，而且热含量高（每立方米 3.8～4.2 kJ），因此高炉气体不能直接排入大气中，可将它们用做供热厂的燃料燃烧。

表 2-1　高炉气中各成分比例

名称	比例/%	名称	比例/%
二氧化碳	10～16	甲烷	0～3
氮气	52～60	一氧化碳	23～30
氢气	0.5～4		

金属铝、铅和锡的生产过程与铁不同，不能利用高炉工艺从其氧化物中获取。铝矿石能用溶解氧化铝但不能溶解其他杂质（氧化铁）的浓苏打水处理。处理后这些杂质可通过过滤除去，其主要成分是氧化铁，它会形成红色的泥巴，很难有其他用途，这些红色的泥巴对土地形成了严重的污染。

金属包装易回收、再生利用或重复使用。在金属包装的再生利用中，容器中会有残余的内容物，在高温熔化下，有的分解成气体，有的燃烧后产生一氧化碳或二氧化碳，有些变成熔渣，这样便产生了环境污染。一般大型炼钢厂设备先进，有一套较科学的处理方法，造成污染的可能性不大，但对小型废钢熔化厂来说，“三废”治理仍是一个有待解决的问题。

五、回收利用情况

金属包装废物是指失去或完成保持内装物原有价值和使用价值的功能，成为固体废物被丢弃的金属包装容器及材料。有资料显示，美国每年产生城市生活垃圾 1.5 亿 t，我国城市人均垃圾年产量达到 440 kg，而这些城市生活垃圾中有 1/3～1/2 是包装废物，金属包装废物约占 9%。

由于目前我国还未形成一套完整的回收包装废物的有效机制和相关配套政策，对金属包装废物的回收利用率很低，资源浪费严重，而且由于金属包装的内装物不同，使得废物中留有内装物残留，如果采用化学试剂进行清洗还会产生新的污染，这更加大了金属包装废物回收的难度。

金属包装废物经常与其他包装废物以及其他城市生活垃圾混杂在一起，因此在回收利用的过程中，先要进行分选。分选的方法除了传统的人工分选外，还可以采用现代技术进行分选。

1．金属废物分选方法

（1）利用磁性进行分选：钢铁具有磁性，不少国家在处理大量城市生活垃圾时，将各式各样的工业磁铁装在运输和传送设备上，以便分选出大大小小的钢铁废物。

（2）利用重力进行分选：首先利用物质的不同密度，通过空气分离设备，将密度小的物质和密度大的物质材料初步分离，然后将掉落在容器底部的密度大的物质进一步分选，例如密度大的金属和玻璃就常用振动筛进行再次分选。也可以采用惯性方法进行分选，常用设备有弹道分选机、反弹道分选机和斜板运输分选机等；还可以采用离心分选法从大量密度较小的材料中分选出密度较大的金属，其设备可使用环形筛或滚圈，依靠旋转离心力作用使金属移向外面，密度较小的物质移向里面。

（3）利用回转炉熔化分选：因为不同的金属有不同的熔点，所以可以利用金属的这一特性进行分选。其方法是：将金属混合料投入形状像回转窑那样的回转炉内，严格控制炉温，使低熔点的金属从靠近窑炉底处流出回收，而熔点较高的金属则从端部流出。该方法可对熔点差别较大的金属进行分离。

（4）有色金属的分选：金属包装废物中主要是钢铁和铝及其合金。钢铁利用磁选法很容易从其他物质中分离，而铝及其合金的分离就困难得多。铝及其合金包装废物的分离分选方法主要有重力分离、静电分离和热分离三种方法。重力分离方法是利用压缩空气在曲曲折折的分离器中把铝从其他密度较大的物质中分离出来；静电分离法是给物质施加静电荷后，导体很快失去电荷而非导体却保持着它的电荷，带有相反电荷的转鼓将吸住非导体，而导体会很快落下去被分离；热分离是利用各种金属的不同熔点将铝和锌分离出来。

2．金属废物利用

对于废弃金属包装制品，其废物处理主要包括重复使用及回收再造两种方法。

（1）重复使用：通过回收，对各种不同规格、不同用途的金属罐、金属桶进行翻修整理，然后经过洗涤、烘干、喷漆等工序，重复使用。

（2）回收再造：将回收的废旧金属罐、盒、桶等分别进行除漆等前期处理，然后成批量地回送到冶炼炉里重熔铸锭，进而重新轧制成铝材或钢材待用。

第二节　金属包装物分类

根据金属包装物的种类分类，如表 2-2 所示。

表 2-2 金属包装物分类

<table>
<tr><th colspan="3">金属容器分类</th><th>所用金属材料</th></tr>
<tr><td rowspan="5">金属桶</td><td colspan="2">全开口桶</td><td rowspan="5">热轧薄钢板
冷轧薄钢板
镀锌薄钢板
铝板</td></tr>
<tr><td rowspan="3">闭口桶</td><td>小开口桶</td></tr>
<tr><td>中开口桶</td></tr>
<tr><td>异形顶桶</td></tr>
<tr><td colspan="2">提桶</td></tr>
<tr><td rowspan="4">金属罐</td><td rowspan="2">二片罐</td><td>圆罐</td><td rowspan="4">铝合金薄板
镀锡薄钢板
镀铬薄钢板</td></tr>
<tr><td>异形罐</td></tr>
<tr><td rowspan="2">三片罐</td><td>圆罐</td></tr>
<tr><td>异形罐</td></tr>
<tr><td rowspan="2">金属喷雾罐</td><td colspan="2">二片喷雾罐</td><td rowspan="2">铝合金薄板
镀锡薄钢板</td></tr>
<tr><td colspan="2">三片喷雾罐</td></tr>
<tr><td rowspan="3">金属封闭器</td><td colspan="2">桶用封闭器</td><td rowspan="3">铝板
冷轧薄钢板
镀锡薄钢板</td></tr>
<tr><td colspan="2">罐用封闭器</td></tr>
<tr><td colspan="2">瓶用封闭器</td></tr>
<tr><td rowspan="8">其他金属包装物</td><td colspan="2">金属软管</td><td rowspan="8">铝板
铝箔
金属丝
薄钢板</td></tr>
<tr><td colspan="2">金属浅盘</td></tr>
<tr><td colspan="2">金属筐</td></tr>
<tr><td colspan="2">金属箱</td></tr>
<tr><td colspan="2">金属盒</td></tr>
<tr><td colspan="2">铝箔袋</td></tr>
<tr><td colspan="2">金属托盘</td></tr>
<tr><td colspan="2">钢带</td></tr>
</table>

第三节 金属包装容器及其废物特性

一、金属桶

金属桶是用较厚的金属板（＞0.5 mm）制成的容量较大的金属容器。金属桶按照材料的不同，可分为钢桶、铝桶、不锈钢桶等，其中以钢桶应用最多，以下主要介绍钢桶。

钢桶是重要的运输包装容器，它具有以下优点：

➢ 力学性能良好，耐压、耐冲击、耐碰撞；
➢ 密封性良好，不易泄漏；
➢ 环境适应性好，耐热、耐寒；
➢ 储运方便、装取内装物容易；
➢ 钢桶阻隔性好，适于包装挥发性强、对气及湿度敏感的货物；
➢ 大多数钢桶能重复使用。

相比较其他包装材料，金属钢桶有如下缺点：

➢ 自身质量大，生产成本、运输和回收费用较高；
➢ 易腐蚀，需进行特殊的喷涂处理；

➢ 导热性好，不宜包装对温度敏感的货物；

➢ 钢板撞击易产生火花，不宜包装易燃易爆的货物。

（一）钢桶的包装结构

钢桶主要由桶身、桶底和桶盖组成，桶身和桶盖（底）分别加工好后，再经过封口组合即成为钢桶。钢桶桶身有纵缝，桶身翻边后与桶底、桶顶双重卷边（或三重卷边）连接。卷边外要注入密封胶，一般采用聚乙烯醇缩醛或橡胶类合成高分子材料封缝胶。桶身、桶顶、桶底均由整张薄钢板制成，不允许拼接。桶身的焊缝采用电阻焊焊接。钢桶分为圆形桶和异形桶，主要由桶身的形状区分。前者制作相对容易，制作设备也相对简单，能在地面上滚动，便于运输，特别适合装载较重物品，所以圆形桶用得最多；异形桶造型美观、搬运方便，能节省储运空间、降低储运费用，但制造工艺相对复杂，一般体积不大，常见的有方形桶和椭圆形桶等。

钢桶按照口部的结构分为：全开口钢桶和闭口钢桶。全开口钢桶又分为开口直径与桶身内径相等的直开口钢桶和桶身直径在顶部或底部明显缩小以便堆叠的开口缩颈钢桶。闭口钢桶分为桶顶开口直径不大于 70 cm 的小开口钢桶和桶顶开口直径大于 70 cm 的中开口钢桶。

1．全开口钢桶

全开口钢桶的桶身有搭接焊缝，桶身与桶底通过二重卷边或三重卷边固定，桶盖则利用封闭箍固定在桶身上，封闭箍通过螺栓和杠杆机构锁紧，封闭箍被拆后即可打开桶盖。桶身上下有环筋、波纹，既能提高钢桶的强度和刚度，又可以使钢桶容易滚动。桶身上端有一道外翻的空心卷边，利用封口垫圈和封闭箍可将桶盖与翻边固定在一起。

按照《包装容器 钢桶 第 1 部分：通用技术要求》（GB/T 325.1—2008）的规定，全开口钢桶和开口缩颈钢桶两种形式的结构基本相同，只是桶身上端向内收缩后再卷边。

2．闭口钢桶

闭口钢桶的桶顶和桶底都是通过卷边封口与桶身组合成一体且不可拆卸。因闭口桶通常用来储运液态或半液态产品，故桶顶上一般设有两个带凸缘的孔，稍大的孔是进出料用的装卸孔，小孔是进出料时的通气孔。装货后，需在孔上拧入旋塞加以密封。

闭口钢桶的桶身和全开口钢桶一样，一般都采用环筋和波纹来加强薄壁钢桶的刚度和强度。桶身的加强形式一般有以下 4 种：

（1）有 2 道环筋；

（2）两端有 3～7 道波纹；

（3）有 2 道环筋，环筋至桶顶、桶底之间各有 3～7 道波纹；

（4）有 3 道环筋。

3．钢提桶

根据《包装容器 钢提桶》（GB 13252—2008）的规定，钢提桶分为以下 4 种类型。

（1）全开口紧耳盖提桶：桶身有一道液密性纵向焊缝，桶底与桶身用二重卷边固定在一起，两个挂耳通过焊接或铆接固定于桶口，挂耳上装有提梁，提梁上可装木质或塑料把手。桶身上在挂耳的下方有一道环筋。若为锥形桶，则在桶口环筋之下还有一道环筋，在空桶堆码时起限制叠套深度的作用。

桶盖为紧耳盖，周边一般带有 16 个凸耳，封盖时可采用手动或半自动封盖工具，也可以采用自动封盖机，在开盖时需采用标准的手动起盖器。

（2）全开口密封圈盖提桶：桶身、挂耳、提梁以及环筋结构与全开口紧耳盖提桶相同，但桶盖为密封圈型。

（3）闭口缩颈提桶：桶身带有纵向焊缝，桶盖与桶底均采用二重卷边与桶身固定组合，一个带提环的挂耳焊接在桶顶的中央，或在桶身有前述带有提梁的挂耳。靠近桶顶一侧的凸边处设置有出入口，桶身上部带有缩颈。

（4）闭口提桶：闭口提桶与闭口缩颈提桶的最大不同之处在于闭口桶的桶身无缩颈，其余的基本结构都相同。

上述 4 种类别的钢提桶按照桶身是否带锥度又分为 T 形桶（带锥度）和 S 形桶（不带锥度）。T 形桶桶身有 1°左右的斜度，无盖的空桶可相互套入放置，既可以节省空间又能提高空桶堆码的稳定性，而 S 形桶无斜度。

提桶所用材料一般为镀锡薄钢板、无锡薄钢板和冷轧薄钢板几种，钢板厚度一般为 0.4～1.0 mm。

（二）钢桶的生产工艺流程

钢桶主要由桶身、桶底和桶顶（盖）三部分构成，一般制作工艺是三部分分别加工，然后经封口组合而形成钢桶。目前常用的卷边形式为二重卷边和三重卷边，将桶身及桶顶（或底）凸缘周边涂上密封胶并用卷边机将它们互相卷曲钩合而形成卷边封口。封口组合完成，经检验合格后，即可在桶的外表面进行喷涂、装潢印刷等。

1. 桶身制造工艺

钢桶的桶身是钢桶的主要组成部分，其结构相对桶底和桶盖复杂得多，桶身加工是生产钢桶的关键，其制造工艺要根据桶身的形状、开口的结构和材料的形式来确定。

（1）圆形闭口钢桶桶身制造工艺。

圆桶桶身制造工艺流程如下：原材料→剪切→磨边→卷圆→点焊→缝焊→翻边→滚波纹→胀环筋→桶身成形。

下料：选用合适的原材料，用剪切机将其按桶身设计尺寸剪切成桶身板。

磨边：将待焊钢板的边磨出一定斜度，目的是保证焊接质量并使接头部分与桶身的厚度比较均匀、一致。因为桶身焊接完成后要进行折边、压波纹、胀筋、卷边封口等工序，磨边能减小焊缝的厚度，使卷边封口更加牢固。磨边处的厚度要根据钢板的厚度来确定，磨边的宽度一般比缝焊搭边宽度多 1～2 mm。

卷圆：在卷圆机上将桶身板材卷成圆形，为保证点焊、缝焊等后续工序的顺利进行，卷圆曲度应均匀，不能有褶皱或锥度。

焊接：用点焊机将已卷圆的桶框按要求的搭边宽度搭合后点焊定位，再用缝焊机将桶身纵向两端搭接焊合，形成一条气密性的焊缝；桶的外径用三个大辊轮引导，接头处板料边沿用 Z 形杆引导，以控制搭接量，其结构类似于三片罐的电阻焊机。

翻边：在专用翻边机上用翻边压轮将桶身的两端各向外翻出一个角度，以便与桶底、桶盖封口组合。翻边应均匀平齐，不应出现裂口或褶皱。小桶的翻边角度一般取 95°～100°，大桶可取 100°，翻边的根部应有圆弧过渡，以保证有足够的强度。

滚波纹：在波纹机上通过滚压，在桶身上同时滚出若干条圆周波纹式加强筋。滚出的波纹要均匀光滑、深浅一致，不得歪斜，无机械损伤。

胀筋：在胀筋机上通过位于桶身内可以张合的环形胀块在桶身中段扩张两条加强筋，胀筋头用凸轮或液压传动，滑块沿径向将筋胀出，加工完毕胀筋头缩回原位。胀出的环筋应无机械损伤和裂纹。

（2）圆形开口钢桶桶身制造工艺。

桶口卷边：圆形开口钢桶桶身的加工工艺和闭口钢桶桶身的制造工艺基本相同，只多了一道桶口卷边工序，可在卷边机上完成。桶身翻边时，需要卷边一端的翻边宽度应比桶底端宽些。桶身绕其轴线旋转时，卷边压辊向桶身上端的翻边作径向推动，从而形成桶口卷边。圆形开口钢桶桶身的加工工艺：原材料→剪切→磨边→卷圆→点焊→缝焊→翻边→桶口卷边→滚波纹→胀环筋→桶身成形。

桶口缩颈：开口缩颈钢桶的桶身制造又多了一道桶身缩颈工序。作业时，在缩颈机上通过缩颈模具将桶口收缩变形，使桶口局部直径变小。当缩颈变形较大时，可将缩颈成型分两次完成，以免薄壁桶桶身在缩颈中失稳起皱。开口缩颈钢桶的桶身加工工艺：原材料→剪切→磨边→卷圆→点焊→缝焊→桶口缩颈→翻边→桶口卷边→滚波纹→胀环筋→桶身成形。

（3）钢提桶桶身的制造工艺。

圆形提桶桶身的制造工艺与圆形口钢桶桶身的生产工艺相类似，其生产工艺流程为：剪切→磨边→卷桶成形→焊缝→抛光→扩口→开口部卷边与桶体起筋。

（4）异形桶桶身的制造工艺。

异形桶桶身可用机械冲压方法，通过模具使桶身板折成所需形状，桶身的转折处一般有小圆弧过渡，以保证桶身折方时不产生裂口等缺陷。为了不影响缝焊和封口组合，桶身上的加强筋需在桶身板折方前用压力机模压成型，且与缝焊搭边处要空有一段距离。

胀型法是制造异形桶常用的方法，先将桶身做成圆筒状，再放在胀型机上成型。胀型法很容易获得椎体桶身上的波纹，且工艺简单，主要问题是回弹性大，不易定型。为了克服回弹，可采取多次胀型或使用桶壁胀型变形加大方法，使桶身变形硬化以减小回弹，但桶身板下料长度比理论计算值要大，以弥补变形产生的误差。

2．桶底的制造工艺

桶底的生产制造较简单，制造工艺流程为：剪板→落料拉延→涂封缝胶。

首先根据桶底的设计尺寸和原料尺寸确定排样方案，然后在剪切机上将原料切成桶底毛坯，再将毛坯送入冲床，利用模具同时完成落料和拉延而得到桶底。用人工或封口机上的自动喷胶管将封缝胶喷涂在桶底的卷边部位，即可送到封口机上进行封口组合。

异形桶底在冲压拉延作业中，受力、变形过程复杂，一般一次落料拉延后还要增加修边工序，用修边模具在冲床上再次落料，使桶底获得准确的边缘尺寸。

钢桶桶身与桶顶（底）卷封时，必须在卷合处加一种具有弹性的物质，即密封填料，使其充满所有钢板的结合空隙，起到密封作用。

3．桶顶的制造工艺

桶顶的制造工艺和桶底基本相同，工艺流程为：剪板→落料拉延→冲孔翻边→锁→打印标记→涂封缝胶。

落料拉延后，在复合模具中将桶顶进行冲孔和翻边，然后将螺圈套上衬垫，放入桶顶孔内。在冲床上通过模具翻扩孔壁，使螺圈和桶顶压紧联合在一起，同时在桶顶平面上打印出厂标、生产日期等其他标记，涂封缝胶后即可进行封口组合。

4．桶盖的制造工艺

开口桶桶盖的制造工艺流程为：剪板→落料拉延→卷线。

卷线工序是将桶盖周围凸起的边缘向下弯曲的工序。

5．内、外喷涂工艺

（1）涂装工艺。

目前，先进的涂装工艺主要有以下几种：空气喷涂法、高压无气喷涂法、静电喷涂法。

（2）内喷涂工艺。

内喷涂应在钢桶组合封口前对桶身、桶底和桶顶分别进行，其过程为：表面处理→喷涂→烘干→冷却。

通常表面处理的工艺流程为：碱洗→清洗→酸洗→中和→漂洗→干燥。

钢桶常用内涂料见表 2-3。

表 2-3　钢桶常用内涂涂料

内涂料	特性	适用的内装物
酚醛树脂涂料	良好的耐酸性，成本低，但质地脆，耐碱性差	油漆，酸类化学物品
过氯乙烯树脂涂料	耐碱性能好，适应性强，价格合理	甲醛等化学物品
聚氟乙烯树脂涂料（PVF）	耐酸、耐碱性好	松节油，山苍子
热固性环氧系合成树脂磁漆	适应性强，无毒，无味，能耐酸、耐碱	蜂蜜等食品
环氧酚醛树脂涂料	耐酸、耐碱性好，无毒，无味，成本略高	蜂蜜等食品

（3）外喷涂工艺。

外喷涂工艺流程为：水分烘干→外喷涂→烘干。

（三）钢桶的使用资源、生产环境与排放

使用资源：电能、天然气、煤、油、水。

生产环境：高温、噪声；印铁、焊接产生的有害气体。

排放：大气污染、水污染。

（四）产品主要指标

1．钢桶主要指标

（1）封闭器装配质量：封闭器配套齐全，装配后密封良好，并保证配合件的互换性；闭口钢桶封闭器装配后的高度低于卷边沿口。

（2）漆膜附着力：漆膜平整光滑，颜色均匀，无起皱和流淌等缺陷。

（3）锌层厚度：锌层完整，组织紧密，不得有起层和起泡等缺陷。

（4）气密试验：闭口钢桶按照《包装 包装容器 气密试验方法》（GB/T 17344—1998）进行试验，试验后检查样桶有无渗漏。

（5）液压试验：此试验仅限于小开口钢桶。将桶内注满水，把压力表与加压泵连接，并通过连通部件固定在注入口上，往桶内加压，达到试验压力后，保压，检查样桶有无渗漏。

（6）跌落试验：按《包装 运输包装件 跌落试验方法》（GB/T 4857.5—1992）的规定进行，满足下列条件：

➢ 小开口钢桶内灌装 98%的清水，选钢桶边缘最薄弱部位跌落，跌落后在钢桶最高部位钻孔。
➢ 中开口和全开口钢桶内盛装 95%、密度为 1.2 g/cm 的沙子和木屑混合物，选钢桶边缘最薄弱部位跌落。

（7）堆码试验：按《包装 运输包装件基本试验 第 3 部分：静载荷堆码试验方法》（GB/T 4857.3—2008）的规定进行，试验时间为 24 h，经检查钢桶不应有可能降低其强度或引起堆码不稳定的任何变形和严重破损。

表 2-4 所示为钢桶的气密、液压、跌落及堆码试验指标。

表 2-4　气密、液压、跌落及堆码试验指标

序号	项目	闭口钢桶			全开口钢桶			合格标准
		Ⅰ级	Ⅱ级	Ⅲ级	Ⅰ级	Ⅱ级	Ⅲ级	
1	气密试验，压强/kPa	30	20		—			保压 5 min 不渗漏
2	液密试验，压强/kPa	250	100		—			保压 5 min 不渗漏
3	堆码试验，负载/N	堆码高度陆运为 3 m，海运为 8 m						无明显变形与破损
4*	跌落试验，高度/m	1.8	1.2	0.8	1.8	1.2	0.8	闭口钢桶：达到内外压平衡时不渗漏 全开口钢桶：不渗漏或破损

注：* 当拟装物的相对密度超过 1.2 时，跌落高度应根据所运物质的相对密度（ρ）计算。

2．钢提桶主要指标

（1）卫生要求：用于盛装食品、药品和食品添加剂的提桶，应符合《食品卫生法》及有关标准和规定。

（2）气密试验：按照 GB/T 17344—1998 进行试验，试验后检查样桶有无渗漏。

（3）液压试验：对抓爪盖及箍紧盖类提桶不进行此项试验。对固定盖类提桶，在桶顶上打孔，将提桶内注满水，把压力表与加压泵连接，并通过连通部件固定在桶顶孔上。开动加压泵往桶内加压，达到试验压力后关闭阀门，保持压力 5 min，检查提桶有无渗漏。

（4）跌落试验：按照 GB/T 4857.5—1992 的规定，将每个样品跌落一次，检查有无渗漏。对固定盖类提桶跌落后，在提桶适当部位钻一小孔，使内外压力平衡，5 min 内检查有无渗漏。

（5）堆码试验：按照 GB/T 4857.3—2008 的规定，堆码试验时间为 24 h，堆码载荷为 1 250 N。

（6）提梁、提环强度试验：将提梁或提环用适当的方法固定，然后在桶身上沿垂直方向加负载至 600 N，5 min 后检查提梁、提环及其桶体连接部位有无断裂或破损。

（7）漆膜附着力测定：按照《漆膜附着力测定法》（GB/T 1720—1979）的规定进行

检查。

（五）金属桶的产品标准

GB/T 325.1—2008　包装容器 钢桶 第 1 部分：通用技术要求
GB/T 13251—2008　包装容器 钢桶 嵌入式法兰封闭器
GB/T 13252—2008　包装容器 钢提桶
GB/T 14492—2008　一次性使用电石包装钢桶
GB/T 15915—2007　包装容器 固碱钢桶
GB/T 15956—2008　重复性使用电石包装钢桶
GB/T 17343—1998　包装容器 方桶
GB/T 17714—1999　啤酒桶

（六）金属桶的产品用途

金属桶主要用于贮运液体、浆料、粉体、粉料或固体的食品及轻化工原料，包括易燃、易爆、有毒的原料。

（七）金属桶的产品复用性

金属桶可多次回收周转使用，但在回收利用时都要进行再次的清洗和翻新，要消耗大量的能源并造成污染。

（八）金属桶废物回收状况

回收利用工作一般包括下列步骤：收集→再加工→制成产品→销售。

1．回收途径

废旧钢桶的回收利用一般有三种方法：一是将废钢桶翻新后继续投入使用；二是利用旧桶板料制造其他产品；三是将废钢桶熔化后再利用。

2．回收工艺过程

（1）旧桶翻新：钢铁桶回收后首先要按用途和规格进行分类，然后进行清洗，可以重新包装产品。污染严重、变形显著的桶应进行翻新、洗净、烘干和喷漆后再使用。回收的废钢铁桶如生锈严重，可采用少量的稀酸液擦除，然后用碱水和清水立即进行清洗。有条件或专业性的企业可以采用“磷酸缓蚀除锈剂”来除锈。其配方为每升含磷酸（密度 1.66 g/cm^3）110～180 g，烷基苯磺酸钠 20～40 g，硝酸锌 150～170 g，氯化镁 15～30 g，酒石酸 5～10 g，重铬酸钾 0.2～0.4 g，钼酸铵 0.8～1.2 g，配制溶液 pH 值在 2～3。

（2）利用旧桶板料制造其他产品：有的企业将旧桶凿开展平，利用冲压等方法制成其他产品，有的也将板料制成容量小一点的桶等。在此回收利用的过程中，如废板料仍须清洗和脱漆，则应该注意“三废”的治理，以减少对环境的污染。

（3）旧钢桶熔化再利用：废旧钢桶的主要回收方法是回炉冶炼。废钢铁回炉冶炼经济简便、时间短、见效快，减少了采矿、造矿、炼铁等环节，还可以节省设备投资，可降低 1/3 的成本。

钢铁容易识别，并具有磁性，所以可用人工或磁选设备将其分离。废钢铁的回炉冶炼，平炉可用 20%～60%废钢；电弧炉可用 100%废钢；氧气转炉可用 15%～25%废钢。但是回收马口铁桶和镀锌桶时可能会出现问题，实际操作时要特别慎重，因为其中的铅、锡、铝等熔点低，易与炼钢炉壁的耐火材料反应，造成炉壁损伤，有的还会降低钢铁质量。例如炉内含有 0.01%锡就会使钢铁硬化，造成轧钢困难，混入钢材中还会导致钢锭开裂和热加工时产生裂纹等，所以目前仅有少量的马口铁及镀锌桶直接用于熔炉回收。

二、金属三片罐

金属罐是指使用最大公称厚度为 0.49 mm 的金属材料制成的容量较小的容器。

三片罐所用的材料主要是镀锡薄钢板和镀铬薄钢板。

（一）金属三片罐的包装结构

金属三片罐又叫接缝罐，有圆罐和异形罐，前者是最常见的罐型。其中罐颈小于罐高的称坚固罐，反之称平圆罐。不管是圆形罐还是异形罐，它们的结构皆大体相同，由罐身、罐盖和罐底三部分组成。

1. 罐身

罐身的形状多为柱体，罐身上通常设置下列一些结构。

罐身接缝：罐身接缝是罐身成型后罐身板两端的焊接或粘接接缝。因制造工艺不同，罐身接缝有：锁边接缝、搭接接缝、对接焊缝、粘接接缝四种。

环筋：当罐身直径和高度较大时，为防止罐身发生内凹和外凸，可在其圆周方向滚压环筋。

翻边：罐身上下边缘向外适当翻出，以便和罐盖或罐底进行卷边密封。罐身两端被翻出的部分即翻边。

2. 罐底和罐盖

膨胀圈：多数情况下，三片罐的底和盖的结构相似，通常根据需要在罐盖和罐底上都冲有膨胀圈。

圆边：圆边是罐盖（底）边缘向内弯曲形成的边钩，以便与罐身的翻边作卷边密封。

3. 易开结构

卷开结构：罐盖与罐底不同，具有较深的埋头度，以便固定开罐钥匙。由于制罐材料的力学性能有差异，采用这种结构开罐不能保证 100%全部打开。

易开盖结构：包括固体包装易开盖和液体包装易开盖。固体包装易开盖可整体打开，盖内箔片用以防止空气渗入；液体包装易开盖主要由刻痕、拉环和铆钉组成，刻痕即为了便于开启而预先在易开盖上压成或刻划的撕开线，铆钉的作用是将拉环铆合在易开罐。这种易开盖开启以后易开部件与罐体脱离，容易造成环境污染，而新型液体包装易开盖即便开启后易开部件仍与罐身相连，从而克服了上述缺点。

（二）金属三片罐的生产工艺流程

1. 罐身制造工艺

三片罐根据罐身制造工艺的不同，可以分为压接罐、焊接罐与粘结罐三种，这三种罐的区别在于罐身的结合方法不同，而罐身、罐底以及罐盖和罐底与罐身的结合方法基本相同。

（1）压接罐：压接罐的罐身是沿用传统的切角、端折、成圆、压平等工艺制造，主要用于对密封要求不严的食品罐；如果是对密封要求较严格的包装，则要增加一道焊锡工序，以确保罐身侧缝的密封性能。以圆形罐为例，其典型的制造工艺过程为：印铁→烘干→裁剪→切角、切缺→去应力→端折→成圆→压平→焊锡（对密封要求严格的罐）→翻边→滚筋→罐身。

（2）焊接罐：焊接罐是罐身纵缝采用焊接密封制造的金属罐，焊接方法通常是电阻焊。其罐身制造工艺为：印铁→烘干→切板→去应力→卷圆→焊接→补涂、烘干→翻边→滚凸筋。

（3）粘结罐：粘结罐是采用有机粘合剂（主要是耐高温的聚酰胺树脂粘合剂）粘结罐身缝制的制罐工艺。与电阻焊的接法相比，它的特点是：印刷时不留空白，因而罐身外形美观；采用价格便宜的无锡钢板，可以降低成本。根据粘结工艺的不同，制罐工艺分粘合剂压合法和粘合剂层合法两种。粘合剂压合法是在镀铬薄板的端部涂上约 5 mm 宽的尼龙系列的粘合剂，成圆时，使涂有粘合剂的部位重合后加热到 260℃，然后充分压紧，使接合处的粘合剂固化再冷却。粘合剂层合法是将镀铬板先剪成中板，在中板两层层压上薄膜状粘合剂，粘结薄膜的内侧把薄板的端面包起来，再把中板剪切成罐身板，为粘合工序做准备，接着完成罐身制造工序。粘结是一种有前途的制罐方法，其制罐主要工艺步骤为：薄板上涂布粘合剂→切罐身板→切角→成圆→罐身粘结压紧→急冷→翻边→封底→喷补内外涂料→烘干。

2．印铁工艺

金属三片罐印刷一般在制罐成型前完成，其印刷工艺为：除尘去皱→内涂料印刷→烘干→打底涂料→印刷底白→干燥→印刷图文→干燥→上清漆→干燥。

3．内喷涂

内喷涂应该在罐身接缝焊毕后进行。根据内装物的不同，所使用的内喷涂涂料也不相同。对食品包装内壁涂料来说，最重要的就是涂膜的安全卫生，不影响食物的风味和色泽，此外，食品种类很多，对涂料的要求也不同：

（1）酸性食品通常采用环氧酚醛涂料。

（2）含蛋白质丰富的水产、家禽和肉类罐头，可选用含铝粉或氧化锌的环氧酚醛涂料，也可选用含氧化锌的油树脂涂料。

（3）对于容易产生粘罐现象的罐头，所用的抗硫涂料还要有防粘剂。

（4）内装蔬菜类包装容器一般采用含氧化锌的树脂涂料。

（5）内装浅色水果、蔬菜类包装容器一般用含锡量高的素铁罐包装。

（6）三片食品罐焊缝部分一般喷涂环氧和乙烯基有机溶胶类涂料。

（三）金属三片罐的使用资源、生产环境与排放

使用资源：电能、天然气、煤、油、水。

生产环境：高温、噪声、有害气体。

排放：大气污染、水污染。

（四）产品主要指标

金属三片罐主要指标：

（1）外、内涂膜固化：①内涂膜固化试验时，将罐体或盖整体放入惰性容器中，加入蒸馏水浸没试样并密封，加温至 100℃或 121℃，恒温 30 min 后取出，冷却干燥后目视检查。②外涂膜固化试验时，将罐体或盖整体放入蒸煮锅中，加入蒸馏水浸没试样，加温至 100℃或 121℃，恒温 30 min 后取出，冷却干燥后目视检查。

（2）内涂膜耐蚀：根据内容物的特性及杀菌要求将罐体或盖浸没于相应试验溶液的惰性容器中并密封，按相应条件进行试验，经试验后，立即冷却、清水洗净干燥，目视检查。

（3）外补涂带完整性：将焊缝外补涂带浸入 20%（质量分数）硫酸铜、10%（体积分数）盐酸的混合溶液中，1 min 后取出试样，清水冲净、干燥后，目视检查。

（4）罐体内涂膜完整性：使用读数值不大于 0.1 mA、工作电压为直流 6.3 V 的内涂膜完整性测试仪，罐体接正极，在罐内加 2%（质量浓度）硫酸钠溶液，液面距罐口 3 mm，插入不锈钢棒接负极，读取第 4 秒的内涂膜缺陷电流值。

（5）易开盖、底盖内涂膜完整性检验：①铝合金薄板易开盖和底盖的内涂膜完整性检验，使用读数值不大于 0.1 mA、工作电压为直流 6.3 V 的内涂膜完整性测试仪，用 1%（质量分数）氯化钠溶液进行测试，读取第 4 秒的内涂膜缺陷电流值。②镀锡（铬）薄钢板的易开盖和底盖内涂膜完整性检验，使用读数值不大于 0.1 mA、工作电压为直流 6.3 V 的内涂膜完整性测试仪，用 2%（质量分数）的硫酸钠溶液进行测试，读取第 4 秒的内涂膜缺陷电流值。

（6）罐体耐压强度：将罐体浸入水中，罐内充入压缩空气缓慢升压至规定值（表压），保压 1 min，卸压后观察罐体有否永久变形。

（7）罐体密封性：在进行罐体耐压强度试验时，观察罐体有否泄漏现象。

（8）密封胶干膜质量：使用感量为 0.001 g 的天平，对已注胶的盖称重为 W_1，除去密封胶，烘干后称重为 W_2，密封胶干膜质量 $W=W_1-W_2$。

（9）铝易开盖启破力、全开力：使用读数值不大于 1 N 的启破力、全开力测试仪对盖进行检验，读取拉环开启瞬间和拉环完全脱离时的最大值。

（10）铝易开盖开启可靠性试验：经 200℃、5 min 烘烤，冷却后，用手或简单工具开启铝易开盖。

（11）铝易开盖及底盖耐压强度：使用读数值不大于 10 kPa 的盖耐压强度测试仪，对盖缓慢升压至 180 kPa（表压），保压 1 min，卸压后观察盖有否永久变形。

（12）铝易开盖及底盖密封性：在进行易开盖及底盖耐压强度试验过程中，观察试样有否泄漏现象。

（五）金属三片罐的产品标准

GB/T 15170—2007 包装容器 工业用薄钢板圆罐

GB/T 17590—2008 铝易开盖三片罐

BB/T 0019—2000 包装容器 方罐与扁圆罐

（六）金属三片罐的用途

金属三片罐除了在罐头行业普遍应用外，在化工、日用品等其他行业也得到广泛的使用。其结构基本相同，只是根据使用的要求不同，或在结构上作适当的变形，或在某个结构上加适当的附件。

（七）金属三片罐的产品复用性

大多数金属三片罐是不能重复使用的，使用一次后将成为包装废物。

（八）金属三片罐的废物回收状况

金属三片罐由于重量轻，回收价值低，加上含锡、铅等焊剂如果含量过高不利于回炉。但是可以通过回收由镀锡薄钢板（马口铁）为原材料制成的三片罐，达到回收锡的目的。

1. 回收途径

锡制品包装废物的回收利用可采取下述三种方法：

（1）改用：一般马口铁包装废物只要锈蚀不严重，可以改制小的马口铁罐或者罐盖、图钉等小五金制品，做到材尽其用。

（2）回收锡：我国的马口铁消耗量还是较大的（60 万 t/a），而 125 t 罐头盒或马口铁饮料罐可提取 1 t 锡，所以马口铁上的锡回收是有经济效益的。

（3）回炉：废马口铁作为废钢铁回炉，使钢铁中含有少量的锡（低于 0.1%），可以改善铸铁的性能。

2. 回收工艺过程

由于马口铁具有磁性，较铝罐易回收。马口铁中锡的回收方法有两种：一是在有氧化剂存在的条件下先将废料用热的苛性碱液进行化学处理，锡参加反应（钢未参加反应）生成锡酸钠（Na_2SnO_2），再用电解法从所生成的锡盐溶液中回收锡；二是将废马口铁罐用干燥的氯气处理，锡生成氯化锡（$SnCl_4$），而钢未被侵蚀，从而将锡和钢分离开来。

三、金属二片罐

二片罐是指由罐盖和带底的罐身两部分组成的金属容器。因罐身和罐底是采用拉伸的方法加工出来的中空杯状整体，这种成型方法属冲压加工，故二片罐又称为冲压罐。二片罐所用材料一般为铝合金板、镀锡薄钢板和无锡薄钢板。

（一）金属二片罐的包装结构

由于二片罐的罐盖大多数采用易开启的结构形式，而罐身无侧缝、罐底与侧壁为一整体，这样的二片罐不仅具有开启容易、使用方便的特点，而且利用冲压工艺很容易加工出造型美观、结构更加合理的圆形罐或各种异形罐容器。

罐身的结构有以下几个部分：

（1）罐底：即罐身的底部，主要起支撑整个容器的作用。其外形通常设计成圆拱形。

（2）罐身的下缘：罐身下缘部分即侧壁与罐底的连接部。该部分的外形要合理，常配合罐底一起设计，既要保证二片罐具有足够的结构强度，又要使其造型美观。

（3）罐身的侧壁：该部分是二片罐的主体。表面光洁平整，可进行涂装修饰。

（4）罐身的上缘部分：上缘部分是侧壁与罐盖的缝合部位。为了节约原材料，二片罐的罐盖直径都较小，因此罐体上缘部分必须采取缩颈结构。

（二）金属二片罐的生产工艺流程

1. 罐身成型工艺

由于罐身成型工艺的不同，目前二片罐主要分为：浅拉伸罐（浅冲罐）、深拉伸罐（深冲罐）和变薄拉伸罐三种。

（1）浅拉伸罐（浅冲罐，DR）：由于浅拉伸罐的罐高与罐径之比较小，通常一次拉伸即可成型。罐形可随冲模而定，有圆形、椭圆形、长方形等。浅拉伸罐的罐身成型工艺是：板料预先涂料或印刷→落料→拉伸→罐底成型→翻边→修边。从落料开始，后面几道工序可在冲压机上一次行程中完成。

（2）深拉伸罐（深冲罐，DRD）：深拉伸罐的罐高与罐径之比较大（大于 1），仅拉伸一次很难达到所需的罐身尺寸。深拉伸罐的罐身成型工艺是：落料→一次拉伸→再拉伸（可多次）→冲底成型→翻边→修边。通常多次拉伸、冲底等工序可在多工位压力机上进行。

（3）变薄拉伸罐（DI）：变薄拉伸工艺是指将已经预拉伸的杯形件侧壁强行通过凸模之间的杯形间隙，使罐壁变薄、高度增加、内径及底部厚度基本不变的拉伸成型方法。变薄拉伸罐罐身的生产工艺流程为：卷料展开→涂润滑剂→冲杯（即下料和预拉伸）→多次变薄拉伸→修边→清洗→烘干→外表喷涂→彩印→涂内壁→烘干→缩颈翻边→光检→堆码包装→入库。

2. 印刷工艺

金属二片罐的印刷多采用典型的曲面印刷方式，即凸版印刷。印刷时，各色印版滚筒将图文转移到橡皮滚筒上，形成完整的彩色图案，然后一次转印到罐坯上。罐坯印刷完成后，由针轮带动，进入罩光油涂印装置，给罐身以及罐底突出边缘涂布罩光油。

3. 内喷涂工艺

内喷涂应该在罐身成型并印刷后进行，并加热固化。内装饮料的二片罐对保持饮料的风味很重要，其内壁涂料一般采用水分散型的高分子丙烯酸改性环氧涂料。

（三）金属二片罐的使用资源、生产环境与排放

使用资源：电能、水。

生产环境：高温、噪声、有害气体。

排放：大气污染。

（四）产品主要指标

对铝质二片罐罐体的质量要求主要有以下几个方面：

（1）对罐体的技术要求，见表 2-5。

表 2-5 铝质二片罐罐体技术要求

<table>
<tr><th colspan="2" rowspan="2">项目</th><th colspan="2">性能指标</th></tr>
<tr><th>206 型</th><th>209 型</th></tr>
<tr><td colspan="2">轴向承压力/kN</td><td>≥1.25</td><td>≥1.35</td></tr>
<tr><td colspan="2">耐压强度/kPa</td><td colspan="2">≥610</td></tr>
<tr><td rowspan="2">内涂膜完整性/mA</td><td>啤酒罐体</td><td colspan="2">单个≤75，平均≤50</td></tr>
<tr><td>软饮料罐体</td><td colspan="2">单个≤30，平均≤8</td></tr>
</table>

（2）罐体涂层必须附着良好，在巴氏杀菌后不得有脱落、变色和起泡等缺陷。

（3）外观质量要求如表 2-6 所示。

表 2-6 铝质二片罐罐体外观质量要求

<table>
<tr><th>名称</th><th>级别</th><th>缺陷内容</th><th>接收质量限 AQL</th></tr>
<tr><td rowspan="3">罐体</td><td>A 类不合格</td><td>内涂层含杂质，罐内明显的油污或其他杂物，针孔；罐身折曲或凹痕导致内涂层损伤；翻边缺损或撞凹，翻边不完全，翻边开裂，翻边有毛刺</td><td>0.65</td></tr>
<tr><td>B 类不合格</td><td>涂料在罐内壁成滴状和斑点，底部内涂层有气泡，底部变形，罐身折曲或凹痕最大不超过 1 cm² 且未导致内涂层损伤；缩颈褶皱</td><td>2.5</td></tr>
<tr><td>C 类不合格</td><td>内涂层斑迹；印色轻微错位，印色以及罩光漆局部不完整，小划痕；印色与色板有轻微差别；缩颈部微折；底部金属轻微损伤</td><td>4.0</td></tr>
</table>

（五）二片罐的产品标准

GB/T 9106.1—2009 包装容器 铝易开盖铝两片罐

（六）二片罐的产品用途

金属二片罐广泛应用于啤酒及含汽饮料的包装。

（七）二片罐的产品复用性

金属二片罐一般不能重复使用，使用后的二片罐将成为包装废物。

（八）二片罐的废物回收状况

制造二片罐所用的材料以铝合金薄板居多。铝及其合金包装废物的回收具有良好的社会效益和经济效益。每回收 1 t 废铝，可炼电解铝 0.9 t，可节约铝矾土 0.42 t、纯碱 0.08 t、电极材料 0.06 t，每小时可节省电能 2 万 kWh，还可以减少环境污染。用废铝再生来制造新的易拉罐，每炼 1 t 只需要耗费电能 1 000 余 kWh，二氧化碳排放量减少 95%。

1．回收途径

金属二片罐的回收主要是通过废品回收人员将零散废弃二片罐收集送到垃圾分类站进行金属分类，压缩成块状以便运输，用化学药剂把块状金属脱色去除人工色素后熔炼成铝锭，生产出新的铝制材料。

2. 回收工艺过程

（1）分选处理：回收二片罐再生铝的原料中往往混杂入一些非铝成分，这就给再生铝的配制带来了极大的不便。如何把这种多种成分复杂的原材料配制成成分合格的再生铝锭是再生铝生产的核心问题。因此再生铝生产流程的第一环节就是废杂铝的分选归类工序。分选得越细，归类得越准确，再生铝的化学成分控制就越容易实现。目前先进的废杂铝预处理技术主要有：

① 风选法分离废纸、废塑料和尘土：各种废铝或多或少地含有废纸、废塑料薄膜和尘土，较为理想的工艺是风选法。风选法的工艺简单，能够高效率地分离出大部分轻质废料，但采用风选法需要配备较好的收尘系统，避免灰尘对环境的污染，分选出的废纸、废塑料薄膜一般不宜再继续分选，可作燃料用。

② 采用磁选设备分选出废钢等磁性废料：铁是铝及其合金中的有害物质，对铝合金的机械性能的影响最大，因此应在预处理工序中最大限度地分选出杂铝中的废钢铁。对废铝切片和低档次的废铝料，分选废钢铁较为理想的技术是磁选法。这种方法在国外已经被大量采用。磁选法的设备比较简单，磁源来自电磁铁或永磁铁。工艺的设计有多种多样，比较容易实现的是传送带的十字交叉法。传送带上的废铝沿横向运动，当进入磁场之后废钢铁被吸起而离开横向皮带，立即被纵向带带走，运转的纵向皮带离开磁场之后，废钢铁失去了引力而自动落地并被集中起来。磁选法的工艺简单，投资少，很容易被采用。磁选法处理的废铝料的体积不宜过大，一般的切片和碎铝废料都比较适合，大块的废料要经过破碎之后才能进入磁选工艺。

③ 水为介质的浮选法分选轻质杂质：废杂铝中夹杂的废塑料、废木头、废橡胶等轻质物料，可以采用以水为介质的浮选法。主要设备是螺旋式的推进器，废铝随螺旋推进器推出。在整个过程中，风选过程中剩余的泥土和灰尘等易溶物质大多溶于水中，并被水冲走，进入沉降池。污水在经过多道沉降澄清之后，返回循环使用，污泥定时清除。此种方法可以全部分离比重小于水的轻质物质，是一种简便易行的方法。

④ 从废铝中分选重有色金属的技术：废铝中的铜等重有色金属基本上都被油污所沾污，用人工分选的方法从废料中分选出重有色金属的难度较大。有效的方法是抛物选矿法。这种方法利用各种体积基本相同的物体在受到相同的力被抛出时落点不同的原理，可以把废杂铝中密度不同的各种废有色金属分开。混杂的废料随传送带高速运转，当运转到尽头时，废杂铝沿直线被抛出，由于各种废物的重力不同，分别在不同点落地，从而达到分选的目的。此种方法可使废铝、废铜和其他废物均匀地分开。

⑤ 废铝表面涂层的预处理：许多废铝的表面都涂有油漆等防护层，尤其是废铝包装容器，数量最大的是废易拉罐等包装容器和牙膏皮等。在小型冶炼厂，对此废料一般不作任何预处理就直接熔炼，漆皮在熔炼过程重燃烧掉。但此类废料都是薄壁，漆皮在燃烧过程中会使部分铝氧化，并增加了铝中的杂质和气泡。比较先进的再生铝工艺一般在熔炼之前都要经预处理将涂层处理掉，主要技术有干法和湿法。湿法就是用某种溶剂浸泡废铝，使漆层脱落或被溶剂溶掉，此法的缺点是废液量大，不好处理。一般不宜采用。干法即火法，一般都采用回转窑焙烧法。焙烧法的主要设备是回转窑，其最大的优点是热效率高，便于废铝与碳化物的分离。焙烧的热源来自加热炉的热风和废铝漆层炭化过

程中产生的热。生产时，回转窑以一定速度旋转，废铝表面的漆层在一定的温度下逐渐炭化，由于回转窑的旋转，使得物料之间相互碰撞和震动，最后炭化物从废铝上脱落。脱落的炭化物一部分在回转窑的一端收集，还有一部分在收尘器中回收。

（2）熔炼：由于铝元素的特性，铝合金有强烈的产生气孔的倾向，同时也极易产生氧化夹杂。因此，防止和去除气体和氧化夹杂就成为铝合金熔炼过程中最突出的问题。为了获得高质量的铝合金液，必须采取措施对其熔炼的工艺从各个方面加以控制。

铝合金熔炼过程：装炉→熔化（加铜、锌、硅等）→扒渣→加镁、铍等→搅拌→取样→调整成分→搅拌→精炼→扒渣→转炉→精炼变质及静置→铸造。

四、金属喷雾罐

喷雾包装是将液体或膏状、粉末状等产品装入带有喷射阀门和推进剂的气密性包装容器中，当开启喷射阀门时，产品在推进剂产生的压力作用下，被喷射出来的包装方法。

（一）金属喷雾罐的包装结构

1. 金属喷雾罐容器的结构形式

（1）二片喷雾罐：二片喷雾罐是把罐身与罐底（或罐盖）制成一体，再和罐盖（或罐底）组合而成的喷雾罐容器。两部分也是通过二重卷边连接。

从喷雾罐容器的形状来看有两种形式：直身罐和缩颈罐。喷雾罐按耐压性能分为普通罐和高压罐。

（2）三片喷雾罐：三片喷雾罐由罐盖、罐身、罐底三部分组合而成，罐身上有一条纵向焊缝，也叫侧缝罐。罐身与罐盖、罐身与罐底通过二重卷边连接。

2. 阀门的结构

阀门和喷雾罐容器都属于喷雾罐的主要部件。阀门的主要作用是控制容器中产品的输出，不使用时，使产品保持在容器之内，需要时让其以某种形状喷出。喷出的形状是雾状、细流状还是泡沫状，内装物的配方虽然是其主要影响因素，但是阀门的结构也起到重要的作用。有些产品要求喷雾罐正立、倒立均能使用，有些医药产品需要定量喷雾，这些功能都是通过不同结构的阀门来实现的。

从阀门的功能结构来看，可分为标准阀门和特殊阀门、泡沫阀门、倒立阀门、混合阀门等。

（1）标准阀门：标准阀门主要由按钮开关、阀杆、阀门杯（U 形盖）、排气孔（蒸发开关）以及阀体、阀座、弹簧和导管等组成。平时通过弹簧的压力作用，阀门处于关闭状态，当按下按钮时，阀杆向下运动，阀杆喷孔离开密封处于开口状态，使阀杆和阀体混合室连通，在推进剂的压力作用下使内装物经导管、阀体喷孔、混合室，再通过阀杆喷孔、阀杆，最后从按钮喷孔喷出。只要放开按钮，弹簧将阀杆顶回，阀杆喷孔被密封，阀门又处于关闭状态。

对于物料和推进剂能充分混合的内装物，用一般的阀门就能产生很好的喷雾效果，使喷出的物粒多在直径 30 μm 以下。对于物料与推进剂不能混合的内装物，一般在阀体的侧面开一个排气孔（又称蒸发开关）。当混合物喷出时，喷雾罐容器内顶部的少量气态推进剂通过此孔进入混合室与物料混合，使喷出物分散得更细。此结构对于不能和推进剂混合的水基物料特别适合。但排气孔的大小要合适，必须使推进剂的蒸发量与输出量达到平衡。

（2）特殊阀门：①密封阀门：密封阀门适用于长期储存或储存条件较差的场合，以消除储存中渗漏的一种阀门。此阀门用金属衬垫防止内装物与阀座（阀门垫圈）接触，阀门启用后金属衬垫碎裂。②计量阀门：计量阀门是输出定量内装物后能自动关闭的阀门。主要用于名贵香水、医药产品等希望定量使用的场合。③泡沫阀门：泡沫阀门一般采用作为膨胀室的长阀杆和吐出口径大的按钮开关，使内装物从进入长阀杆开始到按钮开关能够充分发泡喷出。

（二）金属喷雾罐的生产工艺流程

1. 马口铁喷雾罐的制造工艺

马口铁喷雾罐的耐压性能主要取决于罐的盖和底的强度，这和板材的厚度、材质的强度、形状以及容器的直径都有关。按照国家标准规定，马口铁喷雾罐采用的材料厚度为 0.18～0.40 mm，硬度值 HR30T 为 48～65，镀锡量为 4.9～20.2 g/m^2。为保证马口铁喷雾罐的耐压性能，通常喷雾罐采用的马口铁要比一般罐的厚度大，罐盖的厚度要比罐身厚 50%，而且把罐底做成内凹状、罐盖做成外凸状。为了保证喷雾罐的气密性，在接缝处要涂封封缝胶，并严格确保卷边质量，避免泄漏。

（1）二片喷雾罐：马口铁二片罐的制造方法是将圆形的马口铁经过几道工序拉伸后形成杯状罐体，在杯底部分开一个直径为 25.4 mm 的卷边开口，将底盖用二重卷边接到罐体上，或将罐身与罐底做成一体的罐体，将顶盖（有直径为 25.4 mm 的卷边开口）用二重卷边与之相连接。这种罐也叫“深冲罐”或“拉拔罐”。

由于二片罐罐体上无接缝，便于印刷，外观漂亮，罐身与罐底（或罐盖）为一体，强度大、密封好、内表面平坦容易内喷涂处理，罐身的一端或二端可做成“缩颈”形式，可节省包装和运输的空间，因此比较适合制作罐体深度较浅的小型喷雾罐。

就制造工艺而言，二片喷雾罐和一般用途的二片罐相比，除了罐盖稍有不同外，其余完全一样，其流程为：板料预先涂料或印刷→落料→拉伸→罐底成型→翻边→修边→上罐盖。

（2）三片喷雾罐：由于二片罐生产线的投资昂贵，罐体加工工序过多，加工中镀锡面损伤较严重，内、外表面都要施以喷涂，所以国内的喷雾罐多数采用三片罐结构。

三片喷雾罐的罐身板经过卷圆成型后，其侧缝需焊接，通常有锡焊和滚焊两种焊接方法。锡焊通常使用的焊锡有铅—锡二组分焊锡、特殊三组分焊锡及纯焊锡等。一般用得较多的是铅—锡二组分焊锡，强度较高，焊锡量 1.5%～2.0%。焊锡的抗拉强度小，一般在侧面咬合处设有接头，利用焊锡耐剪切应力的强度，以提高侧面接缝的强度。罐身接头一般设在罐的内侧（通称内接头），当罐需要内涂时，应设在罐的外侧，称为外接头。侧缝的瞬间强度可达 2.5 MPa，但实际应用中，抗蠕变强度更加重要。

如果锡焊中含铅量多，当内装物中含有有机硫化物时，产生的黑色硫化铅沉淀物会堵塞阀门，还会由于乙酸盐和硝酸盐的阴离子作用而溶解，从而引起侧缝的泄漏。目前罐体纵向接缝一般采用滚焊法焊合，即罐体接缝通过电极被熔融后加压焊合。这种焊接法最大优点是不用焊锡，除白铁皮以外的钢板都可以使用，由于这种焊缝的强度比板材本身高，所以不用担心锡焊罐中常常出现的蠕变问题。

三片喷雾罐的罐身与罐盖、罐底的结合不都是采用二重卷边工艺封合的，为保证罐的气密性，卷边必须外涂封缝胶。

三片喷雾罐的制造工艺除了罐盖与普通的三片罐不同之外，其余完全一样，其流程为：印铁→烘干→裁剪→切角、切缺→去应力→罐身结合→翻边→滚筋→上罐盖。

2．铝制喷雾罐的制造工艺

铝制喷雾罐的材料为工业纯铝，含铝量应大于99.5%。铝材具有良好的延展性，通常用挤压法成型，生产各种规格的二片喷雾罐和整体喷雾罐。虽铝材强度低，但因喷雾罐具有内压，而铝制二片罐和整体罐的接缝少、气密性好，所以铝制喷雾罐仍然得到了广泛的使用。

铝制二片喷雾罐的加工工艺与马口铁二片罐基本相同，罐体与底（盖）的连接亦采用二重卷边工艺。由于铝制盖存在强度问题，加上卷边接缝又影响其外观，因此多改用马口铁罐盖。这种情况下，有的内装物与异种金属接触容易产生电化学腐蚀，故必须予以注意。

在喷雾罐内装物中，常用的配方多含乙醇和氟利昂 11，能很快侵蚀铝，特别是对一些忌讳腐蚀和金属离子的医药品，可采用不锈钢容器。这种容器一般较小，直径在 25 mm 以下，用深冲法制造，成本价格较高，只有在特殊要求时使用。

铝制整体罐缩颈后的肩部十分美观，罐壁适当加厚可耐 3 MPa 以上的高压。用挤压法加工整体罐时，要经过冲压拉延成型、修边、开口部缩颈，最后加工成带卷边开口（口径 25.4 mm）的整体罐。

铝制喷雾罐容器亦可用变薄拉伸法制得，罐体和罐底可以变薄，比冲压罐轻 15%～20%。

3．喷雾罐的内喷涂

因为马口铁和铝制喷雾罐内必须有气、液相界面存在，所以喷雾罐容易被内装物腐蚀，容器一旦发生腐蚀造成穿孔，引起推进剂的泄漏，喷雾罐的功能就会丧失，所以必须对内表面进行内涂。此外，选用的涂料生成的涂层不能和内装物发生不良反应，使涂层从金属上剥落，以致产生碎渣和沉淀物进入阀门，造成堵塞。常用的涂料是乙烯树脂、环氧树脂和酚醛树脂。对于侧缝罐，原料板的内面先做辊涂，制罐时沿侧缝会不同程度地露出一些金属，对于这一部分一定要进行侧条涂的后处理。

4．喷雾罐阀门的制造工艺

阀门的种类很多，其结构也比较复杂。阀门的组件中，有金属构件、塑料构件。金属构件中，有 U 形盖之类冲压件、阀杆之类的机加工件；塑料构件中，有挤出成型汲管、注塑成型的按钮等。这些构件按设计要求分别加工后，再进行组装。

（三）金属喷雾罐的使用资源、生产环境与排放

使用资源：电能、汽油、煤油、液化石油气、氮气。

生产环境：有害气体、噪声、高温。

排放：大气污染、水污染。

（四）产品主要指标

金属喷雾罐主要指标：

（1）焊缝补涂完整性试验：将样罐焊缝补涂浸入 20%硫酸铜（$CuSO_4 \cdot 5H_2O$）溶液中，2 min 后取出，用清水冲净干燥后，观察补涂范围内有无线状腐蚀或密集腐蚀点。

（2）内外涂层附着力测试：按 GB/T 1720—1979 进行。漆膜对底材粘合的牢度即附着力，按圆滚线划痕范围内的漆膜完整程度评定，以级表示。

（3）外涂层硬度测试：按《色漆和清漆 铅笔法测定漆膜硬度》（GB/T 6739—2006）测定，以铅笔硬度表示。

（4）气密性能试验：将样罐装在水浴试验仪上，浸入水中充气加压至 0.80～0.85 MPa，观察整个罐体 1 min 内是否有气泡冒出。

（5）变形压力和爆破压力测定：在样罐内注满清水，插入密封头，旋（夹）紧后，将罐内充水加压逐渐升高至变形压力规定值，保持 10 s，观察罐体有无永久性变形。继续升压至爆破压力规定值，保持 10 s，观察罐体是否爆裂。

（五）金属喷雾罐的产品标准

GB 13042—2008 包装容器 铁质气雾罐

BB 0006—2004 包装容器 20 mm 口径铝气雾罐

（六）金属喷雾罐的产品用途

金属喷雾罐由于可以重复使用，开启便利、密封可靠，具有准确、有效、简便卫生等特点，广泛应用于杀虫剂、机器润滑剂、空气清洁剂、发乳、发油、香水、除臭剂及医药品、食品等方面产品的包装。

（七）金属喷雾罐的产品复用性

有部分金属喷雾罐可重新充入内装物重复使用；不可重复使用的金属喷雾罐则成为包装废物。

（八）金属喷雾罐的废物回收状况

制造金属喷雾罐的材料主要为镀锡薄钢板和铝合金薄板，因此金属喷雾罐的回收可在除去阀门后按照三片罐和二片罐的回收方法进行回收。但是金属喷雾罐之所以能喷出气雾，是由于在罐内使用了化学推进剂，而有些推进剂在常温下能迅速气化，易与空气混合形成爆炸性混合气体，遇明火就会发生燃爆，所以喷雾罐属于限收物品。根据某些协会规定，其行业内会员单位只有获得专门资质才能承揽此项业务，条件是有专用场地、专人管理、远离明火等，但是具有此资质的回收站点所占比例很小。因此在回收的过程中，绝大部分喷雾罐在被运到填埋场之前，就早已被拾荒者捡走，真正流入环卫处理环节的喷罐数量不会超过 5%。

五、金属软管

金属软管是一种用挠性金属材料制成的圆柱形包装容器。金属软管常用的材料有铅、锡、铝等。最早的金属软管使用铅为材料，铅有良好的塑性、易加工、化学稳定性好，但对人体有害，现已经几乎不使用。锡的加工性、化学稳定性都好，但价格高，现在也很少使用。铝与铅和锡相比，硬度大、强度高、外观美（有光泽）、质量轻、价格低、便于使用、加工性也好；化学性能比较稳定，但不如锡和铅。铝是目前使用最普遍的金属软管材料。

（一）金属软管的包装结构

金属软管主要由管颈、管身、管肩、管底封摺和管盖等部分组成。

1. 管颈

金属软管的管颈又叫管嘴，具有两个作用，一是通过螺纹连接与管盖配合形成密封；二是可以控制内装物的输出位置。管颈的形式很多，根据不同的要求可制成开口式或封闭式。按管颈的长短还可以分为普通型和凸型。

2. 管盖

管盖是制有内螺纹（极个别除外）的盖子，大部分管盖皆由塑料（如聚乙烯、酚醛塑料等）制作，仅有一小部分使用金属做成，为了保证管盖与管嘴良好配合密封，连接螺纹必须大于 2.5 圈。管盖有短盖、长盖、全直径大盖等形式。管盖的结构形式除了普通管盖的结构外，还有钉盖、塞盖两种特殊的结构形式。

3. 管身

管身亦叫管壁，是金属软管盛装物品的主体部分，其容量小到 4 mL（如眼药膏软管），大到 500 mL 以上（如油墨软管）。

4. 管底封摺

软管从管底充填物品后，立即压平管底，将之折叠后再压上波纹即可。因管底封摺是软管强度薄弱部分，一般采用多重封摺结构。对于密封性要求高的产品，为了提高封合效果，在管底封合加工时还要根据工艺要求在封合处涂上热固性胶粘剂或压敏胶粘剂。

（二）金属软管的生产工艺流程

现在金属软管制造从坯料到封盖都在一条生产线上完成，完全实现了大批量自动化生产。尽管国内、国外制造的金属软管生产线的自动化先进程度有所差异，但是金属软管的生产工艺流程却基本相同，生产线上的主要设备功能也大体相同。

金属铝质软管的生产工艺流程为：炒片→铝片冲压（冲管）→精整→退火→内涂→烘干→底涂→印刷→烘干→上盖→包装。

（1）炒片：铝管的坯料是用纯度为 99.7%的工业纯铝板经过“冲裁”和“退火”加工成片，由于冲管过程中，要用很大的压力及一定的速度挤压圆铝片，于是产生了很大的阻碍铝金属流动变形的摩擦力，因此在冲管前必须用炒片机对铝片进行炒片处理，使铝片表面涂上一层润滑剂，尽量减小冲管加工时的摩擦阻力。

（2）冲管：将铝片送入挤压机的模内，在冲头的强力挤压下，通过模腔以及冲头的限位冷作，形成铝管。

由挤压机冲出的坯管，其管口及管尾边缘呈不规则波形，管颈无螺纹，所以要送到螺纹机上进行车螺纹、管口、管肩以及定长切割等加工，制成软管容器。

（3）退火：经过挤压加工出来的铝管，会产生冷作硬化、使铝管管壁变硬。为了消除这种硬化现象，必须对铝管进行退火处理，使管子软化。铝管退火炉是穿越式辐射炉。炉内温度保持在 460～480℃，铝管从中穿越的时间大约需要 60 min。退火后的铝管由传送带一边冷却一边传送到下一工位。

（4）内涂：为了防止内装物与软管内表面金属直接接触而发生变质，根据需要可在金属软管内壁涂敷一层涂料。

内涂涂料采用酚醛树脂，用含量为 95%的工业酒精稀释，稀释后涂料的密度为 0.89～0.90 g/cm^3（树脂与酒精之比约为 1∶1.7）。需要喷涂的铝管内壁应平整、干燥、清洁。

（5）底涂：为了增加印刷效果，使印得的字迹清晰、色彩鲜艳，实施彩色印刷之前在软管的外表面要预涂白色的涂料。底涂涂料一般采用环氧类、乙烯类油漆。软管由底涂机完成印底后，需进入烘烤炉烘干，通过烤炉的时间为 15 min，温度为 145℃，使底膜固化。

（6）印刷：金属软管彩色印刷一般采用凸版胶印。彩色油墨要经过一系列胶辊传至铜凸版，铜凸版上的彩色油墨再转印到橡皮版，最后由橡皮版印刷到软管表面上。铜凸版上的图案是正的，转印到橡皮版上的图案变成反的，再转印到软管表面时又恢复成正的图案。

彩印后的铝管液也要进行烘干处理，因为油墨中的一些热固性的树脂必须在一定的温度下经过适当时间的烘烤，才能使分子之间发生交联固化，形成连续完整的高分子层膜。烘烤温度在 150℃左右，烘干时间为 10 min 左右。

工艺路线为：印底色→干燥→印图文→干燥→上盖、包装。

印刷好的铝管通过加盖机将管盖装到软管上。加盖机上的振动料斗、盖夹和管盖是一一对应的，不可代换；调整上盖压轮前后、上下两个方向的压力时，要用最低的压力实现上盖要求。

铝管内涂涂料一般用环氧树脂、酚醛树脂、聚氨酯等，主要作用是抗腐蚀、防穿孔，以免产生化学反应使产品变质。

（三）金属软管的使用资源、生产环境与排放

使用资源：电能、天然气、水、煤。

生产环境：高温、噪声、有害气体。

排放：大气污染、水污染。

（四）产品主要指标

1. 管口螺纹检验

用标准帽盖可顺利旋进，旋紧后无滑牙松动现象，且牙型正确。

2. 沙眼及裂痕

可用目测的方法检验，无法判断时，可灌入膏体后挤压管体，观察有无漏膏现象。

3．硬度检验

通常以手感测量，若过软或过硬无法确定时，可将牙膏灌入铝管，若不出现折腰、严重变形以及不牢等现象，则软管的硬度合格。

（五）金属软管的产品标准

国内现无该类产品标准。

（六）金属软管的产品用途

金属软管主要用于日化产品，如牙膏、鞋油、药膏、水彩和颜料等的包装。现在铝质软管及铝箔复合材料软管也用于果酱、果冻、调味品等半流体黏稠食品的包装。

（七）金属软管的产品复用性

金属软管为一次性使用。

（八）金属软管的废物回收状况

1．回收途径

铝是目前使用最普遍的金属软管材料。对于用纯铝制造的金属软管，经碱洗后可直接挤压分切成铝粒，但在挤压之前，必须将塑料盖分离出来。

2．回收工艺过程

金属软管废物→碱洗→分切→铝粒。

六、金属封闭器

金属封闭器是加在容器上的一套装置，使内装物保持在容器里并防止内装物受污染。

（一）金属封闭器的包装结构

金属封闭器包括桶用封闭器、罐用封闭器和瓶用封闭器三种。

1．桶用封闭器

桶用封闭器按结构形式分为 4 类，见表 2-7，可根据开口的形式、内装物的特性设置封闭器，以便于开启和使用，并保证内装物不泄漏。

表 2-7 桶用封闭器分类

类别	形式	应用范围	类别	形式	应用范围
螺旋式	旋塞型	小开口钢桶	顶压式	螺栓式	中开口钢桶
	旋盖型	小开口钢桶、钢提桶		压盖型	
镦压式	压塞型		封闭箍式	螺杆型	全开口钢桶、缩颈钢桶
	镦盖式			杠杆型	

（1）封闭箍式封闭器：封闭箍是一种成型环带，用以固定直开口桶和开口缩颈桶。按照固定装置的不同，可分为螺杆型和杠杆型两种封闭箍。螺杆型封闭箍是用螺杆连接成型环带的两端，实现桶盖固定的装置。杠杆型封闭箍通过杠杆连接成型环带的两端，

只要搬动拉手即可实现桶盖固定的装置。

（2）螺旋式封闭器：螺旋式封闭器分为旋塞型、旋盖型两种形式。旋塞型封闭器是带有外螺纹的桶塞，与带有内螺纹的桶顶螺塞孔相配合形成的装置，用于小开口钢桶，其装配形式为内平式结构，由桶塞、螺圈、垫圈和封盖组成，其中封盖也可不设置。旋盖型封闭器是由螺纹盖和颈口组成，适用于小开口钢桶以及钢提桶。

（3）锨压式封闭器：锨压式封闭器分为压塞型、锨盖型两种形式。压塞型封闭器适用于小开口钢桶以及钢提桶，通过锨压的方式与桶口形成密封。锨盖型封闭器由按盖和颈口组成。按盖是带有锯齿状边缘和密封垫片的塔锁式弹力盖，可与特殊的压扣颈口配合形成锨压式封闭器，适用于小开口钢桶及钢提桶。

（4）顶压式封闭器：顶压式封闭器分为螺栓型和压盖型两种形式。螺栓顶压式封闭器由盖、三角圈、垫圈、三角、螺栓及螺母组成。压盖型封闭器由压盖和桶口组成，适用于中开口钢桶。

2．罐用封闭器

罐用封闭器主要包括易开盖、圆形全开口易开盖、异形全开口易开盖等。

3．瓶用封闭器

瓶用封闭器主要包括皇冠盖、扭断式铝防盗瓶盖、爪式旋开盖、PT 压旋盖、螺纹旋开盖等，其中以皇冠盖应用较为广泛。皇冠盖是一种金属组合盖，内衬橡胶或塑料片，盖边制成波纹形，与瓶口啮合密封。多用于封装碳酸饮料和啤酒瓶等容器。

（二）金属封闭器的生产工艺流程

1．金属盖生产工艺流程

波剪→冲模→圆边→注胶、烘干→集盖→打包。

2．易拉罐瓶盖生产工艺流程

基盖→凸泡成型→铆钉扣状成型→加强筋→刻痕→铆合→刻字→打拱→包装

拉环材开卷→拉环成型↗（接铆合）

（三）金属封闭器的使用资源、生产环境与排放

使用资源：电能、水。

生产环境：高温、噪声、有害气体。

排放：大气污染、水污染。

（四）产品主要指标

1．皇冠盖主要指标

（1）瓶盖耐腐蚀性良好。

（2）瓶盖耐压：瞬时耐压合格品≥800 kPa，优质品≥1 000 kPa；持续耐二氧化碳泄漏量合格品≤5%，优质品≤3.5%。

（3）密封垫技术要求：垫片应无毒无异味，符合《食品包装用聚氯乙烯成型品卫生标准》（GB 9681—1988）要求；垫片应平整无缺陷，无异物；垫片和瓶盖粘接牢固。

2．桶用封闭器主要指标

（1）旋塞型封闭器组合气密试验：将试件压紧，通入压缩空气至规定值，在凹槽内注满清水，观察有无渗漏。

（2）旋塞型封闭器组合液压试验：将试件压紧，通入水。压力至规定值保持 5 min，观察有无渗漏。

（3）旋塞型封闭器桶塞扭力检验：旋塞型封闭器桶塞扭力检验按规定值用扭力计测定。

（4）旋盖型、压塞型、锹盖型封闭器组合气密试验：按其安装方式，将试件压紧（其中，旋盖型装内盖，锹盖型装保险环），通入压缩空气至规定值，在凹槽内注满清水，观察有无渗漏。

（5）旋盖型、压塞型封闭器组合液压试验：按其安装方式将试件压紧（其中，旋盖型装内盖），通入水，压力至规定值保持 5 min，观察有无渗漏。

（五）金属封闭器的产品标准

GB/T 13251—2008　包装 钢桶 嵌入式法兰封闭器

GB/T 13521—1992　冠形瓶盖

BB/T 0034—2006　铝防伪瓶盖

BB/T 0048—2007　组合式防伪瓶盖

（六）金属封闭器的产品用途

金属封闭器使内装物保持在容器里并防止内装物受污染。

（七）金属封闭器的产品复用性

在三类金属封闭器中，桶用封闭器可随金属桶一起重复使用，而对于罐用和瓶用封闭器，则为一次性使用。

（八）金属封闭器的废物回收状况

1．回收途径

在三类金属封闭器中，桶用封闭器可随金属桶一起回收，绝大部分的罐用和瓶用封闭器在使用后便废弃，成为生活垃圾，仅有极少量能够回收再利用。

2．回收工艺过程

三类金属封闭器均可以通过熔化再利用。对于桶用封闭器，还可随金属桶一起回收后重复使用。

第三章　纸类包装

第一节　纸类包装概述

一、纸包装的发展

造纸术是中国古代四大发明之一。公元 105 年东汉时期的蔡伦以树皮、破布、麻头、旧渔网等为原料，造出了当时非常著名的“蔡侯纸”。从东汉到明朝以后约 1 800 年间，中国的制纸一直处在手工制造阶段。公元 1800 年库波斯、1851 年布格斯相继发明烧碱法制草浆和木浆，1870 年伊顿发明硫酸盐法制浆并于 1879 年工业化。几乎与此同时，亚硫酸盐法制浆技术也日臻完善。

由于制浆原料转向木材和禾草，其来源广泛而低廉，使制浆工业得以快速发展。但其生产效率低下，满足不了当时市场对纸张的大量需求。1799 年法国人罗伯特发明了长网造纸机，1804 年英国人弗多利尼亚兄弟将其实用化，用于生产卷筒纸。1808 年美国人约翰·迪金森发明圆网造纸机，1870 年美国制成生产纸板的圆网造纸机。

随着造纸机械的不断改进和发展，纸和纸板生产也迅猛发展，促进了包装品生产和产品包装机械的发展。纸包装材料成为最早的人造包装材料之一。1852 年，美国人弗朗西斯·沃勒发明纸袋机。1871 年美国人艾伯特·琼斯制成单面瓦楞纸板，在此基础上不久便出现了瓦楞纸板箱。1879 年美国人罗伯特·盖尔发明制造折叠纸盒的模切压痕机，1888 年法国人路易斯·埃伯朗又完成了折叠纸盒的联机生产。

进入 20 世纪，随着包装工业、印刷工业和加工纸技术的不断完善，如今以纸和纸板作为基材，进行各种涂布、浸渍、复合加工，制造出具有各种性能的包装用纸和纸容器。目前，纸和纸板在各种包装材料中已成为使用最广泛，品种最多，用量最大的包装材料。

二、纸包装材料的特点

纸包装材料是最早采用的包装材料之一，也是当前世界各国包装行业用得最广、用得最多的包装材料。在某些发达国家，纸包装材料占总包装材料总量的 40%～50%，我国占 40%左右。纸包装除了满足保护商品、方便储运、促进销售这三个基本的功能要求外，还具有以下优点：

（1）材料价格低廉。纸和纸板的原料丰富而广泛，易进行大批量、机械化生产，成品价格低廉。好一些的纸是树木磨成纸浆制成的，如高级面巾纸。还有用废纸回收之后磨成纸浆再造成纸，现在有的报纸用的就是这种纸。有的是用麦秸秆磨成纸浆做的纸，这种纸质比较差，一般包装用的纸箱就是这种。一般来说，只要是含有纤维的植物都可以用来造纸，如杨木、松木、桉木（这三种木材常用，其实还有很多）、麦草、稻草、麻、棉花、棉秆、竹、甘蔗渣、芦苇等。用木材制成纸板箱，每制 1 t 包装纸板用 3～4 m^3 木材，可以代替 10～12 m^3 木材制成的木材包装箱。纸箱的重量轻，只有木箱包装毛重的 15%左右，装载和捆扎简便易行，利于搬运保管，又可降低包装成本和运输成本。

（2）纸箱抗冲击性强，又隔热、遮光、防尘、防潮，能很好地保护内装物。纸箱在装满内装物时耐压强度好，空箱运输和贮存时可以折叠起来节省空间。

（3）纸包装材料表面适印性能好，可以印刷精美的图案，利于商品销售。

（4）纸容器便于加工。纸和纸板易于裁剪、折叠、粘合、钉接，既适用于机械化加工和自动化生产，有利于手工生产，同时可根据需要设计制成各种形状。

（5）符合包装卫生要求。纸和纸板包装材料无毒、无味、无污染，可以满足不同商品贮存、运输要求，且不会污染内装物。

（6）加工性能好。以纸为基材可以和其他包装材料，如塑料、金属箔、纤维制的线和布等，制成复合包装材料。

（7）纸包装可以回收再利用，制成再生包装材料。采用纸包装材料，其废物不会污染环境。纸的原始材料——植物纤维在自然界可以循环再生，取之不尽，用之不竭，纸包装可以称为绿色包装和可持续发展的包装。

（8）伸缩性小，不受热作用的影响，具有比塑料制品更好的稳定性，可以使包装机保持良好的机械化运行。

（9）具有很好的不透明性和阻隔性，满足了某些产品的包装需要。

（10）具有轻微的静电性，适宜包装面粉类产品和高速在线包装。

（11）可以根据标准提供完整的印刷范围——苯胶印刷、照相凹版印刷、胶印，并具有允许产品透气的可控制撕裂性能。

三、纸包装材料

纸包装材料包括包装用纸及纸板、加工纸、合成纸等。

（一）包装用纸

用于包装目的的一类纸的统称。可分为普通包装纸、专用包装纸、商标纸、防油包装纸和防潮包装纸等，通常具有高的强度和韧性。

1. 纸袋纸

纸袋纸分为优等品、一等品、二等品三个等级。纸袋纸一般为卷筒纸，根据需要也可生产平板纸。卷筒纸宽度为 1 100 mm 和 1 020 mm，或根据订货要求生产。国家标准规定了纸袋纸的定量、纵向撕裂度、横向抗张强度、交货水分等。为了使纸袋能抵抗运输中的瞬时冲击力，还要求纸袋纸具有一定的伸长率。为了在装袋时空气易于从袋中排出，还要求纸袋纸具有一定的透气度。

2. 牛皮纸

牛皮纸因其质量似牛皮那样坚韧结实而得名，用于包装工业品，主要是棉毛丝纺织品、五金交电产品、仪器、仪表以及各中小商品，也常用作纸盒的挂面、挂里以及制作要求坚固的档案袋、纸袋等，还可作为砂纸的基纸。

有的将纸袋纸也列入牛皮纸的范围，称为重包装袋用牛皮纸。牛皮纸分为 A、B、C 三个等级。产品分双面牛皮纸和单面牛皮纸，有卷筒纸和平板纸两种规格。平板纸规格为 787 mm×1 092 mm 和 889 mm×1 194 mm，或按订货要求生产。牛皮纸要求有较高的耐破度、撕裂度和良好的耐水性能，同时要求达到一定的施胶度。

3．鸡皮纸

又叫白牛皮纸，是一种单面光且光泽度较高，比较强韧的平板薄型包装纸，主要适用于食品、工业品的包装。

鸡皮纸为平板纸，尺寸规格为 889 mm×1 194 mm 和 889 mm×889 mm，或按订货要求生产。行业标准规定了鸡皮纸的定量、湿抗张强度、吸水性、交货水分和光泽度，要求较高的耐破度和耐折度。

4．仿羊皮纸

又称白脱纸，是防油纸的一种，用于包装含油脂较多的食品、药品、油脂产品，以及机械产品的防油耐渗包装。

仿羊皮纸分为 A、B 两等，有平板纸和卷筒纸两种。卷筒幅宽 770 mm，平板尺寸 770 mm×1 090 mm 或按订货要求生产。标准规定了仿羊皮纸的定量、水分、pH 值，要求较高的紧度、耐破度、耐脂度和施胶度。仿羊皮纸经过超级压光处理，产品呈半透明状，光泽度和紧度较高，不透油。

5．羊皮纸

羊皮纸又称植物羊皮纸和硫酸纸，是一种半透明的具有高度的防油、防水、不透气性、湿抗张强度大的高级包装用纸，主要用于包装化工药品、仪器、机械零件、油脂食品等。

羊皮纸分为食品羊皮纸、工业羊皮纸和农业羊皮纸。食品羊皮纸用于食品、药品、消毒材料的内包装用纸，也适用于其他需要不透油和耐水性的包装用纸；工业羊皮纸用于机器零件、仪表、化工药品等工业品包装；农业羊皮纸适用于农业科研及生产过程中对授粉、育种等特殊要求的做纸袋用羊皮纸。羊皮纸分为卷筒纸和平板纸。要求一定的定量、耐破指数（干湿）、耐折度、透油度、抗张指数等，用于食品包装时不得使用对人体有影响的化学助剂。

6．玻璃纸

又称作“赛璐玢”，也称透明纸。它像玻璃一样透明、光亮，是一种装饰性的高级包装用纸，适用于医药、食品、纺织品、化妆品等商品的透明、美化包装，并可用作透明胶带原纸。

玻璃纸分优等品、合格品两种。平板纸规格为 1 000 mm×1 150 mm、1 000 mm×1 200 mm、900 mm×1 100 mm 和 900 mm×500 mm。玻璃纸的透明性极好，对可见光的透过率可达到 100%；不透气性、耐油性、耐化学性好；不带静电，不易粘上灰尘；耐热耐寒性好；撕裂强度差，适用于撕裂带启封的包装。缺点是尺寸稳定性差，亲水性强，遇水遇热易互相粘连，纸页中水分蒸发后会脆化。

玻璃纸的主要原料是精制的漂白化学木浆或漂白棉短绒浆（俗称溶解浆）。用于食品包装时不得使用对人体有影响的化学助剂。

7. 食品包装纸

用于食品包装。根据所包装的食品种类不同，分为Ⅰ型、Ⅱ型和Ⅲ型。

Ⅰ型食品包装纸又称糖果包装原纸，适用于经印刷、上蜡加工后，供糖果包装商标使用，分A、B、C三等。原纸为卷筒纸，或按订货合同生产平板纸。平板纸尺寸为787 mm×1 092 mm。Ⅰ型食品包装纸原纸要求以漂白化学木浆为主，配以部分漂白草浆，但不得采用废旧纸或掺用废纸浆。此外，不得使用荧光增白剂或对人体有影响的化学助剂。

Ⅱ型食品包装纸又称为冰棍包装纸原纸，适用于经印刷涂蜡加工后作为冰棍包装纸，原纸分B、C两等。B等供机械包装冰棍、雪糕用，C等供手工包装冰棍、雪糕。原纸平板纸尺寸为787 mm×1 092 mm、625 mm×118 mm。要求用漂白木浆或草浆生产，不允许采用废旧纸或社会回收的废纸做原料。在生产过程中不得使用荧光增白剂或对人体有影响的化学助剂。

Ⅲ型食品包装纸又称普通食品包装纸，是一种不经涂蜡加工，直接用于入口食品包装用的食品包装用纸，分A、B、C三等，有双面光和单面光两种。原纸为平板纸，尺寸规格为889 mm×1 194 mm、787 mm×1 092 mm。Ⅲ型食品包装纸原料要求用木浆、草浆或新废纸浆，不允许使用社会回收的废纸做原料，也不允许用废旧纸浆原料生产。生产中不得使用荧光增白剂或对人体有影响的化学助剂。

8. 薄页包装纸

薄页包装纸是指定量在 22 g/m^2 以下的白色薄型包装纸。薄页包装纸为平板纸，尺寸为 787 mm×1 092 mm。标准要求薄页包装纸具有一定的紧度、撕裂度、裂断长、白度和尘埃度。

按其用途分为三种型号：Ⅰ型、Ⅱ型和Ⅲ型。

Ⅰ型（原薄页纸）适用于高级商品内衬包装，也可用作复写纸用。产品一般为微施胶，色泽为白色。

Ⅱ型（原邮封纸）适用于一般仪器及其他商品内衬包装；是一种薄型的单面光纸，品质分A、B、C三等。要求其正面光泽度不低于10%，纸质紧密，薄而柔韧，透明度好，白度要求也较高。主要原料是漂白化学木浆，或掺以部分漂白草浆，轻微施胶、不加填。

Ⅲ型（原有光纸）适用于商品内衬包装，其质量分为B、C两等。要求一定的抗张强度，对白度和尘埃度都有要求但不高。

9. 黑色不透光包装纸

黑色不透光包装纸按用途分为Ⅰ型和Ⅱ型两种型号。Ⅰ型用于照相纸、电影胶片和X射线胶片等的防光包装纸；Ⅱ型专门用于120胶卷防光包装纸。根据使用要求，黑色不透光包装纸应具有一定的机械强度，如抗张强度和裂断长等，还应具有一定的吸水性、伸缩率、表面光滑度等。特别在纸的孔眼率、不透光性、对感光层的化学作用等方面更有其独特的严格要求。

10. 中性包装纸

用于军用品的包装用纸，也用于包装铝制品和一些仪表零件。中性包装纸按质量分为B等和C等，按规格分为卷筒纸和平板纸两种。要求纸面平整，纸张纤维组织均匀。中性包装纸以未漂硫酸盐木浆为原料。

11. 非热封型茶叶滤纸

用于非热封型茶叶自动包装机或手工包装茶叶或中成药用的滤袋用纸。

非热封型茶叶滤纸按质量分为优等品、一等品。非热封型茶叶滤纸为卷盘纸，卷盘纸按不同宽度分 94 mm、145 mm 两种。由于茶叶袋要能耐沸水的冲泡而不破裂，因此要求茶叶滤纸具有较好的湿抗张强度。另外，茶叶滤纸要过滤速度快又不能漏茶叶，不能有异味，符合食品包装用纸卫生标准。茶叶滤纸以韧皮纤维为原料制造，国外多用马尼拉麻，国内用桑皮纤维，经长纤维游离打浆不加填，抄成纸后经树脂处理以增加湿强度。

12. 热封型茶叶滤纸

用于热封型茶叶自动包装机包装茶叶用的过滤袋用纸。热封型茶叶滤纸按定量不同分为 18.5 g/m^2 和 22 g/m^2 两种。热封型茶叶滤纸为卷盘纸，卷盘纸按不同宽度分 94 mm、114 mm、125 mm、145 mm 四种。

13. 条纹牛皮纸

用于包装出口商品和其他商品，除具有一般牛皮纸的物理机械强度外，还具有较好的光泽和清晰的条纹。条纹牛皮纸通常以 100%未漂针叶木硫酸盐浆为主要原料，有时掺用少量脱墨废纸浆（木浆），经长纤维游离状打浆、施胶及染色后，通过条纹毛毯压纹和表面施胶等工序，并经纸机压光。

14. 防锈原纸

防锈原纸是制造防锈纸的原纸。以防锈原纸为载体，将气相缓蚀剂涂或浸在防锈原纸上面，经干燥后制成防锈纸。防锈纸分置于待包装的金属周围或直接用于包装金属制品，起到防止锈蚀保护金属制品的作用。要求防锈原纸紧度不宜过大，以利于缓蚀剂的吸收，同时要求具有一定的机械强度，主要是抗张强度和耐破度。对于原纸的水抽提液 pH 值、纸中水溶性氯化物含量和水溶性硫酸盐含量有严格要求。

（二）包装用纸板

包装用纸板简称板纸，是由各种纸浆加工成的、纤维相互交织组成的厚纸页。纸和纸板的区分，传统意义上是按定量和厚度来区分的。一般习惯上将定量在 200 g/m^2 以下或厚度在 0.1 mm 以下的统称为纸，而定量在 200 g/m^2 以上或厚度在 0.1 mm 以上的称为纸板或板纸。但也有例外，如白卡纸，其定量可达到 400 g/m^2，已属于纸板范围，但习惯上还是称其为“纸”或“卡纸”。

包装用纸板主要包括：箱纸板、瓦楞原纸、黄板纸、白纸板、色板纸 、标准纸板、厚纸板等。

1. 箱纸板

箱纸板用于制造瓦楞纸板，分为普通箱纸板、牛皮挂面箱纸板、牛皮箱纸板。普通箱纸板、牛皮挂面箱纸板分为优等品、一等品和合格品三个等级：优等品适用于制造重型、精细、贵重及冷藏物品包装用的瓦楞纸板；一等品适用于制造一般物品包装用的瓦楞纸板；合格品适用于制造轻载瓦楞纸板。牛皮箱纸板分为优等品和一等品，适用于制造重型、精细、贵重及冷藏物品包装用的瓦楞纸板。

箱纸板中的牛皮箱纸板在国外几乎全部用 100%的硫酸盐木浆制造，我国针叶木资源匮乏，一般用 40%～50%的硫酸盐木浆和 50%～60%废纸浆、废麻浆、半化学木浆抄造，面层用硫酸盐木浆，而芯层和底层用其他纸浆；也有的用 20%左右的木浆挂面，用进口的长纤维木浆废纸和草浆作为芯纸和底层。

对于普通箱纸板，通常以 100%半化学木浆，或者 30%以上的麻浆与 70%以下的废纸、化学草浆生产，有的甚至以 100%的麦草浆施以适当的增强剂生产出合格的普通箱纸板。

箱纸板的生产过程一般由供浆、成型、压榨、干燥、施胶、压光、卷取等工序组成。

2．瓦楞原纸

瓦楞原纸是指用于制造瓦楞纸板用的瓦楞纸的原纸。在技术标准中，对瓦楞原纸不要求具有很高的抗张强度和耐破度，却要求必须具有较高的挺度——环压强度和压楞强度。此外，还要求原纸的紧度适中。

瓦楞原纸在国外一般都用阔叶木半化学浆制造。我国瓦楞原纸的生产过去大多以本色草浆为原料，可以用石灰法麦草浆，也可用烧碱法或硫酸盐法麦草浆，也可掺用部分废纸浆。近几年由于对包装用纸箱的要求提高，此外，我国木材资源紧缺，目前大多以麦草、蔗渣、棉秆和废纸为原料生产，其中优等品的瓦楞原纸还须用国外进口废纸为原料，以改善纸页强度。

3．黄板纸

黄板纸又称草板纸，俗称马粪纸，是一种低档的包装用纸板。主要用于衬垫，或将印刷好的或未印刷的胶版印刷纸等裱糊在表面，制作各种中、小纸盒，做食品、糖果、皮鞋等包装用。

由于黄板纸过去主要用于裱糊纸盒，因此要求表面平滑，不能翘曲，为保证成品纸盒的强度，要求黄板纸具有一定的耐破度和挺度。

最早的黄板纸通常以 100%的稻草或麦草为原料，采用石灰法或石灰纯碱法制浆，成浆后适当打浆，不施胶（或轻施胶），不加填料，以多圆网多烘缸纸机抄造。但由于其品质粗，草浆蒸煮废液难处理，对河流严重污染，目前大多采用混合废纸为主要原料，须经纸机压光。

4．白纸板

白纸板又称单面白纸板，是销售包装的重要材料，主要用途是经单面彩色印刷后制成包装纸盒。因白纸板表面具有良好的印刷性能，同时白纸板便于模切、模压和痕迹加工，可以制成各种形状的包装纸盒，因此还要求白纸板具有一定的抗张强度、耐折度和挺度。白纸板最适宜作为销售包装材料。

白纸板是由多层不同的浆料抄造的，正面挂面浆通常采用漂白亚硫酸盐木浆或苇浆，也有的用白色废纸浆或漂白棉浆（破布浆）；第二层为衬层，通常用 100%机械木浆或浅色废纸浆；第三层为芯层，主要起填充作用，一般都用成本低、质量差的混合废纸浆或草浆；最后一层为底层，通常都用高得率浆或较好的废纸浆抄造。

5．色纸板

色纸板有茶纸板和灰纸板两种。茶纸板是一种呈茶色的光纸板，主要用于制作轻纺商品的包装纸盒，或是与瓦楞原纸粘合制作纸箱等；灰纸板则是表面呈青灰色的纸板，一般用于五金零件、日用小商品和文教用品等的包装箱。

要求一定的紧度、平均裂断长、白度、耐破度、耐折度、撕裂度和水分等。灰纸板的外观要求平整光滑，翘曲度要小，里层不能有鼓泡、折子、疙瘩等。

灰纸板由面浆、底浆、芯浆组成。面浆采用 20%～50%漂白化学木浆，可配用漂白化学草浆或白纸边等。芯浆用混合废纸，底浆可用废新闻纸脱墨浆。

面浆经过打浆、施胶、加填，并加染料染成灰色，芯浆、底浆分别疏解打浆。然后在纸板机上抄造，多层成型叠合，经过压榨、表面施胶、干燥、压光、复卷、分切等工序，制成灰纸板。

茶纸板由于要求面层组织均匀、表面光滑平整，适印性好，因此通常采用 100%硫酸盐浆废纸浆，而里层要求不高，常用 100%的一般废杂纸浆，抄纸时要染料调色，以多圆网纸机抄造，并经纸机压光处理。

6．标准纸板

标准纸板是一种全幅厚度严格一致的纸板，主要用于制作精密的特殊模压制品的以及重要制品的包装用纸板。要求经压光处理，表面平整不翘曲且全张厚度必须均匀一致。

标准纸板的原料一般以 30%～40%的本色硫酸盐木浆、60%～70%的褐色磨木浆生产，不施胶，不加填。

7．厚纸板

厚纸板是一种供制作特种纸盒及纸箱内隔栅用的厚包装用纸板。要求纸板经压光处理，表面平整，厚度一致。厚纸板用 100%的褐色机械木浆或掺以部分化学木浆制造。

（三）加工纸

所谓加工纸，就是以纸为基础，经涂布、复合、变性、成型、整饰加工，使之改变或提高纸张原有的形状、外观和物理化学特性的一种高附加值产品。

包装纸和纸板为了提高油墨的吸收性，以提高印刷的适应性，或增加对油脂、水、水蒸气、化学腐蚀、机械腐蚀的阻抗能力，或为了获得某些特种功能，可以进行表面加工，主要方式有涂布加工、复合加工、真空镀膜和变性加工。

1．涂布加工纸和纸板

涂布加工包括颜料涂布和功能涂布。颜料涂布的目的是为了改善纸和纸板的表面性能，以提高其印刷适应性。功能涂布是在纸和纸板的表面涂布某种材料，使之具有某种特殊功能，例如对油脂、水、水蒸气、化学试剂、机械磨损等的抵抗能力。功能涂布的涂料可以是水溶性的，也可以是热熔性的。按加工功能要求也可分为耐水剂、耐油剂、防腐剂、防火阻燃剂、耐热剂、防锈剂、感光材料、微胶囊、磁性材料等。

（1）铜版纸：是指单层抄造的原纸涂布后，经压光整饰制成的涂布美术印刷纸，主要用于单色或彩色印刷的画册、画报、书刊封面、插页、美术图片及商品商标等。按涂布量分为重量涂布（每面涂布量≥20 g/m^2）和中量涂布（每面涂布量 10～20 g/m^2）；按涂布面分为单面涂布和双面涂布；按外观特性分为有光型和亚光型；按质量分为优等品、一等品和合格品三个等级。

（2）轻量涂布纸：是指每面涂布量不大于 10 g/m^2 的轻量涂布纸，主要用于单色和彩色印刷的书刊、宣传材料等。按质量分为优等品、一等品和合格品三个等级。

（3）涂布白卡纸：是指原纸的面层、底层以漂白木浆为主，中间层加有机械木浆，经单面或双面涂布后，又经压光整饰制成的涂布白卡纸，主要用于印刷美术印刷品或印刷后制成高档商品的包装纸盒。涂布白卡纸分为单面光和双面光两类，其中单面光又分为背面无涂料（Ⅰ型）和背面有涂料（Ⅱ型）两类。按质量分为优等品、一等品和合格品三个等级。

（4）涂布白板纸：是指原纸面层为漂白纸浆，经单面涂布后压光整饰制成的涂布白纸板，在单面彩色印刷后用于制作包装纸盒。涂布白板纸可分为白底和灰底两类，按质量分为优等品、一等品和合格品三个等级。

（5）粘合类加工纸：粘合加工纸是使用胶粘剂处理的加工纸制品。又分为粘结纸和纸粘结带。

粘结纸，又称不干胶纸或压敏胶纸，由表面材、胶粘剂和剥离纸三部分组成。表面材可以是高级纸、涂布加工纸、金属箔和浸渍纸，也可以根据要求采用塑料薄膜、合成纸、布和无纺布；胶粘剂通常为天然橡胶、合成橡胶、聚丙烯酸酯和聚乙烯醚；剥离纸通常采用超级压光牛皮纸、聚乙烯复合纸、玻璃纸、颜料涂布纸和塑料薄膜纸等。粘结纸的制法是使用涂布机在剥离纸面涂布胶粘剂，经干燥后在背面喷水调整水分，与此同时和表面材粘合。粘结纸表面经印刷、冲切后可制成不干胶商标纸，广泛用于永久粘接用的商品标签、铭牌、使用说明等，也可制成能再剥离的不干胶商标纸，还可以制成耐低温的标签用粘结纸，用于冷冻食品标签。

纸粘结带，又称自粘胶带或压敏胶带，由基材和胶粘剂两部分组成。基材用纸可以是牛皮纸、玻璃纸、各种补强纸等，也可以用布、塑料薄膜等。胶粘剂成分包括天然橡胶、合成橡胶成分和补粘剂、增塑剂、防老剂、补强剂及其他改性剂和溶剂。粘结带的生产工艺是在基材上先涂布一层中间粘合层（底胶），通过底胶使压敏胶层与基材牢固结合，必要时在粘结带的反面涂以防粘涂层，经干燥或固化后，再涂布压敏胶层，干燥后卷取分切成成品。粘结带广泛用于商品包装、纸箱封口捆扎等，医用压敏胶带纸用于伤口包扎、输液针头固定、手术后敷料固定等。

（6）气相防锈纸：用防锈剂对纸进行加工的产品称为防锈纸，通常是在防锈原纸或多层复合纸上涂布各种金属缓蚀剂。防锈纸可分为气相型和接触型。气相防锈纸的原纸一般用未漂硫酸盐浆，如要求更高的强度，可使用皱纹牛皮纸和加线牛皮纸为原纸。对要求防水防潮的防锈纸，可对原纸进行聚乙烯层合加工、石蜡或沥青加工。

（7）防水防潮纸：商品包装纸和纸板及其制品，要求有较高的防水性（防水、防潮）。包括：①沥青防潮纸：用沥青防潮原纸经涂油加工粘合而成，主要用于烟纸的防潮包装。②条纹柏油纸：以条纹柏油原纸进行沥青涂布加工的防潮纸，适用于各种物品的防潮包装。③中性石蜡纸：由中性石蜡原纸经浸渍加工而成，用于精密机械部件、金属制品及军工产品等的内包装。

2. 复合加工纸

复合加工也称为层合加工，是将纸与树脂薄膜、金属箔、布等基材，用胶粘剂复合为一体。复合加工纸广泛用于一些特殊商品的防光、防锈、防水、防火、防霉、防蛀包装，特别是食品包装和液体包装。复合加工按复合方式分为湿式复合、干式复合、热熔式复合、挤压式复合等。复合加工纸包括：聚乙烯加工纸、铝箔复合材料等。

（1）聚乙烯加工纸：聚乙烯加工纸是使用最多最广的加工纸，主要是用低密度聚乙烯以挤压式复合加工方式在纸的一面或两面复合加工。特点是防水、防潮、耐低温、耐热。以纸板为基材的聚乙烯加工纸，可用作液体饮料容器；由羊皮纸、半透明纸、玻璃纸等作为基材的聚乙烯加工纸用于高脂肪食品等的包装。

（2）铝箔复合材料：纸与铝箔复合后具有防潮、不透气、耐光、耐寒、耐热等性能。

3. 真空镀铝纸

真空镀铝纸又称真空蒸镀。真空镀铝和铝箔相比，用铝量大大减少，前者仅为后者的 1/200～1/100，但两者性能非常接近。真空镀铝纸用铝量少，色泽鲜艳，可印刷着色，对红外光和紫外光具有良好的反应能力，具有隔湿、隔氧、避光等特性，广泛用于香烟、食品、医药包装及商标装潢。

4. 变性加工纸

变性加工纸是指原纸受化学药剂作用而显著改变纸的性质的处理加工。

（四）纸包装材料主要性能指标

（1）纸和纸板的一般性能和基本属性：定量、厚度、紧度、浸水后尺寸变化、纸和纸板的规格尺寸等。

（2）纸和纸板的外观性能。

（3）纸和纸板的强度性能：抗张强度、耐破度、撕裂度、耐折度、纸板戳穿强度等。

（4）纸和纸板弯曲和压缩性能：纸和纸板挺度、平压强度、环压强度、边压强度等。

（5）纸和纸板的表面性能：粗糙度、平滑度、印刷表面强度、粘合性能等。

（6）纸和纸板的透气性和吸收性能：透气度、吸水性、油墨吸收性、表面吸收速度、施胶度等。

（7）纸和纸板的光学性能：白度、透明度、不透明度、光泽度和颜色等。

（8）纸和纸板的适印性能。

（9）纸和纸板的化学性能：水分、灰分和化学组成以及其水抽提液的酸度、碱度等。

四、纸包装容器

（一）纸包装容器的特点

纸包装容器是以纸和纸板为主要原料制成的容器，主要用来包装和储运食品、饮料、乳品、服装和纺织品、药物、卷烟制品、仪表五金、家用电器等。具有以下特点：

（1）纸容器以纸或纸板为主要原料，其废物易于处理，可回收利用，无废弃公害，符合当今世界环境保护潮流。

（2）制造纸容器的纸张和纸板，其加工工艺性能良好，可进行新颖的造型设计和结构设计，能制成大小不同、形状各异的各类容器，堆积存放方便，易于装箱运输，提高了商品的销售效果和流通效果，满足了商品制造者的需求。

（3）纸容器可进行精美的印刷，给人以美的享受，激起消费者的消费欲望，从而提高商品的价值。

（4）纸容器对商品具有一定的抗振能力和防破损能力，赋予了商品包装及流通过程所需求的保护作用。

（5）纸容器可利用现代设备进行大规模生产，从而降低生产成本。

（二）纸包装容器的种类和用途

纸包装容器的种类和用途见表 3-1。

表 3-1 常用纸包装容器的种类和用途

纸容器种类		主要原料	用途
瓦楞纸箱		由瓦楞芯纸或原纸及挂面纸制成的瓦楞纸板	主要用于运输包装，应用于各种领域：食品、服装、纺织品、电器、家具、五金制品、仪器仪表、玻璃搪瓷制品、瓷器、自行车、保鲜食品等
纸盒		瓦楞纸板、白板纸及各类色纸板	主要用于销售包装，也用于运输包装，如小物品的包装或大件包装的内包装
纸袋		强度较高纸，如最常用的牛皮纸及胶粘剂类的合成树脂	既可用作销售包装也可运输包装，是一种包装容器，广泛用于盛装农产品、食品、建筑材料、化工原料、矿产品、文化用品、纺织品及其他物品等
纸管		纸管原纸及胶粘剂	主要用于纺织品或纸张卷筒包装的芯管
纸罐、纸桶		白纸板、牛皮纸、挂面纸或瓦楞纸、铝箔、塑料薄膜、胶粘剂、金属等	主要用于销售包装，广泛用于各种固体、粉体和液体产品的包装，如茶叶、麦片、盐、奶粉、牛奶、果汁、油料、肉汁等
一次性纸容器	纸杯	不含氯漂白纸板、涂布纸板、淋膜或复合纸板、铝箔、聚乙烯等	盛装食品中的饮料、矿泉水、冰激凌、咖啡、啤酒等
	纸碗		盛装食品中的汤水、方便面等
	纸饭盒	浸渍纸板、淋膜或复合纸板、漂白纸浆、防水防油剂等	快餐盒包装
	纸便罐	废纸浆、未漂浆、防水剂等	医院用的一次性用品或生病老人的便具
纸浆模塑制品		废纸浆、漂白浆、防水剂、防油剂等	工业产品特别是出口产品缓冲包装制品、水果、禽蛋、易碎物品的缓冲包装及日用品等制品的包装垫（内）层
蜂窝纸板及其制品		蜂窝纸板原纸、胶粘剂	替代出口商品木箱、木托盘包装；作为缓冲、隔板和衬垫包装，如储运使用的一次性周转托盘等；作为建筑材料，制作家用衣柜、书柜、书架、台球桌等；制作车船用材料如舱板、甲板、隔板等；制作广告牌、展牌等；制作殡葬火化用的卫生棺等

（三）食品用纸容器

在人们的环保和安全意识越来越强的今天，对食品包装的要求也越来越高。塑料包装虽然原材料来源丰富，成本低廉，性能优良，但用于食品包装上却存在很多的缺点。一方面存在着某些卫生安全方面的问题；另一方面是包装废物对环境污染的问题。

而纸包装适应绿色包装的发展需要，也解决了包装废物对环境污染的问题，能承担多种食品包装任务。目前，世界各地的食品纸包装有着持续增长的良好势态。现在食品纸包装可以实现防湿、保鲜、感温、可视、可食、防腐杀菌等多种功能，另外，还有耐水、耐油、耐酸、除臭等各种特殊的功能性食品纸包装材料。

食品纸容器因其内装物的特殊性，对原材料的选择、生产工艺等都有特别严格的要求。食品纸容器可大致分为纸罐、纸杯、纸盘、纸餐盒、纸碗、纸碟等。

1．纸罐

纸罐包装广泛用于粉状晶状的食品，糖果、糕点、咖啡、干果等固体食品，以及液体饮料、油脂等的食品包装。纸罐具有以下特点：

（1）废物易于处理。

（2）外表可进行不复杂（工艺）的彩色印刷处理，具有良好的陈列效果。

（3）保护性能优异。

（4）重量轻，价格低。

（5）卫生且便于操作。

（6）与金属罐相比，充填、包装加工中噪声小。

（7）安全性好。

2．纸杯

纸杯是用于盛装冷、热饮料和冰激凌的小型纸制容器，分为扩口形、缩口形和圆柱形三种。纸杯具有以下特点：

（1）质量轻、防破损。

（2）造价低。

（3）外观效果好。

（4）可与多种材料复合，提高保护功能。

（5）遮光性能好，能较好地保持内装物的色、香、味。

（6）可用包装机械进行作业，实现高质量高速度的生产、包装。

（7）开启与封合方便，易开封、易复原。

（8）易于处理废物并便于回收利用，可节省资源。

（9）新技术新工艺的出现，使纸杯制造技术不断提高，新型的纸杯将出现并对产品的花色品种起到更大的促进和促销。

3．纸盘

纸盘属浅盘纸容器，多半是压制而成或称模压加工而成。采用模压加工的纸产品造型美观，生产效率高，且节省材料。为提高纸盘的强度和性能，通常采用淋膜或涂蜡的纸板进行加工。

4．纸餐盒

用于食品包装的纸盒通常采用涂蜡、淋膜或具有一定抗水能力的纸板作为原料，并一般具有精美的印刷，因此可用于黄油、人造奶油或冷冻食品等的包装。

此外，还有纸碗、纸碟和液体包装用纸容器等。纸碗用于快餐面食。纸碟主要用于包装微波炉烹调食品、食品加热及快餐食品。液体包装用纸容器，又称为复合材料软包装容器，主要用于牛乳、饮料、酒类等食品饮料包装，具有卫生无毒、对气体的阻隔性高、防渗透性好、热封性能好等优点。液体包装纸容器有山脊形（屋脊形）和平顶形两种。

（四）食品用纸容器的原料选择和基本要求

食品用纸容器作为一种食品包装的容器，与其他的包装容器或材料一样，应具有卫生性、保护性、工艺适用性、方便性、商品性、经济性等，但首要的是具备卫生性和安全性。食品纸容器在原料的选择、生产过程、流通过程中均要符合《食品卫生法》的要求。简单地说，食品纸容器必须对食品无污染，对人体不产生损害。

1．纸罐

一般采用复合罐，目前所谓的纸罐就是复合纸罐，它是用高密度多层纸板制成的一种包装容器。主要由白板纸、废纸浆制成的板纸（多为挂面板纸）与金属箔、塑料复合粘结卷纸制成。纸罐由罐身、罐底、罐盖组成。盖与底采用金属、塑料或纸板。

2．纸杯

一般都是以纸为基材的复合的材料，如单面和双面涂塑纸板，塑料为 PE 或 PF 树脂。

3．纸盘

一般采用涂蜡或淋膜 PE 的复合白纸板，定量通常在 300 g/m^2 以上。

4．纸桶

桶身材料一般选用箱纸板或牛皮纸板，桶盖可选用层合纸板、纤维板、胶合板、木板、金属板等。对于瓦楞纸板桶，桶身材料一般选用瓦楞纸板，桶盖选用塑料、木材、金属板等。

五、环境影响与回收利用

（一）纸包装的环境影响

纸包装用量大，在世界上包装先进的国家中，纸包装占整个包装量的一半，在包装工业中占有举足轻重的地位。

纸包装由于无毒、无味、透气等特点，既不污染内包装物，又能保持内包装商品的呼吸作用，达到良好的储存条件；同时纸包装易于回收再利用，在大自然环境中也易自然分解，不污染环境；纸包装的生产原料也来自可再生的木材和植物茎秆，因而从总体上看，纸包装的绿色性能是好的，是一种对环境友好的包装，是可持续发展的产业。

按照生命周期理论，从产品生命周期全过程来评价纸包装的绿色性能，则纸包装还存在若干不足。主要表现为：

（1）生产过程对环境的污染。纸包装在生产过程中，主要是造纸过程中，耗能高、耗水多，并且排出的废液对江河、空气、环境造成了严重污染。

造纸的首要工序就是制浆，多数制浆采用化学浆，即利用化学药品使与纤维结合在一起的木质素溶解而把纤维素分离出来，生产过程中由于化学药品的作用，不仅要排出黑色的废液，污染江河和农田，还要放出恶臭气体，造成空气污染。而采用非木的植物草浆造纸，则会产生更为严重的大量黑液。

（2）制箱制盒中选用的泡花碱和溶剂型粘合剂有毒有害。纸箱纸盒行业是粘合剂用量最大的行业。最初生产纸箱纸盒采用泡花碱粘合剂，这种粘合剂易返潮、泛碱，粘合强度低，粘结的纸箱纸盒易变形变色，造成资源浪费及环境污染，因而我国于 1985 年已明令禁止使用，改用淀粉粘合剂。另外，纸箱纸盒覆膜使用的粘合剂，多属于溶剂型或乳液型粘合剂，常用的有 EVA 类、聚氨酯类、聚酯类等有机溶剂型胶粘剂，这类胶粘剂含甲苯、醋酸乙酯、溶剂油等，常占总量的 60%以上，这些有毒有害成分危害工人身体健康，污染环境，而且可能引发火灾，所以已逐步被水基纸塑复合胶粘剂取代。

（3）我国的废纸包装回收率低，资源再生利用差，与世界各国存在较大差距。

（二）纸包装废物的回收

纸包装容器当它失去或完成保护内装物原有价值和使用功能之后，也和其他包装废物一样，成为固体废物。根据可回收程度可分为以下三类：

（1）可完全回收的纸容器：主要包括各种纸箱、纸盒、纸袋等，可工业化回收利用，具有较好的经济效益和环保效益。

（2）可部分回收的纸容器：主要是含有塑料或树脂等复合材料或经过某些加工的纸容器，如淋膜纸板、铝箔、塑料薄膜复合的纸袋或防水处理的纸容器等。在回收时一般要将铝箔、塑料薄膜与纸分开，再分别回收。

（3）不可回收的纸容器：此类纸容器在纸容器中的比例较低，一般是经过特种加工如浸渍加工、强防水加工等纸容器，回收量不大，回收利用的价值不高。

目前废纸容器回收方法主要如下：

（1）废品收购的方法：废纸是最有回收价值的垃圾，以废弃容器尤其是废瓦楞纸箱纸板为多。以废瓦楞纸箱为例，其回收方法往往是上门收购或人们在家里收集好再送到收购站。在这个过程中没有与其他垃圾混杂，因此较干净，方便回收利用。另一种形式是用纸箱纸板多的团体或厂家集中向造纸厂定期回收。

（2）垃圾分类：垃圾分类是世界各国证明比较有效的回收方法。目前通用的做法是在包装容器外表注明是否可环保回收标注，让人们明白在使用完后怎么处理。国际很多国家已经实施了垃圾分类的“blue box”计划，即将可回收的废纸类放进蓝色垃圾箱中。

（三）纸包装废物再利用

纸容器的主要原料是纸张或纸浆。纸包装废物的回收再利用有两大途径：一是再生造纸；二是开发新产品。

1. 制造再生纸

这是利用废纸最广泛的途径。不仅可以用来制造再生包装纸，而且用来制造再生新闻纸。其具体过程为：根据油墨种类，选用脱墨技术；将纸纤维和皂系脱墨剂送入脱油墨室，使油墨与杂质随泡沫浮至表面，用吸出装置吸走；将净化的纤维浆浓缩至 15%，通过加热，使纸纤维成膨胀状，还可进行漂白，以赋予再生纸的光泽感；最后，将高浓度纸浆送入造纸设备，即可制成与新纸白度一样的再生纸。

2. 生产酚醛树脂

日本王子造纸公司研究成功将废纸溶于苯酚中，用来生产酚醛树脂的新技术。因苯酚与低分子量的纤维素和半纤维素相结合，故制成的酚醛树脂强度比用苯酚和乙醛为原料所制成的产品强度高，热变形温度比以往的酚醛树脂高 10℃。

在生产中，旧报纸及办公用废纸均可作原料，但使用办公用废纸为原料成本低，仅为使用旧报纸的一半。

3. 制作家庭用具

利用旧报纸、旧书刊等废纸原料，卷成圆形细长棍，外裹塑胶纸，手工编织地毯、坐垫、提包、猫窝、门帘，甚至茶几、躺床等家庭用具。在制作时，可根据各种家庭用具的不同造型，卷编出不同的图案，再饰以色彩，使制作出来的家庭用具既实用又美观。

4．压制胶合硬纸板

在温度为 80℃的条件下，采用五层废纸和合成树脂，共同压制成一种胶合硬纸板，其抗压强度比普通纸板高 2 倍以上。用这种胶合硬纸板制成的包装箱，能使用钉子和螺丝钉，并能安装轴承滚轮，其牢固性几乎和用胶合板制成的包装箱一样。

5．模压沥青瓦楞板

利用废纸、棉纱头、椰子纤维和沥青等为原料，模压出新型建筑材料沥青瓦楞板。用这种沥青瓦楞板盖房屋，隔热性能好，不透水，轻便，成本低，还具有不易燃烧和耐腐蚀的特点。

6．回收甲烷

将废纸打成浆，再向浆液中添加能分解有机物的厌氧微生物的水溶液；然后，移入反应炉，使废纸浆液里的纤维素、甲醇和碳水化合物等转变为甲烷；再用酶将木材抽出物除掉，即可得到燃料甲烷。

7．改善土壤土质

根据废纸在土壤中不会很快腐烂变质的特性，采用碎废纸屑加鸡粪和原土壤拌和来改善牧场的土质。其比例为：碎纸屑 40%、鸡粪 10%、原土壤 50%。这样，废纸在鸡粪中的基肥细菌的作用下，可以迅速腐烂变质，使土壤在 3 个月内，即变得松软异常，不仅适合生产牧草，使牧草生长旺盛，而且可种植大豆、棉花和蔬菜等多种作物，且产量颇高；同时，对牧场的土地也不会产生任何副作用。如果在两年后，对这些土地再补充新的碎废纸屑和鸡粪，土壤就会变得更加肥沃、更加疏松。

8．培育平菇

用废纸培育平菇，能获得较高的经济效益。具体方法是：将废纸处理成碎片，用水浸泡 72 h 后，除去其中的印染物和灰尘，再把小纸片打散；然后，将废纸同切好的马樱丹按 1∶2 混拌，装入消毒后的木制浅盆内，木制浅盆一般为 50 cm×50 cm×15 cm，并向盆内供给水分和额外的纤维素；在接种菌种后，用塑料膜将木盆盖起来，放入 25℃的培养室内，经 34 天菌丝发育，便可揭除盖膜，移到室温 20℃的采收室；再经 20 天的生长，即可采菇。一般可连续采收 4 个月，每盆每次可采菇 1.5 kg。

9．用作牲畜栏内铺垫物

与传统的铺垫物干草、锯末相比，废纸屑比较卫生，不含像锯末所存在的单宁那样的毒物，也没有像稻草和稻壳中常见的化学杀虫剂的残留物，没有致病源。同时，水汽含量低，隔热性能比其他材料好，尤其适合雏鸡和新生幼崽的生长发育。

10．加工成牛羊饲料

将旧报纸切碎，加入水和 2%的盐酸，然后煮沸 2 h，在高温和酸的作用下，使纤维素发生分解断裂，再添加进饲料中喂牛羊，添加的比例为 20%～40%。英国的养牛场和养羊场，把废纸稍加处理后，切成细长条或揉成小纸团，再添加少量的营养物，即可用来喂牛羊，牛羊吃后可比吃普通饲料增重 1/3。将废纸粉碎后，掺入适量的亚麻油和蜂蜜，制成颗粒饲料喂牛羊，可使牛羊长得膘肥体壮。

11．纸浆模塑制品

纸浆模塑是将废纸打碎成浆，加入适量防水剂，使用真空吸附等造型法，采用与制品形状相应的模具塑造成型，如容器、托盘、护罩、工业用缓冲包装类制品，可与瓦楞纸箱配套使用，便于长途运输中防震缓冲。用废纸为原料生产的包装、衬垫、充填材料可以替代发泡塑料。

12．新型复合材料

将废旧报纸用涡轮研磨机磨成粉末，再将废纸、聚丙烯、高密度聚乙烯树脂、乙丙橡胶等混合物料颗粒化，并注入开孔注入式成型机中成型为新型复合材料。

利用废纸生产的这种复合材料，热稳定性及防火性优于一般树脂，机械性能优于某些合成树脂材料，成型能力较好，并且收缩性小，在空气中不吸潮，外形稳定性好。

13．新型包装容器

利用废纸一般可制成玩具盒类低档包装盒。新型纸包装容器的研究成果主要表现在：

将废纸放入水中浸泡，再用打浆机打成纸浆，然后将纸浆注入金属模具中成型，干燥后制成可盛装粉末状固体物的包装瓶。如果用来盛装液体洗发水等，则需要在包装瓶表面涂一层薄薄的石料涂层进行防水处理。

以牛皮纸、箱板纸及瓦楞等废纸为原料，在生产过程中将纱线大面积埋入纸浆中一次成型为包装纸袋。此产品透气性好、强度高、无毒无污染、可回收利用，主要用于粉粒状物料的包装及制作购物袋和小邮政袋等。

用回收的牛皮纸生产出一种高质量的带柄零售包装纸袋，具有原牛皮色、漂白及其他颜色的纸袋可进行三色到四色印刷，使用周期长，并可以生物降解。

将回收的旧书、报纸切碎成条，再碾成纤维状纸浆，使其和面粉以 2∶1 的比例混合后注入挤压机压成圆柱颗粒。在挤压过程中，原料受水蒸气作用发泡，形成泡沫纸。再用发泡颗粒纸作为原料，根据需要生产不同形状的包装制品。泡沫纸不仅可以作为包装材料，还可以开发成绝缘材料和建筑材料。

将废纸粉碎到 5 mm 以下，与淀粉浆糊混合制成直径 1～3 mm 的粒子。将粒子吹入处于开启状态的金属模后再关闭金属模进行加压加热，浆糊中含有的水分在加热过程中从通气孔排出，可制作具有更好生物分解性的包装制品。

（四）废纸再生在绿色包装领域中的意义

科学家将丢弃的各种废纸、废木材纤维和木材废料称为“第四种森林”。其中，废纸是指使用过的纸和纸板，以及相关行业使用纸和纸板时的边角余料等物料的总称，或称“二次纤维”。废纸的再生利用顺应了世界绿色包装的发展潮流，与环境治理及资源保护有直接关系，具有良好的经济效益和社会效益。以保护环境和可持续发展为核心的绿色浪潮，其宗旨是保护环境和资源，充分利用再生资源，为人类创造一个可持续发展的环境。绿色包装材料是人类进入高度文明、世界经济进入高速发展的必然产物，是在人类要求保持生存环境的呼声中应运而生的，既具有一般包装材料的基本性能（如保护性、加工操作性、外观装饰性、经济性、易回收处理性等），还具有对人体健康及生态环境无害、既易于回收再利用又具有可以环境降解回归自然的独特性能。

按照环保要求及材料用毕后的归属大致可分为三大类：可回收处理再造的材料（包括纸制品、玻璃、金属、线型高分子、可降解材料）、可自然风化回归自然的材料（包括纸制品、可降解、可食性材料）和可以焚烧回收能量且不污染大气的材料（包括部分不可回收的线型高分子、体型高分子、部分复合型材料）。

纸制品是一种源于自然又能回归自然的可再生利用的绿色包装材料，废纸再生利用符合包装工业的“以纸代木”、“以纸代塑”的发展方向，符合绿色包装的要求。

属于绿色包装材料的纸制品在整个包装工业中占有重要的地位，它应用十分广泛，品种较多，从传统包装到如今的现代包装始终是包装的支柱材料之一，约占整个包装工业总产值的 45%。造纸厂每回收 1 t 废纸，可重新造纸 800 kg，相当于节省木材 3 m^3、节煤 1.2 t、节水 100 m^3、节省化工原料 300 kg、节电 600 kWh。实践证明，废纸经过反复利用后，纸浆的强度基本保持恒定。

废纸再生利用虽然会因清理杂物、油墨等增加一些成本和困难，但可以降低能耗，减少硫酸铝、烧碱等污染环境的造纸辅料用量，同时能收到节约包装原材料和能源、减少天然纤维原材料资源消耗、取代草浆提高纸制品质量、降低生产成本和减少包装污染、保护环境、保持生态平衡的多重效果。

第二节　纸包装材料和制品分类

纸包装材料及制品按应用层次分类如下。

一、包装用纸

包装用纸包括：纸袋纸、牛皮纸、鸡皮纸、仿羊皮纸、羊皮纸、玻璃纸、食品包装纸、薄页包装纸、黑色不透光包装纸、中性包装纸、非热封型茶叶滤纸、热封型茶叶滤纸、条纹牛皮纸、防锈原纸。

二、包装用纸板

包装用纸板包括：箱纸板、瓦楞原纸、黄板纸、白纸板、色纸板、标准纸板、厚纸板。

三、加工纸

（1）涂布加工的纸和纸板：主要为铜版纸、轻量涂布纸、涂布白卡纸、涂布白板纸、粘合类加工纸、气相防锈纸、防水防潮纸。

（2）复合加工纸：主要为聚乙烯加工纸、铝箔复合材料。

四、纸容器

主要纸包装容器有：瓦楞纸箱、纸盒、纸袋、纸罐、纸桶（筒）、一次性纸容器（纸杯、纸碗、纸饭盒等）、纸浆模塑制品、蜂窝纸板及其制品等。

第三节　纸包装制品及其废物特性

一、包装用纸

(一) 简述

包装用纸通常按用途分为六大类：印刷用纸及纸板类；书写、制图及复制用纸及纸板类；包装用纸及纸板类；生活、卫生及装饰用纸及纸板类；技术用纸及纸板类；加工纸原纸类。

其中包装用纸和纸板主要分为通用包装纸、特殊包装纸、食品包装纸和包装纸板等。

1. 通用包装纸

包括纸袋纸、牛皮纸、鸡蛋纸、铝箔衬纸、包针纸、半透明纸、条纹牛皮纸、胶卷保护原纸、火柴纸、中性包装纸、伸性纸袋纸、薄页包装纸、普通包装纸、条纹包装纸、农用包装纸、香皂包装纸、皱纹轮胎包装纸、浆渣包装纸、铝器包装纸、包装原纸、维仑布纸复合包装材料、再生牛皮纸、再生水泥袋纸、防水袋纸、磷肥袋纸、再生皱纹封袋纸、包装纸、牛皮卡纸、灰衬纸、蓝色包砂纸、复合皱纹原纸、机制白皮纸、真空镀铝原纸、真空镀铝纸、胶片衬纸。

2. 特殊包装纸

包括工业羊皮纸、特细羊皮纸、工业羊皮原纸、特细羊皮原纸、中性石蜡纸、中性石蜡原纸、玻璃纸、条纹柏油原纸、条纹柏油纸、沥青防潮原纸、气相防潮纸、气相防锈原纸、黑不透光纸、苯甲酸钠防锈纸、中性塑蜡防潮包装纸、夹线柏油纸。

3. 食品包装纸

包括食品羊皮纸、食品羊皮原纸、糖果包装原纸、冰棍包装纸、仿羊皮纸、普通食品包装纸、防油纸、液体食品包装用复合材料、挤塑糖果包装纸、糕点保鲜用隔氧复合包装材料、糕点保鲜用除氧剂袋纸。

4. 包装纸板

包括单面白纸板、厚纸板、黄纸板、中性纸板、箱纸板、牛皮箱纸板、瓦楞原纸、标准纸板、提箱纸板、茶板纸、火柴外盒纸板、火柴内盒纸板、双面灰纸板、青灰纸板。

(二) 材料组成和特性

常用的造纸原料主要有木材纤维原料类、草类纤维原料类、韧皮纤维原料类、棉麻纤维原料类；常用的助剂主要有蒸煮剂、漂白剂、脱墨剂、助留剂、助滤剂、消泡剂、施胶剂、染料剂、增白剂、交联剂等。

(三) 生产工艺过程

造纸是一个比较复杂的工艺过程，涉及化学、机械、流体力学等各方面，它的流程也比较长，不同的纸其工艺流程也会有差别。以鸡皮纸为例，其生产工艺为：纤维原料→打浆→调料→上网成型→压榨→干燥→卷取→分切→包装。

（四）质量检验要求

包装用纸的检验分为外观检验、物理机械性能检验、卫生指标检验和型式检验。

（1）外观检验包括：尺寸及偏斜度、厚度和外观质量。

（2）物理机械性能检验包括：定量、抗张强度、撕裂度、吸水性、交货水分、耐破度、环压指数等。

（3）用于直接包装直接入口的食品包装纸，其感官指标、理化指标和微生物指标应符合《食品包装用原纸卫生标准》（GB 11680—1989）规定。

（4）型式检验：包括外观、厚度等全部项目。

（五）产品标准

GB/T 7968—1996　纸袋纸
QB 1013—2005　玻璃纸
QB 1014—1991　食品包装纸
QB/T 1015—1991　黑色不透光包装纸
QB/T 1016—2006　鸡皮纸
QB/T 1017—2006　仿羊皮纸
QB/T 1313—1991　中性包装纸
QB/T 1458—2005　非热封型茶叶滤纸
QB/T 1706—2006　条纹牛皮纸
QB/T 1709—2006　工业羊皮纸
QB/T 1710—1993　食品羊皮纸
GB/T 22814—2008　防锈原纸
QB/T 2595—2003　热封型茶叶滤纸
GB/T 23760—2009　农业羊皮纸
GB/T 22865—2008　牛皮纸
GB/T 22813—2008　薄页包装纸

（六）使用资源、生产环境与排放

造纸过程中主要使用电能；消耗燃料煤或油、自来水等；会有蒸煮废液、纤维原料残渣等废水、废气、废渣排放。

（七）运输储运

纸张的储运应妥善保管，防止雨雪和地面湿气的影响。运输时应使用清洁有篷的运输工具或用篷布遮盖。在搬运和堆垛时，不许从高处扔下，以防损伤产品。

食品包装纸在生产、加工、运输、贮存过程中严防毒害药品和重金属粉尘的污染。

（八）产品复用性

在实际应用中，包装用纸多为一次性用品，不重复使用，特别是食品用包装用纸。

（九）废弃回收利用

大部分包装纸都可以回收，重新制浆再造纸。用于食品的包装纸不得使用回收废纸作为原料。

二、瓦楞纸箱

（一）简述

瓦楞纸箱是用瓦楞纸板制成的箱形容器，是一种比较理想的包装容器，也是纸包装容器中应用最广泛的包装容器。瓦楞纸箱具有轻便、牢固、减振及适合机械化生产的特点。多年来一直使用于运输包装和销售包装。瓦楞纸箱以其精美的外观和内在优良质量赢得了市场。它除了保护商品、便于仓储和运输之外，还起到美化商品、宣传商品的作用。尤其在当今世界各个国家都非常重视环境保护的情况下，瓦楞纸箱具有回收再利用的优点，它利于环保，利于装卸运输，利于节约木材等。

瓦楞纸箱按其结构大体可分为三类：

开槽型纸箱（02 型）：开槽型纸箱是运输包装中最基本的一种箱型，也是目前使用最广泛的一种纸箱。它是由一片或几片经过加工的瓦楞纸板组成，通过钉合或粘合的方法结合而成的纸箱。它的底部及顶部折片（上、下摇盖）构成箱底和箱盖。此类纸箱在运输、储存时，可折叠平放，具有体积小、使用方便、密封防尘、内外整洁等优点。

套合型纸箱（03 型）：套合型纸箱由一片或几片经过加工的瓦楞纸板所组成，其特点是箱体和箱盖是分开的，使用时进行套合。此类纸箱的优点是装箱、封箱方便，商品装入后不易脱落，纸箱的整体强度比开槽型纸箱高。缺点是套合成型后体积大，运输、储存不方便。

折叠型纸箱（04 型）：折叠型纸箱也称为异型类纸箱，通常由一片瓦楞纸板组成，通过折叠形成纸箱的底、侧面、箱盖，不用钉合和粘合。

材料来源：瓦楞纸箱由瓦楞纸板制成。瓦楞纸板是由箱板纸和经过起楞的瓦楞原纸粘合而成的，用于制造瓦楞纸箱的一种复合纸板。

瓦楞纸箱主要用于运输包装，应用于各种领域：食品、服装、纺织品、电器、家具、五金制品、仪器仪表、玻璃搪瓷制品、瓷器、自行车、保鲜食品等。

（二）材料组成和特性

1．瓦楞原纸、箱板纸和淀粉粘合剂

制作瓦楞纸板所用原纸有面纸和芯纸两种：①制作瓦楞纸板中波纹的纸称作“芯纸”；②用于两面时的纸称作“面纸”或“里纸”。在生产瓦楞纸箱时一般采用低克重的纸做芯纸，高克重的纸做面纸或里纸。

用于面纸或里纸与芯纸及楞纸粘合的粘合剂为淀粉糊，对人体及环境不具有危害性。

2．瓦楞的形状

通常使用的瓦楞有 U 型和 V 型两种。

U 型瓦楞：楞顶是圆的，它的结构富有弹性，压时手感柔软，在弹性变形范围内具有很强的弹性恢复力。U 型楞的使用寿命比 V 型楞长。U 型楞有利于提高机械粘合速度，粘合后瓦楞纸变化小，缺点是粘合剂用量大。

V 型瓦楞：整个楞由直线组合而成。所生产的瓦楞纸板坚硬，其平面压力强度比 U 型瓦楞纸板高，粘合剂用量较 U 型楞少；缺点是生产的瓦楞纸板一旦受力超过弹性极限就完全丧失恢复力，瓦楞辊制造工艺复杂，经常发生楞顶断裂，瓦楞辊磨损较 U 型楞快。

根据 U、V 型瓦楞的优缺点，一种介于它们之间的“UV”型瓦楞应运而生，这种形状的瓦楞弥补了 U 型楞和 V 型楞的缺点。

3. 瓦楞的类型

作为运输包装用的瓦楞纸箱一般用以下三种瓦楞型：A 型、B 型、C 型，它们的楞长、楞高及每 30 cm 瓦楞数目应符合表 3-2 的要求。

表 3-2 常见瓦楞类型

瓦楞种类	楞高/mm	每 1 m 瓦楞数/每 30 cm 瓦楞数	瓦楞长度/mm	瓦楞纸板厚度/mm
A 型楞	4.5～5	105～110/34±2	8.6	≥4.5
B 型楞	2.5～3	150～156/50±2	6.1	≥2.5
C 型楞	3.5～4	120～133/38±2	7.4	≥3.5

A 型楞：单位长度内瓦楞数量最少，瓦楞最高，用于轻质产品包装时缓冲力很大，所以应用最普遍。

B 型楞：单位长度内瓦楞数量最多，瓦楞最低，其性能同 A 型楞相反，用 B 型楞纸板制作的瓦楞纸箱能承受较大平面压力，适合做罐头和瓶类的包装。

C 型楞：单位长度内瓦楞数量及楞高介于 A 型和 B 型之间，性能也介于两者之间，它起源于第二次世界大战期间，是由美国为运送军用物资而设计制造的，其他国家很少使用。

三种瓦楞的强度对比见表 3-3。

表 3-3 三种瓦楞强度对比表

瓦楞种类	平面压	垂直压	平行压	缓冲压	箱压强	穿强度
A 型	3	1	1	1	1	3
C 型	2	2	2	2	2	2
B 型	1	3	3	3	3	1

根据每种楞型的特点，可以两种或三种楞组合在一起形成一楞三层纸板、二楞五层纸板、三楞七层纸板。例如，A/B 楞、A/A 楞、B/C 楞、C/C 楞、A/A/B 楞、A/A/A 楞等。瓦楞纸板的结构与用途见表 3-4。

表 3-4 瓦楞纸板的结构与用途

楞型组合	厚度	结构	适用范围
一楞	3 mm	B 楞	适用于瓶、罐头物品包装
一楞	5 mm	A 楞	适用于较轻物品的运输包装
二楞	7 mm	A/B 楞	适用于一般物品运输包装

<table>
<tr><th>楞型组合</th><th>厚度</th><th>结构</th><th>适用范围</th></tr>
<tr><td>二楞</td><td>10 mm</td><td>A/A 楞</td><td>适用于较重或易碎品运输包装</td></tr>
<tr><td>三楞</td><td>13 mm</td><td>A/A/B 楞</td><td rowspan="2">适用于重物，如钢琴、机电产品、军械等，可替代木箱使用</td></tr>
<tr><td>三楞</td><td>15 mm</td><td>A/A/A 楞</td></tr>
</table>

（三）生产工艺过程

瓦楞纸箱的制造工艺是根据瓦楞板的加工方法来划分的，分为：单机、单面机、生产线三种方式。由于工艺不同所生产的瓦楞纸板的质量差异很大，以生产线生产的产品作为主要运输包装，其生产工艺为：卷筒原纸→压楞→单面复合→双面复合→烘干→分纸压线→断切→切角开槽→钉合或粘合→检验→纸箱成品码放包装→入库。

（四）质量检验要求

瓦楞纸箱的检验分为外观检验、性能检验和型式检验三种方式。

（1）外观检验：包括轻缺陷、重缺陷两种。轻缺陷：标志、印刷、压痕线、刀口、箱钉、接合、裱合、摇盖耐折等。重缺陷：内尺寸、厚度、含水率等。

（2）性能检验：包括边压强度、耐破强度、戳穿强度、粘合强度、抗压强度等。

（3）型式检验：包括堆码试验、垂直跌落试验等全部项目。

（五）产品标准

GB/T 6543—2008 运输包装用单瓦楞纸箱和双瓦楞纸箱

SN/T 0262—1993 出口商品运输包装 瓦楞纸箱检验规程

（六）使用资源、生产环境与排放

生产过程中主要使用电能；纸板生产采用水蒸气加热因而要消耗燃料煤或油、自来水；会有油漆、油墨的溶剂蒸发。

（七）运输储存

纸箱在储运过程中应避免受雨淋、暴晒、潮湿和污染，不得采用有损瓦楞纸箱质量的运输、装卸方式和工具。为节约空间及防止锐器划伤，应折叠层层堆码，贮存在通风干燥的库房内，底层距地面距离不小于 100 mm。短期露天存放时，应有必要的防雨防晒措施。

（八）产品复用性

纸箱可作为各类产品的运输包装容器，具有强度大、尺寸稳定、易于搬运贮存的特点。在不交叉污染条件下，可以有限周转使用。

（九）废弃回收利用

纸箱的主要原料为纸，可以完全回收再生利用。

三、纸盒

（一）简述

纸盒是以瓦楞纸板、白板纸及各类色纸板制成的盒状包装容器。随着市场经济的发展，市场竞争越来越激烈，人们对产品的包装要求越来越高。因此，纸盒包装从过去的以运输包装功能为主逐步发展成为现在的销售包装功能。根据不同产品的特点和要求，采用适宜的材料、合理的结构、合适的尺寸、美观的造型，实现保护产品、美化产品、方便用户、扩大销售的目的。

纸盒的分类方法很多，主要有如下几种：

（1）按纸盒用纸类别分：常见的有瓦楞纸盒、白板纸盒、卡板纸盒、茶板纸盒等。

（2）按纸板薄厚不同来分：常见有薄板纸盒和厚板纸盒两种。

（3）按纸盒形状分：常用的有方形盒、三角形盒、棱形盒、圆形盒、屋顶（脊）形盒、梯形盒及各种异形盒。

（4）按纸盒结构分：常见的有折叠盒、组合盒、固定盒（或粘贴盒）、屋脊盒（或人字屋顶盒）等。

折叠纸盒属于机制纸盒，是纸盒中应用范围最广、结构变化最多的一种销售包装容器。纸盒制成后装入商品前可平板式折叠放置，便于运输贮存，适合大批量机械化生产和机械化包装，成本低效率高。折叠纸盒从成型特性及制造技术上可分为管式折叠纸盒、盘式折叠纸盒和非管非盘式折叠纸盒。管式折叠纸盒用于牙膏、胶卷等日化文教用品、中西药品、糖果等的包装；盘式折叠纸盒用于服装、鞋帽、食品和礼品等的包装；非管非盘式折叠纸盒包括一些带特殊构造的纸盒，如反掀固定结构、间壁结构、组合结构、提手、展示结构等异型纸盒。

粘贴纸盒是用贴面材料和基材纸板粘合裱糊而成。特点是成型后不能折叠展平，贮存运输占用空间大，同时粘贴纸盒为半手工机械化生产，生产效率低。优点是纸盒戳穿强度和压缩强度高。粘贴纸盒的样式有天地盖、糖盘盖、抽屉盖、摇盖式、圆盒和异型盒等。

（5）按纸盒包装结构形式分：主要有直边纸盒（套盒、折叠盒、端部密封盒、锁底盒）、浅盘式盒（即用盒、组装盒）、粘贴（裱糊）纸盒、系列化纸盒（插装盒、锁口盒等）、特种纸盒（兼用纸塑材料）、特殊结构纸盒（有易开、内隔等结构）。

（6）其他分类法：例如按加工方式分为手工纸盒和机制纸盒。

一般国际上通用的、统计中采用较多的是按纸盒结构分类。

（二）材料组成和特性

1. 纸盒用纸板及粘合剂

制作纸盒所用的纸板包括：象牙色纸板、卡纸板、马尼拉纸板、白纸板、草纸板、粗纸板、色纸板和灰纸板等。

用于粘合纸盒糊盒过程的粘合剂为淀粉糊，对人体及环境不具有危害性。

2. 制盒纸板性能基本要求

用纸盒包装的商品种类多种多样，其用途、加工过程也不尽相同，故对制盒纸板的要求也不完全一样。除了对纸盒纸板的基本特性如质量、厚度、水分、表面色度等和纸盒加工特性如印刷作业性能、印刷适应性、冲裁作业工艺性、制盒工艺性等有要求外，纸盒纸容器还要有保护商品、外观装潢及内在性能等。对纸盒纸板性能的主要要求有：适应性、外观、成本和强度等。

（三）生产工艺过程

1. 折叠纸盒的制造工艺

平纸板制盒工艺过程：分切纸板→印刷→剥离落料→成盒。

彩面瓦楞纸板制盒工艺过程：轧瓦→裱里→裁切→模切→剥离落料→成盒。

2. 粘合纸盒的制造工艺过程

切坯→面纸开角→裱贴成盒→干燥→成品。

（四）质量检验要求及产品标准

目前没有制定纸盒的国家标准和行业标准。参考标准：《纸餐盒》（QB/T 2341—1997）。

（五）使用资源、生产环境与排放

生产过程中主要使用电能；纸板生产采用水蒸气加热因而要消耗燃料煤或油、自来水；彩盒印刷会有油漆、油墨的溶剂蒸发。

（六）运输储存

纸盒储运应避免受雨淋、暴晒、潮湿和污染，折叠纸盒可折叠层层堆码，仓储时应高于地面。

（七）产品复用性

纸盒主要用于各类产品的销售包装，或大件物品的内包装，强度有限，在实际中，多为一次性使用。

（八）废弃回收利用

纸盒的主要原料为纸，可以完全回收再生利用。

四、纸袋

（一）简述

纸袋是纸与纸复合材料制成的一种袋式包装容器，在袋类包装中占主导地位，是在包装中使用量仅次于瓦楞纸箱的一大类纸质包装容器。纸袋以纸张为主要原料，除了简便价廉，搬运携带方便，具有较好的强度、耐折性、透湿性、透气性等优点外，还具有优良包装适应性、印刷性和经济性。纸袋作为一种纸容器，其加工成型方便，自动化程度高，容器开启简便，用后废物容易处理，在光和微生物作用下能在短期内自然降解消失。因此，纸袋广泛用于盛装农产品、食品、建筑材料、化工原料、矿产品、文化用品、纺织品及其他杂品等。

常用纸袋可分为以下几类：

（1）按纸袋包装容量大小分，有两大类包装纸袋：一类为小型纸袋，容量在 10 kg 以内，用于消费品包装的纸袋；另一类为大型纸袋，容量在 10 kg 以上，50 kg 以内，用于工业品包装的纸袋。

（2）按纸袋形状可将纸袋分为信封式纸袋（封筒）、平袋、角撑袋（折档袋）、六角形粘贴袋、方底袋、手提式便携袋（购物袋）。

按纸袋的形状也可将纸袋分为 M 型槽纸袋、筒形纸袋、阀式纸袋、开窗袋、锥形袋、夹底袋、立式袋等或分为内瓣缝合袋、外瓣缝合袋、开口折叠缝合袋、开口无折叠缝合袋、内粘瓣袋、外粘瓣袋、开口片底式粘合袋、开口角底粘合袋等。

（3）按纸袋层数分单层纸袋、双层袋、多层袋。

（4）按纸袋开口方式分内瓣式纸袋（又称内阀式）、外瓣式纸袋（又称外阀式）。

（5）按纸袋用途分运输包装纸袋、销售包装纸袋。

（6）其他分类。

（二）材料组成和特性

1. 小型纸袋

小型纸袋所用原料主要有两种：原纸与合成树脂或者两者的合成物。

用于小型纸袋制作的纸张品种主要有牛皮纸、铜版纸、单面涂布白板纸、纸袋纸、单面淋膜纸、半透明纸等。采用的纸张规格主要是卷筒纸。以上纸张的定量一般在 50～200 g/m^2。

2. 大型纸袋

用于大型纸袋制作的纸张品种有牛皮纸和伸性牛皮纸、纸袋纸及伸性纸袋纸、湿强纸、防水防潮纸、特种加工纸（如离型纸）、疏水性加工纸、气相防锈纸、复合纸等。

大型纸袋原料的选择，重点是根据内装物的要求和运输要求来进行，强度是原料选择的最主要因素。

3. 基本特性

小型纸袋具有以下特性：简便性、省时方便、包装操作简单易懂、通用性好、简易的封口性与开口性、促销效果好、搬运携带方便、复用性好。

大型纸袋具有用途广、能适应机械化操作、防滑性能好、节省资源、加工方便、易于实现新技术的引用等特点。

（三）生产工艺过程

不管是小型纸袋还是大型纸袋，其制造技术均向高效率的自动化流水线发展。目前纸袋的制造方法有手工和机械两种，一般小型包装袋采用自动化流水线制造，大型且数量不是很大的复杂纸袋采用半自动化机械进行制造。在纸袋制造中，一般采用胶粘剂进行粘接制袋，复合袋则采用热封的形式替代粘接，大型复杂的夹层纸袋也有采用缝纫的方式进行封口。

小纸袋机制工艺过程：卷筒纸引出→印刷→纸筒成型→袋底成型与粘贴→切断→（封口→）成袋。

大袋纸机制工艺过程：卷筒纸引出→印刷→裁切制袋→袋底封合→成袋。

（四）质量检验要求

纸袋的检验分为外观检验、物理机械性能检验、卫生指标检验和型式检验，具体包括：

（1）外观检验包括：尺寸规格、厚度、印刷质量和外观质量。

（2）物理机械性能检验包括：封口粘合强度、提吊试验、跌落试验。

（3）用于直接包装直接入口的食品袋，其感官指标、理化指标和微生物指标应符合GB 11680—1989的规定。

（4）型式检验：包括外观、厚度等全部项目。

（五）产品标准

BB/T 0039—2006 商品零售包装袋

（六）使用资源、生产环境与排放

生产过程中主要使用电能；纸袋生产采用水蒸气加热因而要消耗燃料煤或油、自来水；会有油漆、油墨的溶剂蒸发。

（七）运输储存

纸袋储运应避免受雨淋、暴晒、潮湿和污染，防止锐器划伤。纸袋本身所占空间小，无论携带、堆码、存放、保管等都很方便。

（八）产品复用性

纸袋是一种复用性最好的包装形态。但由于袋的特殊性，有些纸袋的密封性、缓冲等保护性能较差，需要做预处理。

（九）废弃回收利用

纸袋主要原料为纸，可以完全回收再生利用。

五、纸桶

（一）简述

纸桶也称纸板桶，是具有用纸或纸板加粘合剂的桶身，以及用相同材料或其他材料制造的桶底和桶盖的刚性圆桶，在底和盖之间应具有定位性能以便形成可靠堆积的存储容器。纸桶包装在外贸出口包装中被广泛采用，尤其是在化工、医药等领域。纸桶根据用途不同可分为三级，一级桶用于出口及贵重物品的运输包装；二级桶主要用于内销产品的运输包装；三级桶主要用于短途及廉价商品的运输包装。

（二）主要原料与结构

原料主要有：原纸、胶粘剂、薄铁板、油漆、油墨。

结构组成包括：桶身、桶底、桶盖、铁箍、锁紧箍。

（三）生产工艺过程

纸桶的生产工艺分为几个步骤，首先将原料纸进行裁剪，加入配制好的胶粘剂，用卷筒机卷制桶身再进行烘干，然后将配制好的铁箍伸筋与桶身托卷成型，与桶底托卷上底，将铁箍刷漆、桶身刷漆，最后将已制作好的锁紧箍和上盖与桶身组合，桶身印制商标，便完成了纸桶的制作过程。

其工艺流程为：原料纸→裁剪→卷制桶身→烘干→铁箍伸筋与桶身托卷成型→上底→刷漆→上盖组合→印制商标→检验→入库。

（四）质量检验要求

1．外观

纸桶的外观应符合下述要求：

（1）纸桶应圆整，无明显失圆、凹瘪、歪斜等缺陷。

（2）桶体光滑无机械损伤，无皱褶，无开胶，油漆涂布均匀，无漏涂，无泡，无明显流挂。

（3）圆卷边无纸舌。

（4）桶箍焊接牢固、平整，不得有烧穿或虚焊，无明显锈蚀、剥层和龟裂。

（5）封闭器连接牢固、开启灵活，闭合后桶盖与桶底封闭良好。

（6）镀锌或喷漆的桶箍、封闭器应光亮，无脱落。

（7）印刷图字清晰、均匀，附着牢固，无跑墨。

（8）纸桶内外清洁，无油渍。

2．性能检验

检验项目有垂直冲击跌落试验、堆码试验、抗剪力试验等。试样应按《包装 运输包装件基本试验 第 2 部分：温湿度调节处理》（GB 4857.2—2005）的规定，在温度 23±2℃，相对湿度（50±5）%下预处理 4 h，并在取出后 5 min 内完成试验。

（1）垂直冲击跌落试验方法按 GB 4857.5—1992 规定进行，试验高度 0.8 m。

（2）堆码试验方法按 GB 4857.3—2008 规定进行，堆码质量按下式计算：

$$M_0=K(H/h-1)\times M_1$$

式中：M_0——堆码质量，kg；

M_1——单件包装质量，kg；

H——堆码高度，m；

h——单件包装高度，m；

K——劣变系数，一般取 2。

注：H/h 的值应取整数。

（3）抗剪力试验方法：将桶倒置，桶底朝上，用小于桶底直径 10 mm 的圆木板，放在桶底平面部位上，加静压到 5 000 N，保持 4 h。

（五）产品标准

SN/T 0270—1993　出口商品运输包装 纸板桶检验规程

（六）使用资源、生产环境与排放

生产过程中主要使用电能；生产过程中会有油漆、油墨的溶剂蒸发。

（七）运输储存

纸桶储运应避免受雨淋、暴晒、潮湿和污染，为防止锐器划伤，应纵向堆码，避免交叉码放，仓储时应高于地面。

（八）产品复用性

纸桶作为化工、医药产品的运输包装容器，具有强度大、尺寸稳定、易于搬运贮存等优点。在不交叉污染条件下，可以周转使用。

（九）废弃回收利用

纸桶的主要原料为纸，可以完全回收再生利用。

六、食品纸容器

（一）简述

随着人们生活水平的提高，纸容器在食品包装和日常生活中的使用日益广泛，加上纸容器比塑料容器有更好的环保性，其重要性越来越受人们的重视。食品用的纸容器主要有纸罐、纸杯、纸盘（碟）、纸盒等。如世界著名的利乐液体饮料包装罐、日本盛装鲜牛奶的屋顶纸罐、在居家生活中装茶或咖啡的纸杯等，随用随弃，方便又卫生。此外，纸容器具有良好的印刷和装潢性能，纸罐或纸筒也常用来盛装颗粒状、粉状或片状的食品如茶叶、方糖等。食品用纸容器可分为如下几类：

（1）纸罐类：包括二片型纸罐与管式纸罐两种。

（2）纸杯类：包括冷饮纸杯与热饮纸杯。

（3）纸盘类：包括纸碟。又分为贴合盘、压制盘与纸浆托盘。

（4）纸盒类：包括折叠纸盒和粘贴纸盒。

（5）纸袋类。

（二）材料选择及要求

具体要求是：纸容器所采用的原料——纸张、纸浆、塑料、铝箔、胶粘剂等必须低毒或无毒：纸容器所用的纸张、纸浆或纸板生产必须使用纯净的漂白纸浆，不能采用废纸作为原料，且生产过程中的水质量必须符合《生活饮用水卫生标准》（GB 5749—2006）；

禁止添加荧光增白剂等有害的助剂；纸张或纸板涂蜡必须采用食品级的；用于纸容器印刷的印刷油墨、颜料应符合食品卫生要求，油墨、颜料不得印刷在接触食品里面；车间工艺卫生和职工个人卫生必须符合卫生标准；用于纸容器的铝箔，不得采用回收铝。

（三）生产工艺过程

纸罐、纸杯、纸盘（碟）等食品纸容器的制造方法、工艺过程与纸盒的大致相同，所用加工设备也大同小异，基本包含以下几个步骤：印刷、模切或模压、去除边角料、成型、表面加工处理。

以纸杯的成型制造工艺过程为例：纸坯落料→杯身抱合成型→杯身纵缝封合→杯底成型套合→杯底滚花封合→杯口卷口→成杯。

（四）质量检验要求

1. 纸杯检验

纸杯检验分为：外观检验、性能检验、卫生指标和型式检验四种方式。

外观检验：图案印刷、成型杯。

性能检验：容量、渗漏性能、杯身挺度。

卫生指标：理化指标、微生物指标。

型式检验：包括上述全部检验项目。

标准对产品的卫生指标有严格要求，微生物指标中沙门氏菌、志贺氏菌等致病菌均不得检出。

2. 纸餐盒检验

包括外观检验、物理性能检验、卫生指标检验。

物理性能：定量、厚度、耐折度、耐破度、挺度、环压强度（短距压缩）、亮度、表面吸水、交货水分。

卫生指标：理化指标、微生物指标。

（五）产品标准

QB 2294—2006 纸杯

QB/T 2341—1997 纸餐盒

（六）使用资源、生产环境与排放

生产过程中主要使用电能；纸板生产采用水蒸气加热因而要消耗燃料煤或油、自来水；会有油漆、油墨的溶剂蒸发。

（七）运输储存

食品纸容器储运应注意防尘防潮防霉，注意严防有毒药品和重金属粉尘的污染。直接与产品接触的包装材料必须无毒、无害、无异味、清洁，同时具有足够的密封性和牢固性以保证产品在正常的输运和贮存条件下不被污染。

纸杯在运输过程中应防止重压、摔跌，避免在高温下运输。应贮存在通风、干燥、无化学品及无毒、无污染的仓库内。

纸餐盒如未经启用的批量单品，其存放保质期应不超过1年。

（八）产品复用性

食品纸容器一般为一次性用品，不可重复使用。

（九）废弃回收利用

废弃的食品纸容器原则上可以回收。以纸餐盒为例，废纸餐盒经回收收集后，送到纸厂进行再生处理，利用纸类纤维会吸收水分的原理即可得到纸浆原料，纸浆可拿来做成其他纸类产品，如白纸板、箱纸板等，因纸餐具中通常含有PE薄膜及油脂等杂质，需要较长的散浆时间及过滤处理，纸餐具的得浆率在60%～70%。

七、蜂窝纸板

（一）简述

蜂窝纸板是继具有140多年历史的瓦楞纸板之后又出现的一种新型包装材料。我国在20世纪80年代研究出了蜂窝纸板技术，并相继发展了用纸蜂窝板材料制作的包装箱、托盘等产品。

蜂窝纸板因其特殊的结构组成，具有强度高、承重大、弹性好和质量轻等特点，可广泛应用于产品包装、建筑装修、家具制造、仓储运输及殡葬等行业，尤其适合对机电产品、工艺品等贵重易损物品的包装。另外，在出口商品的包装上若采用纸蜂窝产品，不但可满足使用性能要求，而且可简化出关检疫手续，如免熏蒸处理等，极大地方便了对外贸易工作。

（二）材料组成和特性

蜂窝纸板一般是由特制的植物纤维原纸为基材。一般由两层面纸板与中间蜂窝状纸芯通过胶粘剂粘合而成，具有轻质高强度的特征。面纸一般采用定量不小于120 g/m^{2}的特制面板纸或牛皮箱板纸或其他高强度箱板纸，蜂窝芯纸可采用特制的定量不小于120 g/m^{2}的原纸或较高强度性能的牛皮纸。用于面纸与芯纸粘合的粘合剂为淀粉糊，对人体及环境不具有危害性。蜂窝纸板的厚度一般为7～9 mm，宽度最大为120 mm，长度可连续不断。

1. 蜂窝状纸芯

蜂窝状纸芯是组成蜂窝纸板结构的重要部分，即蜂窝状纸芯一般是由特制的蜂窝原纸首先切成一定规格的纸条，然后通过胶接、拉伸成型、固定等加工工艺而制成。从蜂窝状纸芯的横截面上看，它是一幅连续正六边形网状结构。一般用a表示相邻两个蜂窝的孔间距，即拉伸方向上相邻两蜂窝中心距（mm）；c表示蜂窝的边长，即蜂窝纸芯的正六边形的边长（mm）；d表示蜂窝的内径，即蜂窝纸芯正六边形的内切圆直径（mm）；t表示蜂窝纸芯的高度（mm）。

通常将蜂窝结构中的蜂窝孔径间距a与蜂窝正六边形的内切圆直径d的比值i称为孔

径比，即 $i=a/d$。蜂窝结构孔径比的大小说明了在蜂窝结构成型时的成型好坏。当拉伸得当时，$i=1$，此时为蜂窝成型的理想状态；当拉伸过分时，$i>1$；当拉伸不足时，$i<1$。

蜂窝纸板的面纸厚度、蜂窝芯纸的厚度、蜂窝芯柱的高度和芯柱孔内径都可以根据纸板的不同最终用途而决定。一般来讲，面纸厚度越厚蜂窝芯孔径越小，蜂窝芯柱越高，则蜂窝芯纸越重，而蜂窝纸板的性能就越好。

2. 基本特性

蜂窝纸板具有强度高、弹性大的特点，同时，它的抗压、防震、防潮、隔热性能都很突出，尤其是可回收利用的无污染环保性，使其具有很强的生命力，其优势如下：

（1）强度性能好；

（2）承载能力大；

（3）强度质量比大；

（4）缓冲性能优良；

（5）组织结构呈多相性；

（6）可加工性好；

（7）制造成本适宜；

（8）环保性能好。

由于蜂窝纸板也属于采用植物纤维加工成型的产品，因而一些未经特殊处理的蜂窝纸板也难免存在自身的缺点，主要有以下三点：

（1）纸制箱面板的抗戳穿能力较差；

（2）抗湿功能较差；

（3）装运商品的质量变化较大。

对于那些在蜂窝纸芯两端面采用复合纤维板、三合板的称为 ST 型的蜂窝纸芯复合板箱来说，就可克服上述缺点。

（三）生产工艺过程

蜂窝纸板的制造过程大致可分为蜂窝纸芯制作和蜂窝纸板制作两部分。其中，蜂窝纸芯制作部分又可分为供纸、涂胶、分切、粘合、烘干以及拉伸等环节。而蜂窝纸板复合制成部分可分为面纸供给、面纸涂胶、面纸与蜂窝纸芯粘合、成品烘干以及成品分切等环节。

（四）质量检验要求

蜂窝纸板检验分出厂检验和型式检验。

出厂检验包括：厚度、密度、破损折裂、涂胶、翘曲、切边和脏污。

型式检验包括：含水率、静态弯曲强度、平压强度等全部检验项目。

（五）产品标准

BB/T 0016—2006　包装材料 蜂窝纸板

GB/T 19788—2005　蜂窝纸板箱检测规程

GJB 3839—1999　蜂窝纸板规范

SN/T 0806—1999　出口商品运输包装 蜂窝纸板托盘包装检验规程

（六）使用资源、生产环境与排放

生产过程中主要使用电能；纸板生产采用水蒸气加热因而要消耗燃料煤或油、自来水；会有油漆、油墨的溶剂蒸发。

（七）运输储存

蜂窝纸板在运输过程中应避免受雨淋、暴晒、潮湿和污染。应储存在通风干燥的库房内，底层距地面高度不少于 150 mm。短期露天存放时，必须有良好的防护措施。

（八）产品复用性

蜂窝纸板可根据需要制成包装箱、缓冲衬垫、纸托盘等，具有强度大、尺寸稳定、易于搬运贮存等优点。在不交叉污染条件下，可以周转使用。

（九）废弃回收利用

蜂窝纸板主要原料为纸，可以完全回收再生利用。

八、纸浆模塑

（一）简述

纸浆模塑制品是用可完全回收循环使用的植物纤维浆或废弃纸品做基础材料，采用独特的工艺技术制成的一种广泛用于食（药）品盛放、电气包装、种植育苗、医用器皿、工艺品底坯和易碎品衬垫包装等领域的无污染、科技型绿色环保制品，主要用于农副产品运输包装的鸡蛋托盘、水果托盘和工业产品的防护包装。

纸浆模塑制品以其原料广、无污染、优越的包装性能和可再生的环保特性，被誉为一次性发泡塑料的最佳替代产品。

1．纸浆模塑制品的特点

（1）工艺技术简练实用，生产过程中基本无污染，符合清洁生产的要求。

（2）原料来源广，造价低，主要用废纸或一年生草本植物纤维浆。

（3）强度大，可塑性和缓冲性能好。

（4）质量轻，回收费用低，可反复使用。

（5）保护性、互换性和装潢性能好。

（6）刚度可通过加入防水剂来提高，同时对抗弯和抗撕裂有好处。

（7）透气性好，对生鲜产品的包装有独到的好处。

（8）现代生产技术可实现高速、自动化大批量生产。

（9）具有良好的吸水性、疏水性和隔热性。

2．纸浆模塑制品的分类和应用

（1）分类：按制造方法分，有普通型和精密型；按使用行业分，有工业托盘、垫层类纸浆模塑制品，农用托盘类纸浆模塑制品，食品餐具类及其他专用托盘制品；按具体用途分，有工业产品缓冲包装制品、水果缓冲包装制品、禽蛋类缓冲包装制品、日用品制品和其他制品。

（2）应用：纸浆模塑制品主要用作包装缓冲材料和一次性餐具，前者一般与瓦楞纸箱配套使用，便于长途运输中防振缓冲；后者主要用于代替塑料泡沫餐具。

（二）材料组成和特性

不同的纸浆模塑制品对纤维原料的选用不同。对食品餐具而言，所用的浆料一般是漂白浆，在我国多采用国产的草类浆纤维漂白浆或印刷厂的符合卫生要求的白纸边以降低成本，或采用漂白木浆但成本较高。对于用作包装的纸浆模塑制品一般以废纸为原料，主要是纸箱厂的下脚料和废报纸。

（三）生产工艺过程

以废纸为原料的纸浆模塑制品工艺流程为：废纸分选→水力碎浆→浆料净化→配料（施胶）→浓度调配→制品成型→脱水→干燥→成品捆包。

以漂白浆为原料生产餐具的工艺流程为：漂白纤维浆板→水力碎浆→浆料净化→磨浆→配料→成型→干燥→整型→切边→消毒→包装。

（四）质量检验要求

纸浆模塑蛋托盘的物理性能指标为：水分≤10%，盛水 48 h 不渗漏，受压 830 N 变形量≤3 mm，四个拐角蛋穴孔中分别承受 0.5 kg 砝码保持 1 min 无折裂。各种型号托盘单个凹穴承受质量为：40 型≥60 g、45 型≥65 g、50 型≥70 g。

（五）产品标准

BB/T 0015—1999　纸浆模塑蛋托盘

（六）使用资源、生产环境与排放

生产过程中主要使用电能；干燥过程中采用热封干燥可能消耗燃煤、燃油或燃气。

（七）运输储存

纸浆模塑缓冲制品一般与瓦楞纸箱配合使用，装入产品后装填入纸箱内，然后封盖封箱。储运应避免受雨淋、暴晒、潮湿、污染和剧烈碰撞，应折叠层层堆码，仓储时应高于地面。

（八）产品复用性

纸浆模塑缓冲制品强度大、质量轻、尺寸稳定、易于搬运贮存，可以重复使用。纸浆模塑餐具为一次性制品，不可重复使用。

（九）废弃回收利用

一般的纸浆模塑制品的主要原料即为废纸，可以完全回收再生利用。用作餐具的纸浆模塑制品的原料为漂白浆，再回收过程中应注意。

第四章　复合包装

第一节　复合包装概述

一、复合包装材料的发展

现代包装的快速发展，极大地满足了人们日益增长的生活需要。预包装食品的货架要求以及医药包装要求的提高，促进了新型功能材料的开发应用。单一塑料薄膜已不能满足新型包装要求，而新型功能材料多数不能单独使用，且成本较高，因此，通过复合技术将通用塑料与功能材料结合生产出新型复合包装材料的工艺应运而生并得到不断发展。

复合材料是两种或两种以上的材料复合在一起，形成一体的材料。这种材料克服了原来单一塑料的缺点，保持了原来组分的优良特性，而且还能发挥出复合后所产生的新的特性。包装复合材料多为结构型复合材料，是由基本材料和增强体复合而成的。

包装用复合材料，其基本体一般是塑料，增强体为无机体（如铝箔）或有机纤维材料（如纸张），也有基体和增强体皆为塑料的。

包装复合材料的复合工艺包括基材复合、粘合剂使用等加工工艺。复合用基材是决定复合层膜性质的主要因素。常用的复合基材有各种玻璃纸，高、中、低密度聚乙烯薄膜，拉伸与未拉伸的聚丙烯薄膜，尼龙，聚酯，聚乙烯醇，聚碳酸酯，聚苯乙烯，聚氯乙烯，聚偏二氯乙烯等薄膜。复合用基材的选择取决于复合包装材料的用途、包装物的要求。如食品包装对复合基材的共性要求有：①要无毒、无味、不能污染内包装物；②要具有良好的阻气性，热封性能好，能防潮，防紫外线，耐热性好，在规定的贮存期内保证包装物不变质；③外层基材的强度更高，能耐高温；④成本低廉。

复合包装材料的基本结构是：①印刷装饰外层：应具有良好的印刷适性，以便获得精美的商标图案。②强度支持的基本层（骨架层）：非热塑性或高熔点、尺寸稳定性好，如双向拉伸聚酯（BOPET）、双向拉伸聚丙烯（BOPP）、双向拉伸尼龙（BOPA）、玻璃纸（PT）、纸张等。③特殊功能层：具有阻隔、保温、保鲜、绝缘、防腐等特殊功能的材料，如铝箔、镀铝膜、尼龙、聚偏氯乙烯（PVDC）、聚乙烯醇（PVA）、乙烯-乙烯酸共聚物（EVOH、EVA）等。④封合层：耐热柔软易封口，如低密度聚乙烯（LDPE）、流延聚丙烯（CPP）、乙烯醋酸乙烯聚合物（EVA）等热封内层或冷封涂层。

近年来，复合包装材料发展的趋势已向多样化、多功能、多相复合材料方面发展。据报道，多相复合材料的组成和结构已达到所需要的功能，这是当前研究的趋向。多相复合材料包括：①纤维（或晶须）增强或补强复合材料；②第二相颗粒弥散复合材料；③两（多）相复合材料；④无机物和有机物复合材料；⑤无机物和金属复合材料；⑥梯度功能复合材料；⑦纳米复合材料。

二、复合材料来源

复合包装材料所用原材料的生产需要消耗不可再生的石油资源及能源，有些还非常昂贵。我国塑料原料紧缺，石油储量仅占全球石油储量的大约2%，生产成本高，供不应求。复合包装材料资源较丰富，除塑料外，还有纸、铝等材料，但能耗和成本比较高，一般用于要求比较高的产品包装上。表4-1为目前复合包装塑料薄膜普遍使用的各种基材。

表4-1 符合不同设计要求的基材表

性能	适合的材料
不透明性	铝箔、纸、全版印刷的塑料膜
透明性	玻璃纸、LDPE、OPP、PET等大部分塑料膜
水蒸气阻隔性	铝箔、PVDC、MST、HDPE、PP、LDPE
气体（氧气）阻隔性	铝箔、PVDC、PET、UPVC、NY、玻璃纸
耐高温性	铝箔、NY、PET、HDPE、PP、纸
耐低温性	铝箔、纸、LDPE、HDPE、ION、EVA、PVC、PET、NY、OPP、PVDC
耐油脂性	铝箔、玻璃纸、NY、EVA、HDPE、PP、PET、CA、PVC、PVDC、ION、防油纸
耐封合性	LDPE、ION、EVA、NY、PVC（高频热封）、HDPE、CPP、PVDC
印刷适性	纸、铝箔、玻璃纸、PC、PET、CA、NY表面处理后、ION、EVA、PP、PE特殊油墨、PVC、PS

三、复合工艺特征

塑料复合加工方式有干式复合法、湿式复合法、挤出复合法、热熔复合法和共挤出复合法等数种。

（一）干式复合法

干式复合法是在塑料薄膜上涂布一层溶剂型粘合剂（有单组分热熔型粘合剂或双组分反应型粘合剂），经过覆膜机烘道除去溶剂而干燥，在热压状态下与其他的复合基材（塑料薄膜或铝箔）粘合成复合膜。干式复合法是塑料印刷包装复合材料中最常用的方法。不仅适合塑料薄膜之间的复合（如聚丙烯PP与聚乙烯PE，聚酯PET与聚乙烯PE，尼龙PA与聚乙烯PE等），也可以用于铝箔、纸张等包装材料的复合（如双向拉伸聚丙烯OPP与铝箔Al与聚乙烯PE，玻璃纸MST与铝箔与聚乙烯等）。少则两层、三层，多的四层、五层、六层，根据商品包装的需要可以选择与其相对还的复合材料。

（二）湿式复合法

湿式复合法，是在复合基材（塑料薄膜、铝箔）表面涂布一层水溶性粘合剂，在粘合剂未干的状况下，通过压辊与其他材料（纸、玻璃纸）复合，再经过干燥成为复合膜层。

湿式复合法的特点是，工艺操作简单，粘合剂用量少，成本低，复合速度快，一般为 150～300 m/min，不含残留溶剂。湿式复合工艺适合制作真空包装用的复合薄膜。例如 Al/纸/CPP，PT/纸/Al/LDPE。

（三）挤出复合法

挤出复合法是复合工艺中最常见的一种方法。它用聚乙烯树脂作为粘合剂，用塑料挤出机将聚乙烯树脂或其他树脂加热熔融物挤入一个平片膜具内，再由模具的模口流出片状固化的薄膜后，立即与另一种或两种薄膜通过复合夹辊复合在一起，然后冷却固化。

聚乙烯树脂在挤出复合中既是粘合剂又是复合层，如铝箔与纸用聚乙烯挤出复合，则成为：铝箔/聚乙烯/纸三层复合材料。在挤出复合工艺中，一般可分为单机挤出复合与串机挤出复合。单机挤出复合一般一次可复合三层薄膜，串机复合一次可复合五层薄膜。

（四）热熔复合法

热熔复合法是将聚乙烯-丙烯酸酯共聚物、乙烯-醋酸乙烯共聚物、石蜡放在一起加热熔融，然后涂布在基材上，立即与其他复合材料复合后冷却即成。其优点是复合时间短，无溶剂公害问题，成本低。缺点是耐热性、透明性欠佳。

（五）蜡复合法

蜡复合法是以卫生级微品石蜡作粘合剂，将石蜡放在加热槽中，经电加热器加热，使之熔化呈熔融状态，当卷筒料通过蜡槽时涂上了石蜡，经压辊把两层或两层以上基础材料复合在一起，如纸与铝箔，纸与纸等。

（六）共挤出复合法

多层共挤出复合法，是将多种不同性能的塑料树脂通过多台挤出机共挤进入模具复合成膜。多层共挤出复合是 20 世纪 80 年代先进的塑料加工技术，它有以下几个优点：

（1）加工工艺简单、加工精度高、结构变化灵活、节约能源、成本较低。

（2）多层共挤出复合的塑料层与层之间不使用粘合剂，所以不存在有机溶剂的残留，薄膜无异味，无有害溶剂渗透。适用于食品包装和医疗器具的包装。

（3）多层共挤出复合时，能选择不同性能的塑料树脂，充分利用各种塑料溶脂的良好性能，使复合薄膜具有防潮、防湿、阻气、阻水、耐油、耐溶剂性及热封性等性能。

（七）涂布复合法

涂布复合法，一种将材料溶于溶剂中变成涂布液，然后涂布在经过表面处理的塑料基膜上，干燥后在基材上形成很薄的薄膜并与基材粘合在一起生成复合膜的加工方法。如 PVDC 乳液涂布、PVA 溶液涂布等。

（八）蒸镀复合法

蒸镀复合法是以塑料薄膜为基材与无机材料复合的技术，致密的无机层赋予材料绝佳的阻隔性能。最典型的蒸镀复合技术是在高真空条件下，通过高温将铝线熔化、蒸发，铝蒸气沉淀聚集在塑料薄膜表面，形成35～40 nm的阻隔层，作为基材的塑料一般为PET、PP、PA、PVC 等。由于应用的需要及蒸镀技术的突破，SiO_x 蒸镀膜、Al_2O_3 蒸镀膜以及MgO、TiO_2 等蒸镀膜均得到开发。

四、复合材料结构性能与应用

软包装复合材料是由不同功能的基材层和粘合层形成的层状结构，由于结构不一，组成材料多，且各层基材的厚度变化、制造工艺与方法的不同，使复合包装材料品种很多，性能差异很大。典型的软包装复合材料具有以下结构。

（一）纸塑复合结构

纸基材可作为复合基材与其他基材复合成复合软包装材料。利用纸基材的刚度和强度，提高软包装复合材料的强度，防止材料伸缩变形，降低塑料的弹性，增加复合材料的挺括性；利用纸优良的印刷适应性，作为软包装复合材料的印刷层，美化包装。软包装复合材中的纸基材料定量一般为小于 40 g/m^2，主要包括牛皮纸、玻璃纸、包装纸、羊皮纸、仿羊皮纸等。此外，经压光、涂饰、涂布、漂白、着色等处理过的加工纸张均可作为复合基材。

塑料基材与纸基材相比，具有质量轻、透明性好、柔软美观，防水防潮性能好，化学稳定性好，适度的机械强度和较好的阻隔性能等优点。

纸/塑复合是将纸基印刷品表面复合上一层塑料薄膜，是印刷业常用的复合材料，由纸和塑料经干法或湿法复合而成。它综合了纸张与塑料的优点，防水、耐久、装饰性极强，使文字、图案得到了有效保护。

根据产品包装的需要，可生产两种结构复合材料：纸层/热封塑料层和塑料外层/纸层/热封塑料层。该软包装复合材料具有良好的抗皱性、防潮性、热封性、挺度、美观等特点。主要用于干燥品（食品、药品、化工原料等）包装，也用于礼品外包膜、书刊封面、宣传画。后一种结构比前一种结构多了一层塑料外层，因此具有更好的防潮性、光泽性等。

（二）铝塑复合结构

铝塑复合材料是由铝箔（镀铝层）与高强度、可热封的塑料薄膜进行干法复合而成。该复合材料的主要特点是阻隔性极佳、柔软可折叠、机械强度高、耐油抗腐蚀性及热封性能优良。主要应用于粉状物、易吸湿性物品（如食品、药品、种子等）的防潮包装，采用耐高温塑料或尼龙层及耐高温粘合剂的铝塑复合膜，能承受 120～150℃的高温杀菌处理，用于酱状、糊状、固状的蒸煮食品包装和太空食品包装。

铝塑复合材料根据产品包装要求，常见有三种形式：骨架塑料层/铝层/塑料热封层、骨架塑料层/铝层/功能塑料层/热封塑料层和骨架塑料层/热熔胶挤出层/铝层/热熔胶挤出层/热封塑料层。骨架层塑料是机械强度较高、印刷适应性好的塑料树脂薄膜基材，如 HDPE、BOPP、BOPET 和 NY 等；功能层塑料一般是阻隔性、耐戳穿性等好的塑料树脂薄膜基材，如 PVDC、NY 等；热熔胶挤出层一般是一些热塑性的热熔胶树脂，经挤出机挤出在骨架层塑料与铝层之间或铝层与热封塑料层之间而直接进行粘合，无须涂布粘合剂，所得到的软包装复合材料无溶剂残留问题，环保性、卫生性好，且粘合（复合）强度高。

（三）塑塑复合结构

塑塑复合包装材料是复合包装材料中应用最多的复合材料之一，用不同塑料复合加工制成的包装材料，使各材料取长补短，优势组合。塑塑复合材料根据产品包装要求，常见的有两种形式，骨架层基材塑料/热封层基材塑料和骨架层塑料/功能层塑料/热封层塑料。骨架层塑料一般是机械强度较高、印刷适应性好的塑料树脂薄膜基材，如 HDPE、BOPP、BOPET 等；而功能层塑料一般是阻隔性、耐戳穿性等好的塑料树脂薄膜基材，如 PVDC、NY 和 PE 等。

塑塑复合薄膜按材质可分为普通塑料复合膜：BOPP/CPP、BOPP/PE；一般阻隔塑料复合膜：BOPA/CPP、BOPA/PE、BOPET/PE；高阻隔塑料复合膜：BOPET/VMPET/PE、KPVC、KBOPP、KBOPA、KBOPET（K 为 PVDC 涂层）、PP/PVA/PE、PE/EVOH/PE 等。

复合工艺有：干法复合、湿法复合、热熔复合、共挤复合、无溶剂复合等。

塑塑复合包装材料的主要特点是：有良好的抗拉强度、耐冲击、耐撕裂、柔软性、防潮性、热封性、轻便性、美观性。塑塑复合材料主要用于普通固体、液体物料（食品、药品、日化、购物）的包装。

（四）纸铝塑复合结构

由纸、塑料和铝箔经干法复合而成，其结构为纸层/铝层/热封塑料层。该复合材料的主要特点是：具有优良的密封性、防潮、阻气、遮光、挺度高、成型性好。主要用于干混悬状、粉状、颗粒状的阻气、保干、留香、保味物品的袋式包装，延长食品、药品的保质期。

塑纸塑铝塑复合结构：以纸塑铝干法复合而成 5～6 层结构，介于软薄膜和刚性片材之间，其结构为塑料/纸层/塑料层/铝层/热封塑料层。该复合材料的主要特点是：有优良的阻隔性、密封性、遮光性，有较好的强度，便于无菌灌装自动化生产。主要用于果汁、牛奶保鲜盒，特别适用于冷冻食品的包装。此外还有以纸、铝、塑复合材料与纸板绕成罐身，与塑料盖制成轻便、经济、易开启的复合罐，最适合包装薯片、花生、果仁等休闲小吃。

（五）其他复合结构

纸铝结构：利用铝箔（镀铝层）的防潮、防锈、阻气和光泽效果，使其与纸张经湿法贴合而成。该软包装复合材料的主要特点是：贴纸铝箔因具有很高的柔软性、装饰性和保护性，更好地防潮、防霉、保干和保味，主要用于卷烟、口香糖、巧克力、糖果、烟标、装潢、铝纸压花等高雅包装。

蒸镀膜：SiO_x 镀膜包装材料的生产技术以塑料薄膜或纸为基材，在高真空条件下蒸发非金属无机物（如 SiO_x、SiO_2 等），使之在基材表面附积生成致密均匀、结合牢固的薄膜，起到良好的阻隔层作用。使用前再与其他基材（如纸、塑等）复合，构成一种新型的高阻隔性能包装材料。近年来工业发达国家投入大量的人力物力研究开发这种新型的高阻隔性包装材料。

五、材料安全和环境影响

复合包装材料的工艺较多，有干式复合、湿式复合、挤出复合、热熔复合、共挤复合、蜡复合、无溶剂复合、涂覆膜、镀膜、综合复合等。其中干式复合使用比较广泛，但因为有溶剂残留问题，材料和环境安全不好，现在正被无溶剂复合和共挤复合等复合工艺取代。共挤复合薄膜或片材的卫生性好，无胶粘剂溶剂残留问题，安全性好；不使用AC剂和胶粘剂，无环境污染问题。

（一）纸塑复合

复合胶主要有溶剂型、水基型、热熔型三种。国内主要用溶剂型复合胶，其气味大，污染严重，且有火灾隐患，有机溶剂挥发严重。水基型复合胶性能尚可，无污染，但成本偏高，很难推广。预涂胶最简单、方便，特别适用小批量产品复合。

（二）铝塑复合

铝塑复合材料集合了铝和塑料两种材料的优点，使用更少的不可再生自然资源。铝层和塑料层粘合时，无须涂布胶粘剂，所得到的软包装复合材料无溶剂残留问题，环保性、卫生性好，且粘合（复合）强度高。

（三）塑塑复合

材料的安全性和环境影响性，视生产工艺和材料的选用而有所区别。干式复合存在残留溶剂的异味、安全卫生和环境污染及成本高等问题。干式复合存在安全卫生差、环境污染、成本较高等缺陷，同时醇溶性、水溶性胶粘剂的发展在一定程度上缓减了溶剂型胶粘剂在安全卫生、环境污染、成本方面的压力。由于使用大量溶剂性粘合剂为复合胶，对环境污染及工作人员身体状况有不良影响。共挤复合薄膜或片材的卫生性好，无胶粘剂溶剂残留问题，安全性好；不使用 AC 剂和胶粘剂，无环境污染问题。无溶剂复合在整个生产和使用的全过程无污染，成品无溶剂残留。由于不使用溶剂，生产过程中无爆炸等安全隐患。且因为没有溶剂，薄膜上胶后直接复合，不需烘干，从而节约了大量的电能，成本也相应降低。塑塑复合包装废弃后一般进行焚烧处理，回收能量，焚烧不当，会产生大气污染。

（四）纸铝塑复合

纸铝塑复合材料利用了三种材料的优点，为包装提供更为优越的材料。相对于同样性能的金属、玻璃包装，使用更少的自然资源；但在材料回收方面增加了分离工艺的复杂性，也增加了能源的消耗。

（五）其他复合

其他复合材料有纸铝、木塑、钢塑、陶瓷塑等组合方式，主要结合各种材料性能优势，节省资源。由于材料回收方面增加了分离工艺的复杂性，也增加了能源的消耗。

六、回收利用情况

复合塑料包装材料多为一次性使用的塑料包装，多层塑料复合、塑料与其他材料复合的材料，一般都为不可回收性塑料。复合材料包装废物的产生有两个途径：①由于复合薄膜生产技术复杂，质量要求高，生产过程中难免产生一定数量的废膜、废料及边角料。如一个年生产 500 t 的复合薄膜生产厂，每年约有 100 t 废料产生。全国几百条生产线，废料的数量很大。②使用完毕后形成的复合包装废物，回收率极低。

由于复合包装材料为多层设计，不能剥离，所以回收利用率很差，但相对于金属、玻璃材质而言，复合材料在保证包装应用的情况下，所使用的材料最节约。对于特定的复合材料，如利乐包装等，企业也在研发相关的复合再生产品，如利乐瓦和利乐砖等建材。

复合包装材料的回收可分为四级：一级回收是指采用通常的加工方法把可回收的废旧料（边角料等）加工成与新料性能相同或相近的产品。二级回收是指把废旧料（边角料等）经一种或多种加工方法加工成性能比新料稍差的产品。一、二级用机械手段回收，如破碎、压实、团粒、熔融造粒等。三级回收是指回收废旧料中的化学成分，使之成为单体、化工原料或燃料，用化学手段回收，如水解、热解等。四级回收是指通过焚烧从废旧料中回收能量，采用焚烧方法回收能量。复合包装材料在第一、二级回收的废旧料较少，而在第三级回收还存在很多技术上的问题，现在多为第四级回收。如果不能用第四级回收的材料，只能通过填埋法处理，对环境影响较大。

（一）纸塑复合材料回收

目前国内出现了多种回收处理方法，如以废弃的纸塑复合材料为原料，用有机溶剂溶解分离出纸单体后，进行打浆造纸工序，原料在有有机溶剂的溶解槽内，经加热、搅拌，溶解纸塑复合材料的塑料层，分离纸单体和其他单体层，干燥后，分选出纸片，打浆造纸，将纸塑复合材料的纸面平放置加热板上，通过加热板加热，其加热温度在 150～280℃，加热时间 2～50 s，通过加热使纸塑复合材料上的塑料收缩变形与纸面分离，它可以将过去无法处理的废旧纸塑料袋进行分离，从而使废纸可以再生，利用纸浆造纸。

废旧塑料可再生造粒，注塑成新的塑料产品以一次用纸塑卫生用品的边角废料为原料，利用导热油加热系统，加入适量的化学试剂四氯乙烯，经过搅拌器、分离器等处理，使塑料成分溶解在液体中，再固液分离，然后对固体部分的纸浆进行脱水、干燥处理，对含有塑料的混合液进行蒸馏、干燥处理，分别得到纸浆原料和注塑原料。

国内外也有厂家开始利用其废料中存在的纤维、塑料和粘合剂制成各种纤维板材，这种板材有很高的抗冲击性。从聚乙烯和废纸混合物研制出模塑制品，该方法用加压和摩擦热压使废物形成块状物，用高压使受热塑性塑料流动，覆盖碎纸，此制品可制作家具面板、片材等。比利时公司将含有 PE、PP 及 60%废纸的混合纸塑废料制成地板，有很高的冲击性。

（二）铝塑复合材料回收

在铝塑复合材料中，由于铝的氧化物性质非常稳定，而且，一般的塑料包装都能够耐酸碱侵蚀，普通有机溶剂均不能使其溶解或溶胀，这就给该材料的回收利用带来了较大的难度。但由于铝包装材料具有阻光、阻隔性能优、无毒安全等优点，被广泛应用于各类包装中，因此使用量大，如处理不当，会给环境带来巨大的压力。另外它价格高、货源少，具有较高的回收价值。

国外回收铝塑复合材料的工艺主要是离心分离法和综合机械法，回收工艺比较成熟，但成套设备价格昂贵，针对性强，回收利用的复合材料品种有限，不适合我国的基本国情。而国内多数采用化工法和机械加热揉搓法回收处理，铝箔不能得到充分的回收利用，易产生严重的二次污染。国内采用离心分离法等物理法回收，在塑料和金属的解离方面还存在技术问题。据报道，国内也有厂家开发了一种铝塑自动分离剂，可用于各种铝塑复合包装的分离回收。据介绍，采用铝塑自动分离剂，把废铝塑包装放入容器内，加入水和自动分离剂，铝塑包装会在 20 min 左右将铝塑完全分离，1 t 废铝塑包装可分离出 0.85 t 再生塑胶和 0.1 t 废铝。

（三）塑塑复合材料回收

由于材料为多层复合，不能剥离，所以回收利用率很差。复合塑料包装材料多为一次性使用的塑料包装，一般都为不可回收性塑料。但相对于金属、玻璃材质而言，复合材料在保证包装应用的情况下，所使用的材料最节约。塑塑复合包装废弃后一般进行焚烧处理，回收能量。焚烧不当，会产生大气污染。

（四）纸铝塑复合材料回收

纸铝塑三种材料的复合，给材料的回收利用带来了很大的麻烦。目前国内尚未有比较成熟的工业化回收方法，使得纸铝塑复合材料的回收率较低。

利乐包装中含有 75%的纸、20%的塑料和 5%的铝。优质纸浆纤维可用来造再生纸，能造出高档的复印纸。由于技术的不成熟，国内很多进行软包装回收利用的企业都只是将其中的纸浆分离出来，并没有完全实现软包装的回收价值。铝当中含有大量的塑料，没有完全分离干净，这些铝粒是无法炼出铝锭的。

目前利乐包的回收再利用技术主要有 3 种：水力再生浆技术、塑木技术和彩乐板技术。

（1）水力再生浆技术：将利乐包中的纸浆分离出来，生产瓦楞纸板、纸巾和纸箱等；将利乐包中的塑料和铝成分挤压成粒，成为生产塑料和铝制品的很好原料。

（2）塑木技术：利乐包本身含有优质的纸质纤维和塑料，把它们碾碎挤压，生产出成本低廉、美观耐用的塑木产品，如屋顶瓦片、汽车用的防护板和办公家具板材等。同时，它也是室内家具、室外园艺设施、工业托盘的好原料。

（3）彩乐板技术：将废弃的利乐包直接粉碎、热压处理，制成彩乐板。彩乐板可以制成多种产品，如广告招牌、果皮箱等城市设施，既美观耐用又成本低廉。

第二节　复合包装材料和制品的分类

一、复合包装材料

用纸、铝或塑料等两种或两种以上的不同材料经复合加工制成的包装材料。具有较高的力学强度、阻隔性、密封性、避光性、卫生性等。按工艺可分为湿式复合、干式复合和热溶复合；按材质可分为纸塑复合材料、铝塑复合材料、塑塑复合材料、纸铝塑复合材料。

（一）纸塑复合材料

用纸和塑料的不同材料经复合加工制成的包装材料。按材质可分为纸/PE、纸/PET、纸/PS、纸/PP 等，一般采用湿式复合工艺。

（二）铝塑复合材料

用铝和塑料的不同材料经复合加工制成的包装材料。按材质可分为铝箔/PE、铝箔/PET、铝箔/PP 等，一般采用干式复合工艺。

（三）塑塑复合材料

用不同塑料复合加工制成的包装材料。按材质可分为普通塑料复合膜：BOPP/CPP、BOPP/PE；一般阻隔塑料复合膜：BOPA/CPP、BOPA/PE、BOPET/PE；高阻隔塑料复合膜：BOPET/VMPET/PE、KPVC、KBOPP、KBOPA、KBOPET（K 为 PVDC 涂层）、PP/PVA/PE、PE/EVOH/PE 等。复合工艺有：干式复合、湿式涂布复合、热熔共挤复合等。

（四）纸铝塑复合材料

用纸、铝和塑料的不同材料经复合加工制成的包装材料。按材质可分为纸/铝箔/PE、纸/PE/铝箔/PE 等，一般采用热溶复合工艺。

（五）其他复合材料

新型功能材料开发及材料资源化利用产生了各种新材料，如塑料蒸镀膜、纸纸（夹心纸）、纸铝、钢塑复合材料等。

二、复合包装制品

用复合材料经粘合、热合等加工制成的包装袋、容器。具有质量轻、防水、抗油、耐热、耐压、耐腐蚀、保鲜、较高强度和机械力学性能等。按材质可分为纸塑复合包装袋、容器；铝塑复合包装袋、容器；塑塑复合包装袋；纸铝塑复合包装袋、容器；其他复合包装制品。

（一）纸塑复合包装制品

由纸塑复合材料经加工制成的包装制品。按形状可分为纸塑复合袋、纸塑复合罐、纸塑复合食品容器（杯、碗、碟和餐盒等）。典型产品包括：

- 纸塑复合袋；
- 液体食品无菌包装用纸基复合材料（纸塑结构）；
- 圆柱形复合罐；
- 淋膜纸餐具（杯、碗、碟、盘等）。

（二）铝塑复合包装制品

由铝塑复合材料经加工制成的包装制品。按形状可分为铝塑复合袋、包装用镀铝薄膜及复合膜袋、铝塑复合软管、铝塑泡罩包装等。典型产品包括：

- 榨菜包装用复合膜、袋；
- 耐蒸煮复合膜、袋；
- 液体食品无菌包装用复合袋；
- 包装用镀铝薄膜及复合膜袋；
- 铝塑复合软管；
- 铝塑泡罩包装。

（三）塑塑复合包装制品

由不同塑料复合后加工制成的包装制品。其形状主要为复合塑料包装袋、复合塑料片材、复合塑料软管、复合塑料中空容器。典型产品包括：

- 耐蒸煮复合膜、袋；
- 双向拉伸聚丙烯（BOPP）/低密度聚乙烯（LDPE）复合膜、袋；
- 双向拉伸尼龙（BOPA）/低密度聚乙烯（LDPE）复合膜、袋；
- 聚偏二氯乙烯（PVDC）涂布薄膜；
- 液体食品包装用塑料复合膜、袋；
- 液体食品无菌包装用复合袋；
- 多层共挤复合包装膜、袋；
- 其他多层复合膜袋；
- 复合片材；
- 复合塑料编织袋；
- 复合塑料软管；
- 复合塑料中空容器。

（四）纸铝塑复合材料制品

由纸铝塑复合材料经加工制成的包装制品。按形状可分为纸铝塑复合袋、纸铝塑复合筒、纸铝塑复合包（如利乐包、康美包、屋顶包等）。典型产品包括：

- 液体食品无菌包装用纸基复合材料；
- 液体食品保鲜包装用纸基复合材料（屋顶包）；
- 圆柱形复合罐。

（五）其他复合材料制品

有塑料蒸镀膜、木塑、钢塑等复合材料制品。典型产品包括：

- SiO_x蒸镀膜；
- 陶瓷蒸镀膜；
- 钢塑复合桶；

➢ 木塑托盘等。

第三节 复合包装材料、制品及其废物特性

一、纸塑复合包装材料及制品

典型产品：纸塑复合袋，液体食品无菌包装用纸基复合材料，圆柱形复合罐，淋膜纸餐具（杯、碗、碟、盘等）。

（一）纸塑复合袋

1．基本配方及其结构

纸塑复合袋大多选用牛皮纸、箱纸板、瓦楞原纸等挺度较好的纸基材。塑料薄膜大多选用聚乙烯、聚酯和聚丙烯膜等。

2．生产工艺流程

纸塑复合材料由纸和塑料经干法或湿法复合而成，后经制袋过程制成纸塑复合袋。

生产工艺流程为：原纸→淋膜→印刷→涂蜡或覆膜→分切→制袋→包装。

3．使用资源、生产环境与排放

使用资源：电能、循环水。

生产环境：噪声、高温。

4．产品主要指标

拉断力（纵、横向），热封强度，剥离强度等。

5．产品标准

BB/T 0021—2001 环保型沥青软包装袋

GB 9774—2002 水泥包装袋

BB/T 0039—2006 商品零售包装袋

6．产品用途

纸塑复合袋是盛装化肥、农药、水泥、粮食等粉状、粒状产品的理想包装容器，其盛装范围一般在 20～50 kg，具有便于装卸、堆码、搬运和储存的特点。

7．产品复用性

一次使用后废弃。

8．废物回收途径

纸塑复合容器在经过一年多的自然老化即可成为粉末，因为纸质有良好的吸水性，并长期自然老化，很容易被溶于水中，纸容器上的塑料涂膜很薄，比较容易老化降解。

纸塑分离循环使用，粉碎分离法：复合纸破碎→配料混合→挤出塑化→脱模。

（二）液体食品无菌包装用纸基复合材料（纸塑结构）

1．基本配方及其结构

以原纸为基体，与塑料或其他阻透材料等经复合而成，以卷筒形式或以包装容器半成品形式供应的供无菌灌装液体食品用的材料。

2. 生产工艺流程

纸塑复合产品由纸和塑料经干法复合而成，经压痕、分切、对接折叠制成纸塑复合包装纸盒。

生产工艺流程为：原纸→淋膜→印刷→涂蜡或覆膜→压痕→分切→对接折叠成型→包装。

3. 使用资源、生产环境与排放

使用资源：电能、循环水。

生产环境：噪声、高温。

4. 产品主要指标

拉断力（纵、横向），封合强度，内层塑料膜剥离强度，挺度，氧气透过率等。

5. 产品标准

GB 9683—1988　复合食品包装袋卫生标准

GB/T18192—2008　液体食品无菌包装用纸基复合材料

6. 产品用途

以包装容器半成品形式供无菌灌装液体食品用，如酸奶、水果饮料等。

7. 产品复用性

一次使用后废弃。

8. 废物回收途径

纸塑复合容器在经过一年多的自然老化即可成为粉末，因为纸质有良好的吸水性，并长期自然老化，很容易被溶于水中，纸容器上的塑料涂膜很薄，比较容易老化降解。

纸塑分离循环使用，粉碎分离法：复合纸破碎→配料混合→挤出塑化→脱模。

（三）圆柱形复合罐（纸塑复合罐）

1. 基本配方及其结构

根据使用强度要求不同，绕制纸罐罐体大多用牛皮纸、箱纸板、瓦楞原纸，外面一层作为标签，一般选用适印性能较好的涂布胶版印刷纸。为了绕制方便，一般事先按复合纸筒规格将复合纸切成卷盘纸。塑料薄膜大多选用聚乙烯、聚酯和聚丙烯膜，也可根据产品要求选用其他适合的塑料膜。

2. 生产工艺流程

纸塑复合材料由纸和塑料经干法或湿法复合而成，复合胶主要有溶剂型、水基型、热熔型三种。复合罐的筒体成型法有两种，螺旋式卷绕法与回旋式卷绕法。

生产工艺流程为：原纸→复合塑膜→卷管→切割→贴标→成型→包装。

3. 使用资源、生产环境与排放

使用资源：电能、循环水。

生产环境：噪声、高温、有机溶剂挥发。

4. 产品主要指标

端盖脱离力，轴向压溃力，快速泄漏等。

5. 产品标准

GB/T 10440—2008　圆柱形复合罐

6．应用范围

纸塑复合罐阻隔性好、耐水耐油，广泛应用于食品、油脂及其他膏状、液状物料的包装。

7．产品复用性

一次使用后废弃。

8．废物回收途径

纸塑复合容器在经过一年多的自然老化即可成为粉末，因为纸质有良好的吸水性，并长期自然老化，很容易被溶于水中，纸容器上的塑料涂膜很薄，比较容易老化降解。

纸塑分离循环使用，粉碎分离法：复合纸破碎→配料混合→挤出塑化→脱模。

（四）纸塑复合食品容器（杯、碗、碟和餐盒等）

纸塑复合食品容器包括淋膜纸杯、纸碗、餐盒等，原料及生产工艺过程相似，成型工艺略有不同。

1．基本配方及其结构

纸板容器的质量主要取决于专用纸板质量的优劣。纸板按结构可分为卡纸型和夹心卡纸型两种。为提高容器防水性能需对纸板进行涂塑处理，一般采用聚乙烯挤出涂塑，或叫淋膜。纸板可单面淋膜，也可双面淋膜。用涂覆聚乙烯防水膜的纸板加工制成容器，有淋膜纸杯和淋膜纸餐盒等。

2．生产工艺流程

纸板→淋膜→印刷→覆膜→模切→成型→包装。

3．使用资源、生产环境与排放

使用资源：电能、循环水。

生产环境：噪声、高温、有机溶剂挥发。

4．产品主要指标

卫生指标（铅、砷含量，微生物指标，蒸发残渣，脱色试验等）；荧光性物质含量；耐温性能（耐水、耐油）；挺度或负重性能等。

5．产品质量标准

QB 2294—2006　纸杯

QB/T 2341—1997　纸餐盒

6．产品用途

纸塑复合食品容器耐水耐油，杯、碗、碟和餐盒等一般用于液体饮料食品的一次性包装使用。

7．产品复用性

一次使用后废弃。

8．废物回收途径

纸塑复合容器在经过一年多的自然老化即可成为粉末，因为纸质有良好的吸水性，并长期自然老化，很容易被溶于水中，纸容器上的塑料涂膜很薄，比较容易老化降解。

纸塑分离循环使用，粉碎分离法：复合纸破碎→配料混合→挤出塑化→脱模。

二、铝塑复合包装材料及制品

典型产品：榨菜包装用复合膜、袋，耐蒸煮复合膜、袋，包装用镀铝薄膜及复合膜袋，液体食品无菌包装用复合袋，铝塑复合软管，铝塑泡罩包装。

（一）榨菜包装用复合膜、袋

1．基本配方及其结构

以双向拉伸聚丙烯薄膜（BOPP）、铝箔（Al）、低密度聚乙烯（LDPE）为主要原料，经干式或挤出复合制成的榨菜包装复合膜、袋。

按生产工艺不同，膜、袋的材料结构和材料厚度不同，分为三类（表 4-2）。

表 4-2　榨菜包装用复合膜、袋的材料结构种类

类别	A	B	C
材料结构	BOPP//AL//LDPE	BOPP//AL/LDPE	BOPP//LDPE/AL/LDPE
材料厚度/μm	20//7～9//40～80	20//7～9/50～80	20//10～20/7～9/50～80

注：表中“//”符号表示干式复合；“/”符号表示挤出复合。

2．生产工艺流程

铝塑层合：铝箔卷→表面处理→覆聚乙烯膜→分切→收卷。

复合工艺：面膜放卷→表面处理及印刷→凹眼涂布辊涂布→烘道烘干→复合辊压贴层合→产品收卷→产品熟化。

制袋工艺：复合膜卷→裁切→热合→成型→包装。

3．使用资源、生产环境与排放

使用资源：电能、冷却循环水。

生产环境：噪声、高温、有机溶剂挥发。

4．产品主要指标

拉断力，断裂伸长率，剥离力，热合强度，水蒸气透过量，氧气透过量等。

5．产品标准

QB 2197—1996　榨菜包装用复合膜、袋

GB 9683—1988　复合食品包装袋卫生标准

6．产品用途

以双向拉伸聚丙烯薄膜、铝箔、低密度聚乙烯为主要原料的复合膜主要用于榨菜、风味食品等的包装。

7．产品复用性

一次使用后废弃。

8．废物回收途径

一般按垃圾处理。分类后可采用离心分离法、综合机械法、化工法和机械加热揉搓法等进行回收使用。

（二）耐蒸煮复合膜、袋

1. 基本配方及其结构

耐蒸煮复合膜袋分为两种：透明类和铝箔类。铝箔类有 PET/Al/CPP、PA/Al/CPP、PET/PA/Al/CPP、PET/Al/PA/CPP。

产品按结构分为三类：A 类 PA/CPP、PET/CPP；B 类 PA/Al/CPP、PET/Al/CPP；C 类 PET/PA/Al/CPP、PET/Al/PA/CPP。

复合袋分为三边封袋、自立袋。厚度范围：PET 12 μm、Al 7～14 μm、BOPA 15 μm、CPP 60～80 μm。

2. 生产工艺流程

复合工艺：面膜放卷→表面处理及印刷→凹眼涂布辊涂布→烘道烘干→复合辊压贴层合→产品收卷→产品熟化。

制袋工艺：复合膜卷→裁切→热合→成型→包装。

3. 使用资源、生产环境与排放

使用资源：电能、循环水。

生产环境：噪声、高温、有机溶剂挥发。

4. 产品主要指标

拉断力，断裂伸长率，撕裂力，剥离力，热合强度，抗摆锤冲击性能，水蒸气透过量，氧气透过量，卫生性能（蒸发残渣、高锰酸钾消耗量、重金属、脱色试验）等。

5. 产品质量标准

GB 9683—1988 复合食品包装袋卫生标准

GB/T 10004—2008 包装用塑料复合膜、袋 干法复合、挤出复合

6. 应用范围

耐蒸煮复合膜、袋是以聚酯（PET）、聚丙烯（PP）、尼龙（PA）薄膜和铝箔（Al）为基材，经干法复合而制成的复合膜、袋。PET 耐高温、刚性好、印刷性好、强度大。PA 耐高温、强度大、柔韧性、阻隔性好、耐穿刺。Al 最佳阻隔性，耐高温。CPP 为耐高温蒸煮级，热封性好，无毒、无味。透明袋大多用于 100～121℃蒸煮，Al 箔袋可用于 135℃超高温蒸煮。产品主要用于肉类、禽类等包装，要求包装阻隔性好，耐刺破，耐 121℃蒸煮的食品包装。

7. 产品复用性

一次使用后废弃。

8. 废物回收途径

一般按垃圾处理。分类后可采用离心分离法、综合机械法、化工法和机械加热揉搓法等进行回收使用。

（三）包装用镀铝薄膜及复合膜袋

1. 基本配方及其结构

镀铝厚度 400～600Å 的塑料薄膜。塑料基材一般有 BOPP、BOPET、CPP。

镀铝复合膜主要产品结构为：PET/VMPET/PE、BOPP/VMPET/PE、BOPP/VMCPP 等。

2．生产工艺流程

在高真空度下，把低沸点的金属，如铝，熔融气化并堆积在冷却鼓上的塑料薄膜上，形成一层具有良好金属光泽的镀铝膜。镀铝厚度 400～600 Å，可大大提高基材的阻氧性、阻湿性。基材要经电晕处理，用溶胶涂布。

镀铝工艺：膜卷→镀铝→产品收卷。

复合工艺：面膜放卷→表面处理及印刷→凹眼涂布辊涂布→烘道烘干→复合辊压贴层合→分切→产品收卷→产品熟化。

制袋工艺：复合膜卷→（或加内衬膜）→裁切→热合→成型→包装。

3．使用资源、生产环境与排放

使用资源：电能、循环水。

生产环境：噪声、高温、有机溶剂挥发。

4．产品主要指标

拉断力（纵、横向），断裂伸长率（纵、横向），剥离力，水蒸气透过量，氧气透过量等。

5．产品标准

BB/T 0030—2004　包装用镀铝薄膜

GB/T 18454—2001　液体食品无菌包装用复合袋

GB/T 18192—2008　液体食用无菌包装用纸复合材料

YBB 0019—2004　双向拉伸聚丙烯/真空镀铝流延聚丙烯药品包装用复合膜、袋（试行）

6．产品用途

用于避光、阻气、阻水的食品或药品的包装。

7．产品复用性

一次使用后废弃。

8．废物回收途径

社会自然回收，焚烧法处理。

（四）液体食品无菌包装用复合袋

1．基本配方及其结构

由塑料与塑料或塑料与铝箔复合制成的、带内衬或不带内衬的、经过灭菌的、供液体食品包装用的包装袋。

铝塑复合结构一般为：BOPET/Al/PE、BOPA/Al/PE。PET/Al/PE 可用于包装用复合膜、袋。

2．生产工艺

铝塑层合：铝箔卷→表面处理→覆聚乙烯膜→分切→收卷。

复合工艺：面膜放卷→表面处理及印刷→凹眼涂布辊涂布→烘道烘干→复合辊压贴层合→分切→产品收卷→产品熟化。

制袋工艺：复合膜放卷→冲孔→放置罐装口→罐装口热合→封边→封底→切断→检验→灭菌→包装。

3．使用资源、生产环境与排放

使用资源：电能、循环水。

生产环境：噪声、高温。

4．产品主要指标

拉断力（纵、横向），断裂伸长率（纵、横向），剥离力，热合强度，水蒸气透过量，氧气透过量等。

5．产品标准

GB 18454—2001　液体食品无菌包装用复合袋

YBB 0017—2002　聚酯/铝/聚乙烯药品包装用复合膜、袋（试行）

YBB 0020—2004　玻璃纸/铝/聚乙烯药品包装用复合膜、袋（试行）

6．产品用途

产品用于可以在管道中流动的液态食品包括液体中带颗粒的和酱状的食品（如果酱、番茄酱）等包装。PET/Al/PE 可用于包装用复合膜、袋。

7．产品复用性

一次使用后废弃。

8．废物回收途径

社会自然回收，焚烧法处理。分类后可采用离心分离法、综合机械法、化工法和机械加热揉搓法等进行回收使用。

（五）铝塑复合软管

1．基本配方及其结构

铝塑复合软管是以铝箔、塑料或树脂为基材，经一定的复合方法制成铝箔复合带，再由专门的制管机加工成管状半刚性包装制品，是全铝软管的更新换代产品。

2．生产工艺流程

铝塑复合软管采用共挤工艺复合，无需胶粘剂，是一种清洁化生产工艺。

生产工艺流程为：铝箔→印刷干燥→双面挤出涂塑→分切→卷管→成型。

3．使用资源、生产环境与排放

使用资源：电能、循环水。

生产环境：噪声、高温、有机溶剂挥发。

4．产品主要指标

拉断强度，热合强度，透油性，乙醇透过量，剥离强度，水蒸气透过量，氧气透过量等。

5．产品质量标准

QB/T 2901—2007　牙膏用铝塑复合软管

YBB 0025—2005　复合聚乙烯/铝/聚乙烯药用软膏管（试行）

英国标准：BS EN 788—1994　运输食品用的口袋 复合薄膜材料制的软管状提袋

6．应用范围

主要用于半固体（膏体、露体、胶体）小容量密封包装，如果冻、果酱、牙膏、化妆品、药膏、鞋油以及颜料、润滑剂、胶粘剂等。

7．产品复用性

一次使用后废弃。

8．废物回收途径

社会自然回收，焚烧法处理。分类后可采用离心分离法、综合机械法、化工法和机械加热揉搓法等进行回收使用。

（六）铝塑复合泡罩包装

1．基本配方及其结构

铝塑泡罩包装由阻隔性塑料泡眼硬片（硬质PVC）和铝箔粘合制成。

2．生产工艺流程

泡罩包装采用的铝箔是密封在塑料硬片上的封口材料，铝箔盖材在与塑料硬片密封前要在专用的印刷涂布机上印制文字图案，并涂以保护剂，在铝箔的另一面涂以胶粘剂与塑料硬片粘合。

盖材工艺：铝箔卷→印刷→干燥→涂保护层→干燥→涂粘合剂→干燥→分切→收卷。

复合工艺：塑料硬片→泡眼成型→冷却→药片填装→加盖材热压成型→冲切板块→包装。

3．使用资源、生产环境与排放

使用资源：电能、循环水。

生产环境：噪声、高温。

4．产品主要指标

抗拉强度，破裂强度，表面张力，热封强度，水蒸气透过量，氧气透过量等。

5．产品质量标准

YBB 0015—2002　药品包装用铝箔（试行）

YBB 0018—2004　铝/聚乙烯冷成型固体药用复合硬片（试行）

YBB 0022—2005　聚氯乙烯/聚偏二氯乙烯固体药用复合硬片

YBB 0023—2005　聚氯乙烯/低密度聚乙烯固体药用复合硬片

6．应用范围

铝塑泡罩包装材料除用于片剂、胶囊的包装外，还将用于针剂等药品的外包装，是一种极具发展潜力的新型包装材料。

7．产品复用性

一次使用后废弃。

8．废物回收途径

社会自然回收，焚烧法处理。分类后可采用离心分离法、综合机械法、化工法和机械加热揉搓法等进行回收使用。

三、塑塑复合包装材料及制品

按产品形状可分为复合膜袋、复合片材、复合容器。典型包装产品有：

复合膜袋：耐蒸煮复合膜、袋，双向拉伸聚丙烯（BOPP）/低密度聚乙烯（LDPE）复合膜、袋，双向拉伸尼龙（BOPA）/低密度聚乙烯（LDPE）复合膜、袋，聚偏二氯乙烯（PVDC）涂布薄膜，液体食品包装用塑料复合膜、袋，液体食品无菌包装用复合袋，多层共挤复合包装膜、袋，其他多层复合膜袋。

复合片材：共挤复合片材、干式复合或涂布复合片材。

复合容器：复合塑料编织袋，复合塑料软管，复合塑料容器。

（一）耐蒸煮复合膜袋

1．基本配方及其结构

蒸煮袋复合膜袋分为两种：透明类和铝箔类。

塑塑蒸煮袋复合膜袋都是透明类，有 BOPA/CPP，PET/CPP，PET/BOPA/CPP，BOPA/PVDC/CPP，PET/PVDC/CPP，GL-PET/BOPA/CPP。其中，PET 耐高温、刚性好、印刷性好、强度大；PA 耐高温、强度大、柔韧性、阻隔性好、耐穿刺；CPP 为耐高温蒸煮级，热封性好，无毒、无味；PVDC 是耐高温阻隔材料。透明袋大多用于 100～121℃蒸煮。

2．生产工艺流程

主要为干式复合，其生产工艺流程包括涂胶、烘干、复合、固化四个部分。

复合工艺：面层薄膜 BOPA 或 PET 放卷→凹眼网纹辊涂胶→加热烘道干燥→复合辊上同另一基材或层合品压贴复合→收卷→熟化。

制袋工艺：复合膜卷→分切→制袋→产品包装。

3．使用资源、生产环境与排放

使用资源：电能、循环水。

生产环境：噪声、高温。

4．产品主要指标

拉断力，断裂伸长率，撕裂力，剥离力，热合强度，抗摆锤冲击性能，水蒸气透过量，氧气透过量，卫生性能（蒸发残渣、高锰酸钾消耗量、重金属、脱色试验），溶剂残留量等。

5．产品质量标准

GB 9683—1988　复合食品包装袋卫生标准

GB/T 10004—2008　包装用塑料复合膜、袋 干法复合、挤出复合

6．应用范围

耐蒸煮塑塑复合膜、袋是以聚酯、聚丙烯和尼龙薄膜为基材，经干法复合而制成的复合膜、袋。产品主要用于肉类、禽类等包装。要求包装阻隔性好，耐刺破，耐 121℃蒸煮。

7．产品复用性

一次使用后废弃。

8．废物回收途径

社会自然回收，焚烧法处理。

（二）双向拉伸聚丙烯（BOPP）/低密度聚乙烯（LDPE）复合膜、袋

1．基本配方及其结构

产品按内层 LDPE 不同厚度分为三类，见表 4-3。

表 4-3 BOPP/LDPE 复合膜、袋的材料结构种类

分类		A	B	C
厚度/mm	BOPP	≥0.018		
	LDPE	>0.050	0.041～0.050	0.020～0.040

2．生产工艺流程

生产工艺有三种方法：BOPP 上 AC 剂挤出涂布 PE；BOPP 上 AC 剂以 PE 为粘合剂与另一层 PE 膜挤出复合；BOPP 上 AC 剂后共挤出复合，如复合 LDPE/MDPE/MPE 层，提高性能。

复合工艺：双向拉伸聚丙烯膜→表面电晕处理→印刷→凹眼网纹辊涂锚涂剂→加热烘道干燥→复合辊上同另一基材压贴复合（或挤出涂覆聚乙烯→冷却）→收卷→熟化。

制袋工艺：复合膜卷→分切→制袋→包装。

3．使用资源、生产环境与排放

使用资源：电能、循环水。

生产环境：噪声、高温、有机溶剂挥发。

4．产品主要指标

拉断力，断裂伸长率，撕裂力，剥离力，热合强度，抗摆锤冲击性能，水蒸气透过量，氧气透过量，卫生性能（蒸发残渣、高锰酸钾消耗量、重金属、脱色试验），溶剂残留量等。

5．产品质量标准

GB 9683—1988 复合食品包装袋卫生标准

GB/T 10004—2008 包装用塑料复合膜、袋 干法复合、挤出复合

YBB 0018—2002 聚酯/低密度聚乙烯药品包装用复合薄膜、袋（试行）

YBB 0019—2002 双向拉伸聚丙烯/低密度聚乙烯药品包装用复合薄膜、袋（试行）

6．应用范围

以双向拉伸聚丙烯/低密度聚乙烯为基材经干式挤出复合的膜、袋，产品主要用于食品、药品、日化产品等轻型包装。

7．产品复用性

一次使用后废弃。

8．废物回收途径

社会自然回收，焚烧法处理。

（三）双向拉伸尼龙（BOPA）/低密度聚乙烯（LDPE）复合膜、袋

1．基本配方及其结构

双向拉伸尼龙（BOPA）/低密度聚乙烯（LDPE）复合膜、袋由双向拉伸尼龙膜与低密度聚乙烯树脂或膜，经挤出复合而制成。产品按厚度分为两类，见表 4-4。

表 4-4 BOPA/ LDPE 复合膜、袋的材料结构种类

材料	厚度/mm	
	A 类	B 类
BOPA	0.015	0.015
LDPE	>0.050	≤0.050

膜为卷筒；袋按封口形式分为U形袋、L形袋或T形袋。

2. 生产工艺流程

复合工艺：双向拉伸尼龙膜→表面电晕处理→印刷→凹眼网纹辊涂锚涂剂→加热烘道干燥→复合辊上同另一基材压贴复合（或挤出涂覆聚乙烯→冷却）→收卷→熟化。

制袋工艺：复合膜卷→分切→制袋→包装。

3. 使用资源、生产环境与排放

使用资源：电能、循环水。

生产环境：噪声、高温、有机溶剂挥发。

4. 产品主要指标

拉断力，断裂伸长率，直角断裂力，层间剥离力，封口剥离力，抗摆锤冲击性能，氧气透过量，水蒸气透过量，卫生性能（蒸发残渣、高锰酸钾消耗量、重金属、脱色试验）。

5. 产品质量标准

QB/T 1871—1993　双向拉伸尼龙/低密度聚乙烯复合膜、袋

YBB 0018—2002　聚酯/低密度聚乙烯药品包装用复合薄膜、袋（试行）

6. 应用范围

BOPA/LDPE 复合膜、袋主要用于抽空、换气、冷冻、低温灭菌包装和一般包装用膜及袋。BOPET/LDPE 复合膜可用于食品、医药产品包装。

7. 产品复用性

一次使用后废弃。

8. 废物回收途径

社会自然回收，焚烧法处理。

（四）聚偏二氯乙烯（PVDC）涂布薄膜

1. 基本配方及其结构

主要结构为：BOPP/PVDC、BOPET/PVDC、BOPA/PVDC，简称KPP、KPET、KPA。

2. 生产工艺流程

聚偏二氯乙烯涂布薄膜是以 PVDC 乳液为涂布主要原料，以双向拉伸聚丙烯薄膜（BOPP）或双向拉伸聚酯（BOPET）、双向拉伸尼龙（BOPA）薄膜等材料为基材而制得的涂布薄膜。生产工艺为：基材膜卷→表面处理→涂 PVDC 乳液→烘道干燥→分切→收卷。

3. 使用资源、生产环境与排放

使用资源：电能、循环水。

生产环境：噪声、高温。

4. 产品主要指标

拉伸强度，断裂伸长率，热收缩率，雾度，动摩擦系数（涂层/涂层）；润湿张力（涂层面），热封强度，氧气透过量，水蒸气透过量。与食品直接接触的产品，其卫生性能应符合表4-5要求。

表 4-5 聚偏二氯乙烯（PVDC）涂布薄膜的卫生性能指标

项目		指标
偏氯乙烯单体/（mg/kg）		≤5
氯乙烯单体/（mg/kg）		≤0.5
蒸发残留	蒸馏水（60℃，2 h）/（mg/L）	≤30
	4%乙酸（60℃，2 h）/（mg/L）	≤30
	20%乙醇（20℃，2 h）/（mg/L）	≤30
	正己烷（20℃，2 h）/（mg/L）	≤30
高锰酸钾消耗量（蒸馏水 60℃，2 h）/（mg/L）		≤10
重金属（4%乙酸）/（mg/L）		≤1

5．产品质量标准

BB/T 0012—2008 聚偏二氯乙烯（PVDC）涂布薄膜

6．产品用途

该产品为复合膜中间产品，与其他材料进行复合生产高阻隔复合膜，可用于食品包装。

7．产品复用性

一次性使用后废弃。

8．废物回收途径

社会自然回收，焚烧法处理。由于含氯，焚烧对环境有危害。

（五）液体食品包装用复合膜、袋

1．基本配方及其结构

液体食品包装用塑料复合膜、袋分为三种：普通包装用塑料复合膜，简称 SS 膜；无菌包装用塑料复合膜，简称 WSS 膜；无菌包装用塑料与纸和铝箔（或其他阻透材料）复合膜，简称 WSLZ 膜。

2．生产工艺流程

（1）SS 膜复合工艺流程：原料混合→挤出或共挤出→吹膜或流延→冷却→收卷。

（2）WSS 膜 WSLZ 膜复合工艺流程：原料→挤出或共挤出→流延→冷却→切边→电晕处理→复合辊上同另一基材或层合品压贴复合→收卷→熟化。

（3）制袋工艺流程：膜卷放卷→裁切→封合制袋→检验→包装。

3．使用资源、生产环境与排放

使用资源：电能、循环水。

生产环境：噪声、高温、有机溶剂挥发。

4．产品主要指标

拉断力，断裂伸长率，撕裂力，剥离力，水蒸气透过量，氧气透过量等。

5．产品质量标准

GB 9683—1988 复合食品包装袋卫生标准

GB 19741—2005 液体食品包装用复合膜、袋

6．应用范围

主要用于液体食品包装。

7．产品复用性

一次使用后废弃。

8．废物回收途径

社会自然回收，焚烧法处理。

（六）液体食品无菌包装用复合袋

1．基本配方及其结构

液体食品无菌包装用复合袋是指由塑料与塑料或铝箔复合制成的，带内衬或不带内衬的，经过灭菌的，供液体食品无菌包装用的包装袋。

塑塑复合膜为：PE/BOPET/EVOH +PE（内衬）、PE/BOPET/PE+PE（内衬）、BOPA/PE+PE（内衬）、BOPET/PE+PE（内衬）、PE/KPA/PE+PE（内衬）、PE/KPET/PE+PE（内衬）等。

2．生产工艺流程

复合工艺：干法复合、挤出复合、热熔复合、共挤复合等多种复合工艺方法。

制袋工艺：复合膜放卷→冲孔→放置罐装口→罐装口热合→封边→封底→切断→检验→灭菌→包装。

3．使用资源、生产环境与排放

使用资源：电能、循环水。

生产环境：噪声、高温。

4．产品主要指标

拉断力，断裂伸长率，撕裂力，剥离力，水蒸气透过量，氧气透过量，辐射灭菌的辐射强度等。

5．产品质量标准

GB 9683—1988　复合食品包装袋卫生标准

GB 18454—2001　液体食品无菌包装用复合袋

6．应用范围

适用于液体、带颗粒液体、酱体等食品的无菌包装。

7．产品复用性

一次使用后废弃。

8．废物回收途径

社会自然回收，焚烧法处理。

（七）多层共挤复合包装膜、袋

1．基本配方及其结构

用于共挤塑薄膜的主要原料是聚烯烃（聚乙烯和聚丙烯），经常与尼龙（NY）、聚偏二氯乙烯（PVDC）、乙烯-乙烯醇（EVOH）共聚物等材料共挤。在共挤复合中，由于共聚物分子结构的本性差异，有些材料不能直接粘合，这时可以用乙烯-醋酸乙烯（EVA）、乙烯-丙烯酸（EAA）或乙烯-甲基丙烯酸（EMAA）等共聚物作为共挤的粘合层，这些材料也可作为低温热封合的表层材料。聚酯和聚碳酸酯是性能优异的表层材料，可提供优异的机械强度和机械作业的适应性。共挤复合生产的复合膜成本最低。

（1）EVOH 多层共挤薄膜：EVOH 多层共挤薄膜按其复合基材的不同，可分为与聚烯烃复合材料和与 PA 尼龙复合材料。

与聚烯烃复合：由于EVOH有吸湿性，因而气体阻隔性随之极大地降低，为了防止EVOH因吸湿而影响它的气体阻隔性，通常与耐水性好的聚烯烃复合而构成多层共挤复合薄膜，其典型结构为 LDPE/TI/EVOH/TI/LDPE、LDPE/TI/EVOH/TI/EVA、PP/TI/EVOH/TI/ PP 等。

与 PA 尼龙复合：EVOH 与 PA 有相当好的亲和性，能以任何比例相混溶。因而粘结性优良，在共挤复合时两层之间不需要粘结层，EVOH 的脆性由尼龙增强而制得强韧性复合薄膜，对热成型用薄片，则利用 EVOH 的玻璃化温度高，所以热成型后它能保持形状，可应用于包装袋或深拉伸成型容器。另外，对尼龙来讲，加热成型时易产生残留变形，吸湿后玻璃化温度降低，易发生很大的收缩力，很难保持成型形状，与 EVOH 组合后相应增强，又适应成型加工的要求，代表性的结构有：PA/EVOH/TI/EVA、PA/EVOH/TI/IO、PA/EVOH/TI/LDPE、PA/EVOH/TI/LLDPE、PE/TI/PA/EVOH/PA/TI/PE、CPA/TI/PE/TI/PA/TI/PE 等。

（2）EVA 共挤薄膜：EVA 共挤薄膜有 EVA/PP/EVA、EVA/HDPE/EVA、LDPE/粘合树脂/PA、EVA/粘合树脂/PA 等。

2．生产工艺流程

（1）二层共挤复合薄膜或片材的生产流程为：二层进料→共挤模头→吹膜→电晕处理→切边→卷取。

（2）共挤复合工艺可以通过圆形复合口模或者 T 形复合口模生产吹塑复合模或流延复合膜，其生产工艺流程分别为：

吹塑复合工艺：各挤出机分别上料→各挤出机分别挤出→环形复合模头→共挤吹塑→风环冷却→吹胀→人字架→熄泡辊→电晕处理→收卷成筒状复合膜。

流延复合工艺：各挤出机分别上料→各挤出机分别挤出→T 形复合口模→共挤出流延→（拉伸→）冷却辊冷却→电晕处理→切废边→收卷成片状复合膜。

制袋工艺：复合膜卷→分切→制袋→产品包装。

3．使用资源、生产环境与排放

使用资源：电能、循环水。

生产环境：噪声、高温。

4．产品主要指标

拉断力，断裂伸长率，撕裂力，剥离力，落镖冲击性能，抗穿刺性能（穿刺力、延伸量），水蒸气透过量，氧气透过量等。

5．产品质量标准

BB/T 0024—2004 运输包装用拉伸缠绕膜

BB/T 0052—2004 液态奶共挤包装膜、袋

BB/T 0041—2007 包装用多层共挤复合膜通则

6．产品用途

共挤薄膜或片材在包装行业被广泛地使用。如具有在内、外表面不同粘连持性的货盘弹性外包装膜（缠绕膜）；聚乙烯黑白膜用于液态奶包装；为改善热合性能，在聚丙烯中复合醋酸乙烯或低密度聚乙烯膜等。如：

- LDPE/LDPE 微孔密封，用于鲜奶、邮包、一般包装等；
- LDPE/EVA 易热封、无菌，用于重负荷包装、医疗用品包装等；
- HDPE/EVA 可无菌处理、易热封，用于血清等离子、面包、食品包装等；
- HDPE/LDPE 高强度，用于粮食、食品、浓缩果汁、化肥等包装；
- LDPE/HDPE/LDPE、EVA/PP/EVA、EVA/HDPE/EVA 两侧封口好、不卷边、强度高，用于粮食、邮包、化肥、化工原料、食品、白糖、鱼粉等包装；
- LDPE/粘合树脂/PA、EVA/粘合树脂/PA 阻水、阻气、强度高，用于香肠、奶制品、冷冻肉制品、医用品、军械、粮食等包装；
- LDPE/粘合树脂/PA/粘合树脂/LDPE 结构平衡、不卷曲、阻隔性好、封口强度好，用于香肠、奶制品、冷冻肉制品、医用品、军械、粮食等包装；
- LDPE/粘合树脂/EVOH/粘合树脂/LLDPE（HDPE）阻隔性好、封口强度高、机械性好，用于香肠、奶制品、冷冻肉制品、医用品、军械、粮食等包装。

7．产品复用性

一次使用后废弃。

8．废物回收途径

社会自然回收，焚烧法处理。

（八）其他多层复合包装膜、袋

1．基本配方及其结构

根据产品特性的保质要求，选择不同的热封层、阻隔层和印刷层等。

（1）BOPP 类挤出复合薄膜的结构以及应用如表 4-6 所示。

表 4-6　BOPP 类挤出复合薄膜的结构以及应用

结构	应用
BOPP/KBOPP/PE	饼干、土豆片
BOPP/CPP	饼干、土豆片、面包、方便面、快餐食品、糕点
BOPP/VMCPP	饼干
BOPP/LDPE	面包、方便面
BOPP/PVDC	土豆片
BOPP	糖果
BOPP/PP	糖果
BOPP/VMCPP	糖果
BOPP/Al/PE	咖啡、茶叶、洗发水
BOPP/VMPET/CPP	咖啡
KBOPP/PE	茶叶、干酪、奶粉、糕点
BOPP/VMPET/PE	茶叶、奶粉、洗发水
BOPP/PE	快餐食品、冷冻食品、雪糕
BOPP/Al/PP	化妆品、洗发水、药品
BOPP/VMPET/PP	化妆品

（2）PA 类挤出复合薄膜的结构以及应用如表 4-7 所示。

表 4-7 PA 类挤出复合薄膜的结构以及应用

结构	应用
KPA/PE	液体汤、水煮食品、奶酪、叉烧、火腿、年糕、蛋糕、烤肉
PA/VMPET/PE	液体汤、酱油、辣酱、奶酪、米饭、咖啡、蛋糕
PA/Al/PE	液体汤、咖啡
PA/PE	酱油、辣酱、水煮食品、水产品、炸鸡、蔬菜
KON/PE	麻婆酱
PA/EVA	叉烧、火腿、蔬菜
PA/CPP	米饭
KPA/PA/PE	年糕
BOPA/Al/LLDPE	洗发用品
BOPA/LLDPE	肥料、储冷剂、野菜、水煮笋、衣被袋、猫砂
BOPA/CPP	医疗器具
BOPA/PE	魔芋、烤肉、冷冻蔬菜
BOPA/Al/CPP	榨菜、酱菜
PET/Al/BOPA/CPP	粥

（3）PET 类挤出复合薄膜的结构以及应用如表 4-8 所示。

表 4-8 PET 类挤出复合薄膜的结构以及应用

结构	应用
PET/Al/CPP	蒸煮袋
PET/PA/Al/CPP	糕点、年糕
PET/PA/CPP	糕点、年糕
PET/Al/EVA	沙司、酱油
PET/VMPET/EVA	沙司、酱油
PEV/Al/PE	奶粉、茶叶、榨菜、腌制品
KPET/PE	咖啡、香肠、午餐肉
PET/PE	干酪、医用品、快餐、冷冻食品、洗涤剂、洗发水
PET/EVOH 共挤膜	油脂
PET/PVDC/CPP	肉食、海产品
PVDC/PET/PE	果汁包装
PE/PET/Al/PE/纸/PE	牛奶

（4）PT 类挤出复合薄膜的结构以及应用如表 4-9 所示。

表 4-9 PT 类挤出复合薄膜的结构以及应用

结构	应用
KPT/PE	豆酱、肉汤
PT/PE	咸饼干、方便面、紫菜、裙带菜、面粉、脱氧剂
PT/PE/Al/PE	味精
MST/Al/纸/PE	茶叶、红茶
MST/Al/PE	安全套

2．生产工艺流程

干法复合、挤出复合、热熔复合、共挤复合等多种复合工艺方法。工艺过程一般为：膜卷→表面处理→（印刷或不印刷→烘干→）与其他膜复合成型→分切→制袋→检验→包装。

3．使用资源、生产环境与排放

使用资源：电能、循环水。

生产环境：噪声、高温、有机溶剂挥发。

4．产品主要指标

拉断力，断裂伸长率，撕裂力，剥离力，水蒸气透过量，氧气透过量，溶剂残留量等。

5．产品质量标准

GB 9683—1988　复合食品包装袋卫生标准

6．应用范围

适用于各种食品、日用产品的包装。

7．产品复用性

一次使用后废弃。

8．废物回收途径

社会自然回收，焚烧法处理。

（九）塑塑复合片材

1．基本配方及其结构

塑塑复合片材有多层共挤复合片材和多层干式、涂布复合片材。

（1）多层共挤复合片材：根据用途不同选用不同塑料，一般外层主要是 PP 和 PE 材料，中间有阻隔层和粘合层，形成高阻隔性包装片材，如复合层形式为：PP/ADH/EVOH/ADH/PP、HIPS/EVA/PE、PP/GPPS/HIPS 等。

（2）药用复合片材结构主要为：PVC/PE、PVC/PVDC、PVC/PE/PVDC；表层 PVC 近年来可使用聚丙烯片、聚酯片代替。

2．生产工艺流程

（1）多层共挤复合片材采用共挤复合流延成型，工艺流程如下：

流延复合工艺：各挤出机分别上料→各挤出机分别挤出→T 形复合口模→共挤出流延→冷却辊冷却→切废边→收卷成复合片材。

（2）涂布复合和干式复合片材如药用复合片材，工艺流程如下：

PVC/PE 复合工艺：PVC 片卷→电晕处理→涂胶→干燥→电晕处理的 PE 片热压复合→冷却→熟化→分切→收卷。

PVC/PVDC 复合工艺：PVC 片卷→电晕处理→涂胶→干燥→多次涂布 PVDC 乳液烘干→冷却→熟化→分切→收卷。

PVC/PE/PVDC 复合工艺：PVC/PE 片卷→电晕处理→涂胶→干燥→多次涂布 PVDC 乳液烘干→冷却→熟化→分切→收卷。

3．使用资源、生产环境与排放

使用资源：电能、循环水。

生产环境：噪声、高温。

4．产品主要指标

拉伸强度，断裂伸长率，水蒸气透过量，氧气透过量等。

5．产品质量标准

YBB 0022—2005　聚氯乙烯/聚偏二氯乙烯固体药用复合硬片

YBB 0023—2005　聚氯乙烯/低密度聚乙烯固体药用复合硬片

6．应用范围

多层共挤复合片材主要用于生产高阻隔性的包装材料，制作饮料杯、雪糕杯、果冻杯、托盘、餐具盒、包装盒等，用于食品、乳品、高档肉食品、化妆品等包装。

药用复合片材专用于固体药片的包装。

7．产品复用性

一次使用后废弃。

8．废物回收途径

社会自然回收，焚烧法处理。药用片材由于含氯，焚烧对环境有危害。

（十）塑塑复合编织袋

1．基本配方及其结构

复合编织袋有单面复合、双面复合、塑料编织布和牛皮纸中间夹有 LDPE 的三层复合编织袋及防滑膜花纹复合编织袋。

2．生产工艺流程

在扁丝编织的塑料编织布上用挤出机流延复和方法复合一层 LDPE 或其他热塑性塑料薄膜，以提高塑料编织袋的强度、致密性、防水性和堆垛性。

塑料编织布→放卷→挤出流延复合→冷却辊冷却→收卷

↑

LDPE 粒子（或 EVA 等其他热塑性材料）→挤出机 T 形口模挤出

3．使用资源、生产环境与排放

使用资源：电能、循环水。

生产环境：噪声、高温。

4．产品主要指标

拉断力，剥离力，缝合部位拉断力等。

5．产品质量标准

GB 8947—1998　复合塑料编织袋

6．应用范围

用于粉状或粒状建材、化工、饲料、粮食、矿产品等固体产品的包装。

7．产品复用性

可有限次同物复用。洗涤后可异物包装非食用产品。

8．废物回收途径

工业回收循环利用，社会自然回收，最后焚烧法处理。

（十一）塑塑复合软管

1．基本配方及其结构

塑塑复合软管的结构可以是 LDPE 或 PP（面膜）40～100 μm/印刷层 50～60 μm LDPE 白膜/LDPE 50 μm 以上组成，软管总厚度在 150～200 μm 以上。

2．生产工艺流程

塑塑复合软管的生产工艺可以使用干法复合、挤出涂布复合或共挤出方法来生产。

生产工艺流程为：复合片材→印刷→制管→注肩（铝箔封口）→产品填装→封尾→上盖→检验→包装。

3．使用资源、生产环境与排放

使用资源：电能、循环水。

生产环境：噪声、高温。

4．产品主要指标

拉断强度，热合强度，透油性，乙醇透过量，剥离强度，水蒸气透过量等。

5．产品质量标准

QB/T 2901—2007 牙膏用铝塑复合软管

YBB 0025—2002 药用聚乙烯/铝/聚乙烯复合软膏管（试行）

英国标准：BS EN 788—1994 运输食品用的口袋 复合薄膜材料制的软管状提袋

6．应用范围

复合软管具有良好的阻隔性、耐腐蚀性、耐破性，主要用于包装膏物，如牙膏、发膏、药膏、洗发膏、剃须膏、油墨、润滑剂、光亮剂等。

7．产品复用性

一次使用后废弃。

8．废物回收途径

社会自然回收，焚烧法。

（十二）塑塑多层复合容器

1．基本配方及其结构

塑塑多层复合容器的基本结构为基层、粘合层和功能层。基层是多层复合容器的结构层，聚烯烃由于价格较低是选用数量最多的一种；在容器需要透明度时，可选用 PVC、PC、PET 等；在容器需要高温性能或高冲击强度时，常选用 PC；柔性结构容器（如挤压瓶），常选用软 PVC、EVA 等。功能层主要有 EVOH、PVDC、PAN、PA、PET、EVA 等聚合物，作为阻隔层，阻止气体的渗透、香味或香气的损失等。常用作粘结层的聚合物有 EVA、EAA、离子型聚合物以及 LDPE、HDPE、PP 等。多层容器一般有二层、三层、四层、五层、六层、七层等层数。容器的层数多少，取决于容器的用途和选用的设备。

2．生产工艺流程

用共挤出吹塑法生产多层容器，与挤出吹塑法生产单层容器，其成型工艺没有很大的区别，只是采用了多种塑料材料和多种挤出机，需要控制的工艺条件复杂了一些。

3．使用资源、生产环境与排放

使用资源：电能、循环水。

生产环境：噪声、高温。

4．产品主要指标

密封试验，耐热、耐寒性，水蒸气透过量，氧气透过量，卫生性能（食品用）等。

5．产品质量标准

GB 13508—1992　聚乙烯吹塑桶

6．应用范围

共挤出多层瓶，不易破碎，可挤压，质量轻，有较好的阻渗性，是理想的食品及饮料的包装容器。可用作番茄酱、菜子油、果酱以及牛奶、橙汁、碳酸饮料、啤酒等的包装容器。而其优良的力学性能，较高的承受内压力能力，以及承受盛装化学品对容器内层的溶解或溶胀的性能，也可用作工业用或农用化学工业品的包装。用 PA 作多层瓶的外层材料，容器有较好的表面性能，能满足医药及化妆品的包装要求。

7．产品复用性

一般一次使用后废弃。可多次重复使用的大型容器生产设备已有开发，但未普及。

8．废物回收途径

社会自然回收，焚烧法处理。

四、纸铝塑复合包装制品

典型产品：液体食品保鲜包装用纸基复合材料（屋顶包），液体食品无菌包装用纸基复合材料，圆柱形复合罐。

（一）液体食品保鲜包装用纸基复合材料（屋顶包）

1．基本配方及其结构

目前市场上主要有利乐包、康美包、屋顶包三种纸铝塑复合包。这三种包装的区别在于包装的成型方式，以及最后的成型造型。康美包是先成型再填充，盒底成一直线；利乐包填充成型一次完成，底部折角；屋顶包盒顶为屋顶式。利乐包包材结构是 PE/PE/铝箔/PE/纸/PE，康美包包材结构是 PE/粘合层/铝箔/PE/白纸板/PE。其中聚乙烯在材料结构中起着热封、粘合、印刷等作用，铝箔提供阻隔及避光作用，纸板提供刚度及印刷性，外层 PE 防潮。

2．生产工艺流程

用干式复合的方法将多层材料复合。

原料→挤出或共挤出→流延→冷却→切边→电晕处理→复合辊上同另一基材或层合品压贴复合→收卷→熟化；

带覆膜的纸基材或铝箔→复合辊上同无菌包装塑料层合品压贴复合→收卷→熟化；

膜卷放卷→裁切→封合纸袋→检验→包装。

3．使用资源、生产环境与排放

使用资源：电能、循环水。

生产环境：噪声、高温。

4．产品主要指标

拉伸强度，封合强度，剥离强度，复合层塑料膜与纸的粘合度，氧气透过量，挺度等。

5．产品标准

GB 9683—1988　复合食品包装袋卫生标准

GB 9687—1988　食品包装用聚乙烯成型品卫生标准

GB/T 18706—2008　液体食品保鲜包装用纸基复合材料

6．产品用途

适用于牛奶、果汁、咖啡等液体的包装。

7．产品复用性

一次使用后废弃。

8．废物回收途径

废物回收途径：包装废物或边角料→运输至处理厂→水洗→分离为聚乙烯、铝、木质纤维→塑料产品、铝质产品和再生纸制品。

废物回收分离方法有筛选法、溶剂法和乳化法。

（二）液体食品无菌包装用的复合材料

1．基本配方及其结构

液体食品无菌包装用的复合材料是以原纸为基体，与塑料、铝箔或其他阻透材料等复合而成。纸铝塑复合材质结构一般为：PE/粘合层/铝箔/粘合剂/白纸板/PE。

2．生产工艺流程

以原纸为基体，与塑料、铝箔或其他阻透材料等经挤压复合而成，供卷筒给纸式无菌灌装机包装液体食品用的材料；以及以包装容器半成品形式供应的以原纸为基体，与塑料、铝箔或其他阻透材料等经挤压复合而成，供液体食品无菌包装用的复合材料。

3．使用资源、生产环境与排放

使用资源：电能、循环水。

生产环境：噪声、高温。

4．产品主要指标

拉伸强度，封合强度，剥离强度，复合层塑料膜与纸的粘合度，氧气透过量，挺度等。

5．产品标准

GB 9683—1988　复合食品包装袋卫生标准

GB 9687—1988　食品包装用聚乙烯成型品卫生标准

GB/T 18192—2008　液体食品无菌包装用纸基复合材料

6．产品用途

用于液体食品无菌包装用。

7．产品复用性

一次使用后废弃。

8．废物回收途径

筛选法、溶剂法和乳化法。

（三）圆柱形复合罐

1．基本配方及其结构

纸铝塑复合罐材是用铝箔与塑膜、牛皮纸（纸板）复合而成，可以制成方形、圆柱形、长方形、锥形等多种形式的包装罐。这种罐材一般分外表层、纸板层、内衬层和内表层 4 部分。外表层是标签层，用来印刷商标等图文，可用纸、塑膜或铝箔塑复合材料；纸板层由 2～3 层长纤维纸板制作，以保证罐身刚度和机械强度；内衬层是罐身的主要部分，作为阻隔层，起防潮、防渗透、阻光等作用，故采用以铝箔为主的复合材料，常用的有涂塑铝箔、铝塑复合材料或铝塑纸复合材料。同时，由于其有良好的加工性能，还可根据不同的包装要求，灵活变换复合层数与结构。

2．生产工艺流程

罐材工艺：原纸→粘合剂→与铝塑复合膜复合→收卷。

复合罐的筒体成型法有两种，螺旋式卷绕法与回旋式卷绕法。工艺过程为：复合罐材→卷管→切割→贴标→成型→包装。

3．使用资源、生产环境与排放

使用资源：电能、循环水。

生产环境：噪声、高温。

4．产品主要指标

端盖脱离力；轴向压溃力等。

5．产品标准

GB/T 10440—2007　圆柱形复合罐

6．产品用途

这种材料制造的罐已广泛应用于机油、冷冻食品及一些干脆食品如薯片等的包装，并将逐步占领压力容器和蒸煮罐等新领域。

7．产品复用性

这种复合材料同样具有无毒、无味、不污染内装物的特点，可重复使用，可回收再生。

8．废物回收途径

社会自然回收，可采用筛选法、溶剂法和乳化法回收利用。

五、其他复合材料制品

典型产品：SiO_x 蒸镀膜、陶瓷蒸镀膜、钢塑复合桶、木塑托盘等。

（一）SiO_x 镀膜

1．基本配方及其结构

SiO_x 镀膜时，蒸镀原料较高的气化温度和蒸发能导致在蒸发过程中蒸镀区温度较高，大量的辐射热使得基材吸收过量的热能而温度升高；同时，气化分子、离子和其他微粒在基材表面凝结成膜时放出的热量致使基材温度过高而发生严重的热变形。热变形后基材起皱，造成镀膜不均匀或破裂，达不到提高阻隔性能的效果。软化点和熔点较低的塑料薄膜蒸镀效果较差。实验表明只有PP、PET、PA等材料才能较适合氧化物镀膜加工。

（1）聚丙烯（PP）：聚丙烯薄膜无臭、无味、无毒，不吸水，化学稳定性好，对酸碱稳定，热变形温度＞100～120℃，可在110～120℃下连续使用，理论上是一种较好的SiO_x非金属镀膜基材，由于SiO、SiO_2气化点和蒸发能较高，蒸发功率大，蒸镀后的复合膜出现明显的热变形。另外，聚丙烯材料的低温适应性较差，在低于－5℃时冲击强度急剧下降。要获得满意的使用效果，在塑料成膜加工前应对树脂型号进行严格选择并进行改性加工处理。

（2）聚酯（PET）：聚酯薄膜强度高，尺寸稳定性好，吸水率低，无毒，耐弱酸与有机溶剂，化学性能稳定，热变形温度高达200℃，可在120℃下长时间使用。用SiO_x作为蒸镀原料，只要其他条件控制得当，基材也不会发生明显的热变形，并且镀膜附着牢度较高，是一种较为理想的SiO_x非金属镀膜基材。

（3）尼龙（PA）：尼龙具有良好的耐低温性能，可在－30～60℃下使用。化学性能稳定，耐油、抗溶剂、耐盐水、无毒、无味；耐热性好，热变形温度达141℃，可在180℃下连续使用，高温下强度高，尺寸稳定性好。

蒸镀原料可采用Si、SiO_x、SiO_2或其他氧化物。也可以采用其他氧化物如Al_2O_3、MgO、Y_2O_3、TiO_2等，这些镀层材料称为陶瓷蒸镀材料。

2．生产工艺流程

蒸镀膜的生产技术有以下几种：

（1）化学蒸镀法（Chemical Vapor Deposition，CVD）：化学气相蒸镀法将构成镀膜元素的一种或几种化合物单质气体供给基材，借助气相作用或在基材表面的化学反应生成要求的薄膜。

（2）物理蒸镀法（Physical Vapor Deposition，PVD）：利用电阻或电子枪加热蒸镀原料直接沉积到基材表面上。

（3）等离子气体强化蒸镀法（Plasma Enhance Chemical Vapor Deposition，PECVD）：在蒸镀过程中利用等离子气体活化蒸发粒子及引入的反应气体分子，使之能在基材表面生成结构和成分理想的、附着牢固的、均匀且性能优良的镀膜。

目前日本的东洋油墨公司、美国的Flex Product公司、德国的Vanleer公司、意大利的Galilee公司采用的是电阻丝加热方式，日本的尾池工业公司、瑞士的Aluswiss公司、美国的BOC公司、德国的Leybold公司、意大利的CeTev公司等采用电子枪加热蒸发方式。生产速度可达到150～600 m/min。

蒸镀工艺过程：膜卷→蒸镀→产品收卷。

3．使用资源、生产环境与排放

使用资源：电能、循环水。

生产环境：噪声、高温。

4．产品主要指标

拉断力，断裂伸长率，撕裂力，透光率，水蒸气透过量，氧气透过量等。

5．产品质量标准

暂无标准。

6．应用范围

SiO_x 镀膜包装材料以其优良的阻隔性能、微波加工适应性能被广泛应用于各种商品包装，尤其对芳香型商品包装如食品、药品、化妆品等更具优势。目前国外主要应用的包装领域：日本用来包装食品、调味品、酒类、饮料、果汁、洗涤剂及作为软管、盖膜（如快餐食品、微波食品容器）、蒸煮袋等使用。欧洲广泛用于饼干、巧克力、脱水汤料、药品、肉制品等包装。德国市场上销售的 Buss 牌带有汤和熟食的可蒸煮、微波加热的快餐是用 PET/SiO_x/PET 封盖包装的；瑞士某公司用镀膜材料制成立式袋包装巴氏消毒处理后的冷冻肉制品；另外在欧洲市场有大量的用 PE/SiO_x-PET/纸/PE 制成的利乐包装盒，用于果汁、饮料、牛奶等包装，获得玻璃瓶一样的保鲜、保香效果。美国的主要用 PE/SiO_x/PE/纸/PE 制成的利乐包装盒，用于果汁、饮料、牛奶等包装，获得玻璃瓶一样的保鲜、保香效果。美国主要用 PE/SiO_x/PE/纸/PE 制成屋脊形包装盒包装柠檬汁、混合果汁等饮料和用作快餐盒盖材、包装药品。

7．产品复用性

包装为一次性使用，食品容器可多次循环使用。

8．废物回收途径

工业循环再利用、社会自然回收。

（二）陶瓷蒸镀膜

1．基本配方及其结构

陶瓷蒸镀膜（GPET）产品的结构与应用如表 4-10 所示。

表 4-10　GPET 挤出复合薄膜的结构及其应用

结构	应用
增强 GPET/LLDPE	咖啡、茶叶
BOPP/GPET/LLDPE	咖啡
PET/GPET/LLDPE	调味品、干燥剂
BOPP/GPET/IS-PE	火腿
GPET/ONY/CPP-R	蒸煮食品
增强 GPET/VMPET/LLDPE	洗发水
GPET/GPET/LLDPE	浴盐
GPET/GPET/ONY/CPP	输血袋
PET/GPET/EVOH/CPP	输血袋

2．生产工艺流程

陶瓷蒸镀膜用真空蒸镀技术生产。

蒸镀工艺过程为：膜卷→蒸镀→产品收卷。

3．使用资源、生产环境与排放

使用资源：电能、循环水。

生产环境：噪声、高温。

4. 产品主要指标

镀膜薄膜厚度，拉断力（纵、横向），断裂伸长率（纵、横向），撕裂力（纵、横向），水蒸气透过量，氧气透过量等。

5. 产品标准

暂无标准。

6. 产品用途

用来包装食品、调味品、酒类、饮料、果汁、洗涤剂及作为软管、盖膜（如快餐食品、微波食品容器）、蒸煮袋等使用。

7. 产品复用性

一次使用后废弃。

8. 废物回收途径

社会自然回收。

（三）钢塑复合桶

1. 基本配方及其结构

由聚乙烯塑料内容器和外防护钢桶装配而成的顶部非移动式钢塑复合桶。

2. 生产工艺流程

加热塑料放入桶内→旋塑成型内塑层→冷却→外表防腐喷塑→入库。

3. 使用资源、生产环境与排放

使用资源：电能、循环水。

生产环境：噪声、高温。

4. 产品主要指标

抗冲击强度，抗冲击低温强度，抗振动，内压试验，静压试验等。

5. 产品标准

GB 1233—91 钢塑复合桶

6. 产品用途

钢塑复合桶主要用于化工、食品等工业的液体产品包装，罐装温度在60℃以下。

7. 产品复用性

可多次重复使用。

8. 废物回收途径

工业循环再利用、社会自然回收。

（四）木塑托盘

1. 基本配方及其结构

以PP、PE、PVC等树脂或回收的废旧塑料与锯木、秸秆、稻壳、玉米秆等废物，通过专用设备应用科学的工艺配方进行配混造粒或直接用挤出成型工艺制成各种型材，当然也可以做成托盘。

2. 生产工艺流程

挤出成型工艺制得木塑材料，再由木塑材料通过组装而成。

3. 使用资源、生产环境与排放

使用资源：电能、循环水。

生产环境：噪声、高温。

4. 产品主要指标

抗压强度等。

5. 应用范围

木塑复合材料的主要优点：耐用、寿命长，有类似于木质的外观，比塑料硬度更高，具有优良的物性，比木材尺寸稳定性好，不会产生裂缝、翘曲，无木材节疤、斜纹，加入着色剂、覆膜或复合表层，可制成色彩绚丽的各种制品，具有热塑性塑料的加工性，容易成型，用一般塑料加工设备或稍加改造后便可进行成型加工，加工设备新投入资金少，便于推广应用，有类似木材的二次加工性，可切割、粘接，用钉子或螺栓连接固定，可涂漆，产品规格、形状可根据用户要求调整，灵活性大，不怕虫蛀、耐老化、耐腐蚀、吸水性小，不会吸湿变形等。由于木塑共混系统的相容性较差，强度较低，木塑制品一般都做成大截面的粗大制品，典型的木塑制品有托盘、室外露天桌椅、建筑模板、交通护栏等。

6. 产品复用性

一次使用后废弃。

7. 废物回收途径

社会回收。

第五章　木竹类包装

第一节　木竹类包装概述

一、木竹包装的发展

木材作为包装材料具有悠久的历史和重要的作用。日常生活中常见的木质包装制品有各种木箱、木桶、托盘等，它尤其适合于机电类产品的包装储运。木材作为包装材料的优点是：由于木包装有良好的载重性、抗压强度、抗弯曲强度和抗冲击强度，可承受较大的堆垛载荷；具有一定的缓冲性能；取材广泛，制作比较容易；用于吊装，可实现托盘包装；回收性能好等。因此，在一些大中型包装件尤其是一些精密的机电产品包装中，还广泛应用。尽管如此，木包装加工和使用单位应注意根据出口商品特性，如抗压、防震、载荷分布等，以及装卸、运输条件的不同，对包装进行合理设计，保证木包装各部位材料强度得到充分发挥，避免包装过剩，从而节约木材。虽然木包装有许多优点，但其也有一些缺点，如重量大，使运费增加；吸湿性强，可使金属制品生锈或使食品变质；木材的生产机械化程度低；易腐、易受虫蛀的影响。有关资料表明，包装工业越发达，木包装在整个包装材料中的比例就越小。如：中国约为 20%，日本约为 6%，而美国约为 3%。从数据可看出，随着我国包装工业的不断进步，木包装的用量将会进一步减少。另外，随着人类对环保的重视，保护森林资源，提高植被覆盖率，改善人类的生存环境已成为大势所趋，这也将大大限制木包装的使用和发展。

竹材在包装方面的使用，除了可以制成竹胶板代替木材制作包装箱外，还可编成竹筐用来包装果蔬产品以及一般小型机电产品。我国竹材年产量极大（年产量在 20 亿根以上），所以我们应大力发展竹材包装来代替木包装。

包装用木质材料可分为木材和木质混合材料（如胶合板、纤维板等）两大类。木包装结构用材可分为两类：针叶材和阔叶材。结构中的承重构件多采用针叶材，非承重构件用阔叶材。在天然木材中适用于包装的主要有红松、白松、落叶松、马尾松等针叶木材和杉木、杨木、柳木、桦木、榆木等阔叶木材。在人造木材中适用于包装的有纤维板、木丝板和刨花板等纤维板材，塑木板材和木胶合板、竹胶合板、复合板等胶合板材。

包装用竹材可分为竹材和竹胶合板两大类。按繁殖类型，竹分为三大类：丛生型、散生型和混生型。①丛生型：就是母竹基部的芽繁殖新竹，如慈竹、硬头簧、麻竹、单竹等。②散生型：就是由鞭根上的芽繁殖新竹，如毛竹、斑竹、水竹、紫竹等。③混生型：就是既由母竹基部的芽繁殖，又能以竹鞭根上的芽繁殖，如苦竹、棕竹、箭竹、方竹等。

二、木竹包装材料基本特征

（一）木材包装材料基本特征

总的来说，木材有下面的一些优点：

（1）机械强度好，抗机械损伤能力强，可承受较大的堆垛载荷；抗拉、抗压、抗弯强度均较好，可以根据包装物品的不同来选择不同的木材，以适应不同的包装要求。

（2）加工性能好，制作比较容易；进行木制包装，不需要复杂的设备和技术，用简单的工具就能制成，并可以根据需要来改变尺寸和大小。

（3）有良好的冲击韧性和缓冲性能。这对重型或精密物品尤为重要。

（4）耐腐蚀，适用范围广，几乎一切物品均可用木制品包装。

（5）握钉性能好。这使它易于制成容器，在其内也便于安装挂钩、螺栓，以固定物品，而容器外面也便于加固。

（6）可回收重复利用。木制包装可多次重复使用，或将其改作他用，可降低成本，也不污染环境。

也有以下一些缺点：

（1）外观较差；重量大，使运费增加；吸湿性强，装运金属制品可使商品生锈或使食品变质；木材的生产机械化程度低；易腐、易受虫蛀的影响。

（2）对木质包装材料实施熏蒸或热处理，需要一定的处理时间，影响了物流速度；同时也增加了包装成本。

（3）熏蒸使用的药剂对环境和生态有不利影响。特别是常用的熏蒸剂溴甲烷，会破坏臭氧层，正在逐步被世界各国禁用。

（4）木材取之于森林，而森林是重要的环境资源，它同生态平衡和环境保护有密切的关系。木材作为重要的工业原料，大量采伐，尤其是无计划、无补充的滥伐，必然导致森林面积、森林贮存量急剧减小，这是直接导致生态危机的重要原因之一。因此很多国家为保护生态环境而禁止采伐天然林，使木质包装的原料供应受到限制。

（二）竹材的基本特征

竹材除了具有木材的一些优点外，还拥有生长快、产量高、韧性强、储量丰富等众多优势。然而，竹材由于中空性、竹节多、纵向易断裂等特点，使得竹材在工业化应用领域中的表现远远不及木材。

在工业化应用方面，竹材可用于竹托盘的制造。竹托盘具有强度高、承载力强、抗冲击力强、可回收、易维修、防水、防霉、防虫等优点，充分发挥了竹材的特性和优势。除托盘产品外，竹板材还广泛地应用于包装箱等领域。

（三）人造板材的基本特征

人造板材主要分为胶合板、竹胶合板、刨花板和塑木复合板等。

人造板材制作的包装容器，外表较美观，并具有耐久性和一定的防潮、防湿性。但人造板材的缺点是强度不足，不能用于装载大型设备等，制造中使用含甲醛等有害物质的化工材料，对人体健康有损害。目前许多国家对甲醛释放量均有限定，在使用上仍然受到较多的限制。

三、木竹包装物分类

木材包装有普通木箱、滑木箱、框架木箱、木制底盘、托盘、拼装式胶合板箱、钢丝捆扎箱、竹胶合板箱、纤维板箱、木桶、木匣等。

木包装容器按其使用特点及结构形式可分为以下几种：

(1) 普通木箱：按其结构形式可以分为1类（1A型、1B型）、2类（2A型、2B型）、3类（3A型、3B型）、4类（4A型、4B型）、5类（5A型、5B型、5C型）五大类。

(2) 滑木箱：按其结构形式可以分为1类（横板式）（1A、1B、1C）、2类（立板式）（2A、2B）两大类。

(3) 框架木箱：按其箱板的铺放、组装方式等分为1型（1-A、1-B）、2型（2-A、2-B）、3型（3-A、3-B）等几种形式。

(4) 木制底盘：结构形式根据储运过程中的装卸方式分为A型和B型两类。

(5) 托盘：按结构、外形特点分为单面使用托盘、双面托盘（双面使用托盘、单面使用托盘）、双向进叉托盘、四向进叉托盘、局部四向进叉托盘（纵梁上有U形槽的托盘、纵梁板重叠托盘）、自由叉孔托盘、周底托盘（十字形周底托盘）、翼形托盘。

按使用方式可以分为一次性托盘、反复使用的托盘、管内托盘、可交换的托盘、共有托盘等。按使用材料划分，可以分为木托盘、锯木托盘、塑木托盘、刨花板模压托盘、立铺胶合板托盘等。

(6) 拼装式胶合板箱：按结构形式分为托盘箱、普通箱。按连接方式分为固定舌片式、插片式、簧片式、铰链式、锁扣式等。

(7) 钢丝捆扎箱：按其箱档的构造分类可分为内箱档型、外箱档型。按其钢丝末端的拧扣方法分类可分为Ⅰ型和Ⅱ型。

(8) 竹胶合板箱：按其材料可分为竹木箱、竹钢箱、竹菱镁砼箱。

(9) 桶：分为琵琶形木桶和胶合板桶。

四、木竹包装的成型工艺

木竹包装的加工工艺主要包括拼装成型、模压成型、热压成型等。

(一) 拼装成型

拼装成型加工是木竹包装生产工艺的主要方式，一般分为钢钉钉合，或采用钢舌等连接构件相互配合拼装成箱。钉合组装的特点是组装效率高、成本低、操作简单、应用范围广，但其拆装不方便，拆卸时容易损坏板材。采用钢舌等连接构件拼装的特点是操作简单、组装效率高、拆卸方便，不会损坏板材，但其成本较高。这种工艺方式主要应用于普通木箱、滑木箱、框架木箱、木制底盘、托盘、拼装式胶合板箱、钢丝捆扎箱、竹胶合板箱、纤维板箱等。

（二）模压成型

模压成型是指木质原材料在模具中高温高压成型。它的特点是不需要组装，一次成型。减少了组装的工序。这种工艺一般应用于锯木托盘、刨花板模压托盘等。

（三）热压成型

热压成型是将原木截断，然后将木段剥皮，再旋切或刨切并进行单板整理，将芯板涂胶组坯，进行热压，最后成型。木质胶合板、竹胶合板等一般采用这种方式。板材制成后再拼装成箱。这种工艺一般应用于胶合板托盘、刨花板托盘、塑木托盘、拼装式胶合板箱、竹胶合板箱、纤维板箱等。

五、木竹包装材料的应用

木质包装有很多性能优势，如强重比高、抗机械损伤能力强、可承受较大的堆垛载荷、具有一定的缓冲性能、取材广泛、制作比较容易、易于吊装和回收性能好等，所以至今仍是机电设备与工业产品的主要运输包装容器，特别是很多笨重、易碎及需要特殊保护的产品不可或缺的储运器具。木质包装材料是指用于商品支撑、保护或运载材料的木材和人造板产品等木质材料。它包括填料、板条箱、木片、垫料、托盘、木筒和楔子等。木质包装在国际贸易中被广泛使用。

对全球三大包装消费国的统计数据显示：作为全球最大的包装消费国——美国，2003年包装材料与容器消费总额超过 2 400 亿美元，木包装消费额为 85 亿美元，约占 3%；包装材料与容器消费总额仅次于美国的日本也达到了 560 亿美元，木材包装消费额是 33.6 亿美元，占 6%；德国作为西欧最大和全球第三大包装消费国，其消费总额为 550 亿美元，木材包装消费额是 16.5 亿美元，约占 3%。

我国较为常见的木质包装容器有普通木箱、滑木箱、框架木箱、底盘、竹胶合板箱和钢丝捆扎箱，每年用于机电产品包装的木材就达 1 000 万 m^3。我国木包装制品应用方式有主要应用于大型机电设备、仪表、仪表柜等包装的大型木包装箱；主要应用于内燃机等小型机电设备、五金零部件、电子元件、卫生洁具、建筑材料、家用电器、体育用品和食品水果等包装的小型木包装箱；还有应用于大型机电设备及大型罐类容器的底座固定的木质底盘；应用于缠绕包装的托盘，如化工原料、生活用品、粮食等的运输托盘；主要应用于包装箱的底托、隔板、支架、固定物、木轴楔等包装结构的包装充填辅料等；还有食品行业的包装盒；琵琶形木桶（密封木桶、不密封木桶）等。

竹包装则主要用于水产、特产包装、茶叶、食品、酒类、礼品类包装、竹胶合板箱、竹托盘等。

六、回收利用情况

（一）木质包装回收利用现状

木材是一种可回收再利用的生物质材料，而木材制成的木质包装在使用废弃之后，也可回收循环使用，或通过机械化学处理和分解处理等资源化利用途径回收再利用，如木托盘和一些木包装箱。目前已经有一些企业涉足这一新兴行业，利用旧托盘、废弃木包装箱等为原料，制造刨花模压制品。很多国家也十分重视包装资源的回收利用，早在1990年，加拿大就通过了《加拿大优选包装法》，明确规定要减少包装材料用量和包装废物的回收再利用，随后丹麦、荷兰、德国、奥地利、日本和法国等国也相继颁布了类似的法律。由于我国相关法律法规制度还不健全，较多的木包装箱在使用后被废弃，回收难度很大。

木质包装废物具有多种用途，可以通过燃烧进行能源化利用，也可以物理、化学或机械处理技术或工艺进行资源化利用。

在森林资源日益短缺的今天，木质包装的综合利用已经成为世界各国普遍关注的问题。在处理木包装的综合利用问题时，首先考虑回收复用，同时综合考虑对木包装进行机械化学处理和分解处理，制取各种工业产品及其他产品，以发挥良好的社会效益和经济效益。

（二）木质包装回收资源化利用的主要途径

木质包装回收的资源化利用途径主要包括回收复用、机械化学处理和分解处理等。

1．木质包装废物的回收复用

木质包装的回收复用是木包装回收的资源化利用的首选途径。

木质包装的回收复用主要是将木质包装返回生产厂家用于原产品包装的利用方法。这种回收复用可以是定点长期供货、定点定时回收及出品地双边协议。定点长期供货适用于长期向另一地区或几个地区提供产品的厂家；定点定时回收适用于货物流通量大、流通距离短的产品包装。对于包装出口产品，可以建立某种包装回收双边协议，使用过的木包装能在跨国流通中回收利用。

2．木质包装的机械、化学或分解处理

（1）木质废物热解利用：热解产品包括木炭、乙酸、木焦油和活性炭等。

在常压、隔绝空气的条件下，回收的木包装进行热解反应可得到固体、液体和气体三类初产物，留在干馏锅内的固体产物为疏花多孔的木炭，是制造活性炭、二硫化碳等的原料；从干馏设备中导出的蒸汽气体混合物经冷凝分离后得到的棕褐色液体产物为粗木醋液，含有大量工业产品，如饱和酸（醋酸、蚁酸、丙酸和丁酸）、不饱和酸（醇酸、糠酸）、甲醇、丙烯醇、酮类（丙酮、甲乙酮、甲丙酮和环戊酮）、醛类（甲醛、乙醛、糠醛）、酯类（甲酸甲酯、乙酸甲酯）、酚类（苯酚、甲酚、邻苯二酚、愈创木酚和邻苯三酚）、丁丙酯、芳香族化合物（苯、甲苯、萘）、杂环化合物（呋喃、α-甲基呋喃）和甲胺；从干馏设备中导出的蒸汽气体混合物经冷凝分离出来的气体产物称为木煤气或不凝性气体，木煤气的主要成分是二氧化碳、一氧化碳、甲烷、乙烯、氢气等，是一种不污染环境的优良气态燃料。

（2）木质废物水解利用：木材水解的主要目的是将纤维素和半纤维素转化为有用的产品，其中我们比较熟悉的有糠醛、木糖和木糖醇等。在一定温度和催化剂作用下，木质包装中的纤维素和半纤维素加水分解（糖化）成为单糖，然后再进行化学和生物化学加工，制取酒精、酵母、糠醛、木糖、木糖醇、乙酰丙酸等产品。

（3）利用木质废物制作人造板：利用木质废物可制造的人造板包括刨花板、水泥刨花板、石膏刨花板、矿渣刨花板、纤维板、木纤维波形瓦、废弃竹材制作的树脂碎料板、废弃竹材制作的水泥刨花板、刨花模压制品等。

刨花板是一种用木质刨花为原料，以脲醛树脂（UF）、酚醛树脂（PF）和三聚氰胺甲醛树脂胶（MUF）等胶粘剂，经板坯铺装和预压、板坯热压、表面处理而成的一种人造板。在生产过程中可加添加剂改善板材尺寸稳定性，具有阻燃性或其他性能。

水泥刨花板是以木质刨花为原料，以水泥为胶粘剂，添加其他化学助剂，经混合搅拌、成型、加压和养护而成的一种人造板。

石膏刨花板是以石膏作为胶粘剂，以木质刨花作为基体材料制成的一种板材。石膏刨花板密度低、强度高、防火性能及抗震性能好，但防水性和冻融性差，一般只用于室内装修和内隔墙。

矿渣是炼铁过程中产生的废渣，主要由玻璃质组成，是一种内部黏度很大的冷却液体，具有较高的化学潜能。经活性剂激发，可表现出凝胶性能，将刨花粘结在一起。

纤维板是以木质纤维作为主要原料制造出的一种人造板。

利用废弃木材制成的木纤维波形瓦，已经在许多别墅、活动房及仓库等快捷、轻型房屋上大量应用。

竹材废物大都开裂，有的还被虫蛀蚀，除质量特好的篑篾能较完整地制造层压板外，大多数情况下只有破碎成纤维或碎料后再利用，即制成竹丝板或碎料板。可以用这些竹材废物制作树脂碎料板、水泥刨花板。

将废弃木材粉碎打磨后制成刨花模压制品，根据不同用途可以覆贴 2 mm 厚的单板或三聚氰胺浸渍纸，用以作门、门框、家具构件、地板、踢脚板等。

（4）利用木质废物制作新型复合材料：利用废弃木材和金属、塑料等性质差异很大的非木质材料能够制备木材—金属复合材料、木材—塑料复合材料等新型复合材料。

将废弃木材加工成纤维、粉末以及刨花等各种形态的物料，然后采用不同的工艺与热固性树脂或热塑性塑料复合，能够制造各种各样的木塑复合材料产品。

木材/金属复合材料按照加工原理可以分为表面化学镀金属、表面真空喷镀、贴金属箔、金属导电涂料涂刷木质材料、混杂型导电木材/金属复合材料、金属注入复合材料等。混杂型导电木材/金属复合材料按其金属材料的形态又可分为木材/金属网复合材料、木材/金属纤维复合材料和木材/金属粉复合材料。

木材/金属复合材料是一类既具有类似木质材料和金属材料的某些性能，又具有其独特优点的新材料，其应用领域主要包括三个方面：一是用于静电防护场所；二是电磁屏蔽场所；三是用于有射线辐射的空间。木塑复合材料不仅可以利用废旧木材，而且也是废旧塑料制品或包装材料能够高效再利用的新途径。与实体木材或木质人造板相比，木塑复合材料的突出优点是不吸湿变形、不易开裂起毛刺以及不易腐朽和遭虫蛀等，发展前景极为广阔。

（5）利用木质废物制作木质陶瓷：木质陶瓷是由木质材料浸渍热固性树脂后，在隔绝空气的条件下，经高温烧结而成的一类木质基多孔炭材料。它原料来源广泛，木材、竹材、中密度板等人造板，以及甘蔗渣、米糠等其他木质纤维材料均可作为木质陶瓷的原料。它性能优异，比强度高，且具有良好的热学特性、摩擦学特性、电磁屏蔽特性和温湿感应特性等，经加工后可替代传统陶瓷，可用作电极、发热体、电机碳刷、刹车衬里、耐腐蚀材料、绝热材料、过滤材料等，具有广阔的开发应用前景。

（6）利用回收的木包装制造木质隔音砖。

（7）利用回收的木包装生产自行润滑材料：利用木质纤维素的惰性，将回收木包装用于制造重载荷自行润滑部件零件。

（8）利用回收的木包装生产氨基木材：利用木材中所含化学组分的化学活性，对回收的木包装进行化学改性，可制取氨基木材。

（9）利用回收的木包装制作仿古书简条幅。

（10）利用回收的木包装制作复合仿石板材：这种复合仿石板材制作工艺简单、产品表层光洁、彩纹自然、强度高、质量轻、耐高温，既保持了能锯能钉的材料性质，又具有坚硬耐磨的石材性能。产品可应用于各种家具台面、室墙面和地板装饰等，市场前景相当广阔。

（11）利用木质废物制酒精：木材加工剩余物经稀酸高压水解后得到的水解液，再经过生物加工—酒精发酵得到酒精，酵母繁殖得到饲料酵母。除了利用木材加工剩余物水解制取酒精外，还可利用木材亚硫酸盐制浆得到的废液生产酒精和饲料酵母等。这是由于废液中含有己糖、戊糖等，其中己糖可被酵母发酵产生酒精。

（12）木质废物制合成气：一般在高温下，利用气化剂使木材之类的植物原料或其他含碳固体材料转变成可燃性气体的热化学过程称作气化，也就是固体或液体燃料转化为气体燃料的热化学过程。在这个过程中，在气化装置里，游离氧或结合氧与燃料中的碳进行化学反应，生成可燃气体。生物质燃气在理化及燃烧特性上与工业燃气相比有较大的不同，如燃气中氮气的含量高、热值较低、燃烧所需的理论空气量较少、着火浓度极限（爆炸极限）较高等。

（13）利用木质废物生产液化产品：木材液化是在高温及催化剂等条件的共同作用下，使木材转化成液体燃料的热化学过程。液化过程是有针对性地增加液体产物，也就是我们所谓的生物油的产率。生物油是含氧量极高的复杂有机成分的混合物，这些混合物主要是一些分子量大的有机物，其化合物种类有数百种之多，从属于数个化学类别，几乎包括所有种类的含氧有机物，如醚、酯、醛、酮、酚、有机酸、醇等。

（三）回收工艺过程

1．木质废物热解利用

（1）木材炭化的工艺过程：木材炭化俗称烧炭，是在有限地供给少量空气的条件下，使木材在炭化装置中进行热分解，以制取木炭为目的的操作。

（2）活性炭的制造工艺过程：图 5-1 所示的是物理法生产活性炭的工艺流程；图 5-2 所示的是化学法生产活性炭的工艺流程。

2．木质废物水解利用

（1）植物原料稀硫酸水解工艺：

① 固定法水解工艺：

稀酸常压水解工艺过程：原料预处理→与蒸煮酸液放入水解锅→物料沸腾→卸料器→过滤→分解成水解液和残渣→残渣进行水洗→生成残糖。

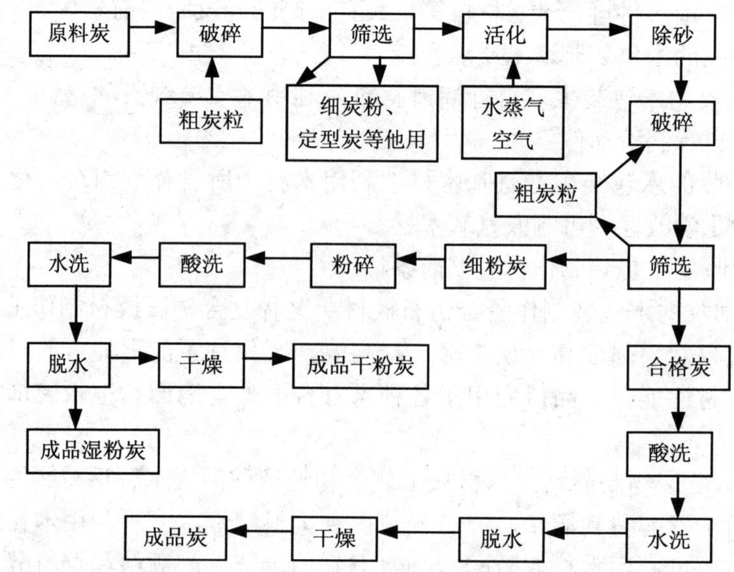

图 5-1 物理法生产活性炭的工艺流程

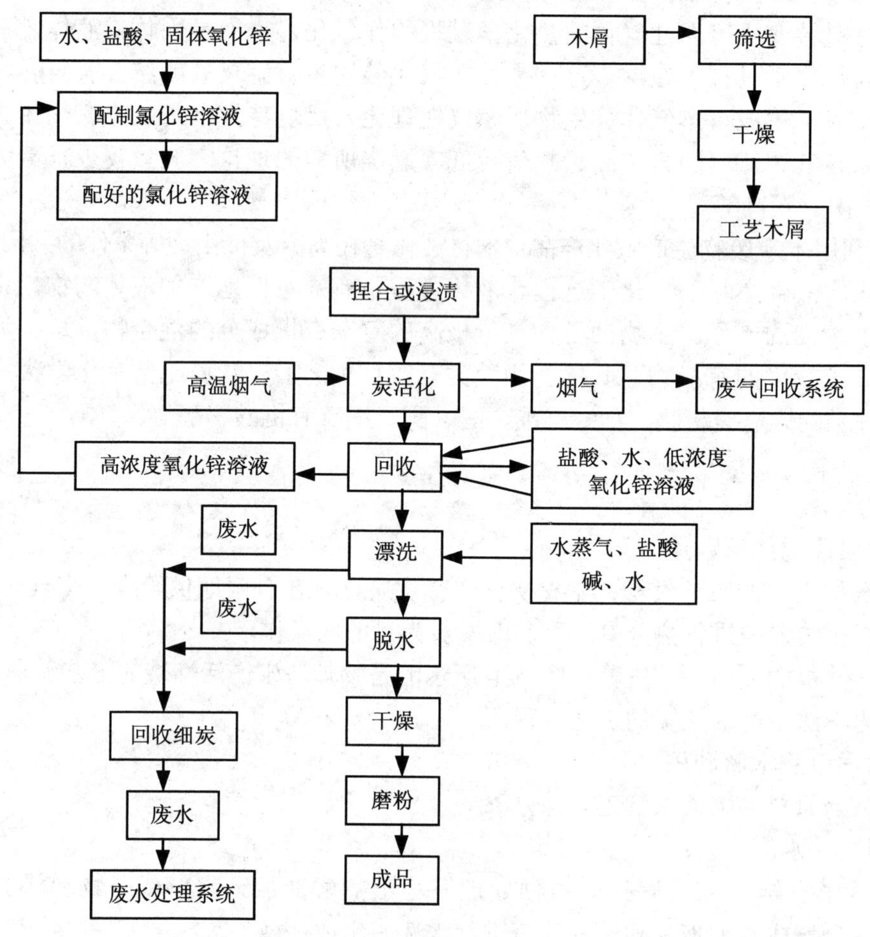

图 5-2 化学法生产活性炭的工艺流程

稀酸高压固定水解法工艺：原料和酸液混合→加热水解（高于大气压力下）→水解液→中和。

② 渗滤法水解工艺：原料和硫酸溶液混合→浸渍→水解。

（2）纤维素酶水解工艺过程：

一般纤维素酶水解主要可包括纤维素酶的制取、原料的前处理、酶水解和糖液利用等几个部分。

美国加利福尼亚大学的纤维素酶水解工艺过程包括：原料前处理（粉碎、酸预水解）、酶液制取、纤维素水解和单糖的酒精发酵等。

（3）多糖浓酸水解：

稀酸水解和无酸水解法共同的缺点就是单糖得率较低。浓酸水解与稀酸水解相比，它的优越性在于植物原料的多糖可以先转变成易水解状态和最终得到较高的单糖得率，水解液中糖浓度高，水解液的纯度高，水解过程不需高温，无大能耗，在大气压下便可行，便于在连续设备中进行。

日本东京大学木材水解的工艺流程：木材→用稀盐酸和硫酸浸渍→加热水解→得到结晶葡萄糖和结晶木糖→氢化→制成木糖醇。

氟化氢水解工艺：原料粉碎与干燥→抽真空→加入 HF 气体→多糖水解活化→利用惰性气体（四氯乙烷）吸出 HF 气体→分段萃取→中和水解液→水解液离子交换净化→糖液的发酵。

（4）高温水解：

高温水解是在稀无机酸催化下，或者是在不加无机酸催化剂的条件（无酸水解，或称自动水解）下进行的。

① 挤压法水解：美国纽约大学研究了木屑和其他纤维原料的连续高温水解工艺。该工艺的基础是利用挤压机保证把细分散的原料供给压力下进行水解的区域，使水解原料产生变形。

② 爆炸法水解：原料→高温、水（液体或汽化）、乙酸（催化剂）作用→半纤维素、纤维素和木质素部分分离→半纤维素生成单糖、低聚物、分解产物；木质素生成单酚、二酚和不溶低分子；纤维素端头水解。

（5）糠醛的生产工艺：

① 一段水解生产：我国典型的水解工艺流程就是当前普遍采用的间歇式中压串联水解工艺。工艺流程为：原料干燥和预处理→混酸→串联蒸煮→得到含糠醛的冷凝液→中和→原液→蒸馏→去除水分和乙酸→成品糠醛。

② 桂格法：原料粉碎（酸液）→混合→通汽加热→排醛蒸汽→冷凝→精馏→净制→得到商品糠醛。

③ 罗西法：粉碎原料→拌酸→通蒸汽加热→搅拌→得到糠醛→蒸馏和精制。

④ 罗森柳（赛佛）法：原料预蒸与贮存→加热水解→排除含醛蒸汽→冷凝→蒸馏。

糠醛的蒸馏与净化：含醛冷凝液→中和→原液→蒸馏→去除水分和乙酸。

3. 利用木质废物制作人造板

（1）用废木材原料制作人造板：废弃木材应用前需要进行适当的预处理，按废物的来源、形状、大小进行人工分拣、分类。如果废物来源集中（如锯末和碎木等），分类后即可贮存，如果来自垃圾处理厂或废物堆放场所，应按废物形状（如板材、方料等）人工分类后堆放。锯断、削片。清洗，热水浸泡，除去废物中的混凝土及冷热水抽出物，对旧木料用碱液处理以除去油污。晾干，入仓备用。

（2）用废竹材原料制作人造板：竹材废物利用前需要经过一定的预处理，手工拣分类，按大小、形状、来源、破裂、虫蛀等加以分类；锯断、削片、压溃；清洗。

（3）利用木质废物制造普通刨花板的工艺技术：原料的清理→原料准备→刨花制备→刨花运输→刨花干燥和分选→施加胶粘剂→板坯铺装→板坯预压→热压→冷却→裁边与砂光。

（4）利用木质废物制造水泥刨花板的工艺流程：备料→搅拌→铺装→加压→干热养护→裁边和室温养护→调湿处理。

（5）利用木质废物制造石膏刨花板的工艺流程：原料准备→搅拌→铺装→加压→干燥→裁边与砂光。

（6）利用木质废物矿渣制造刨花板生产工艺流程：矿渣→吹干→粗筛→粗磨→精磨→细筛→和经过刨花、干燥、筛选处理后的废弃木材混合→添加活性剂和水→搅拌→铺装成型→热压→堆放→裁边。

（7）利用木质废物制造中密度纤维板的工艺技术：原料制备→纤维分离→纤维施胶→纤维干燥→铺装成型→预压→热压→冷却→自然调质（湿）处理→锯裁与砂光。

（8）利用废木材制造木纤维波形瓦的工艺过程：纤维和树脂混合搅拌→低温干燥→加入石蜡乳液进行搅拌→铺装入模→热压→脱模。

（9）利用废竹材制作树脂碎料板的工艺过程：原料→清洗→晾干→削片→热磨（或锤碎）→与脲醛树脂胶混合→热压→成型。

（10）利用废竹材制作水泥刨花板的工艺过程：废竹材制造水泥刨花板工艺与木质水泥刨花板相同，废弃竹材处理与竹材刨花板相同。

（11）利用废木材制作刨花模压制品的工艺过程：废弃木材→破碎→分离→粉碎→筛分→干燥→贮存→拌胶→铺装成型→热压。

4．利用木质废物制作新型复合材料

（1）利用废原料制造木材/金属复合材料的工艺过程如图 5-3 所示。

（2）木材纤维/金属网复合材料工艺：对木材纤维施加一定量的脲醛树脂胶，然后按设定结构将金属丝网复合在中密度纤维板中。复合中密度纤维板结构的方法有：将双层金属丝网复合在中密度纤维板上下表面；单层金属丝网复合在中密度纤维板一侧表面；双层金属丝网复合在中密度纤维板的接近上下表面的板中间；单层金属丝网复合在中密度纤维板接近一侧表面的板中间。金属网的处理是将金属丝网直接复合在施加脲醛胶的木材纤维中；或是在金属丝网表面涂刷一定量异氰酸酯胶。

（3）木材纤维/金属纤维复合中密度纤维板工艺：将一定量的金属纤维与木材纤维混合后铺装在中密度纤维板的表面，厚度为 1 mm 左右。金属纤维与木材纤维的混合比例（质量比）分别为（金属纤维比木材纤维）1∶1、2∶1 和 3∶1。以上比例仅为在板表面以下 1 mm 厚度范围内金属纤维与木材纤维的比例，不是金属纤维占整个板质量的比例。对木材纤维施加一定量的脲醛树脂胶，然后按照设定的比例将金属纤维与施加脲醛树脂的木材纤维均匀混合，其中金属纤维与木材纤维混合后的处理方式是将金属纤维与施加脲醛胶的木材纤维混合后直接铺装成板坯；或是将金属纤维与施加脲醛树脂胶的木材纤维混合后，再对混合纤维施加一定量的异氰酸酯胶。

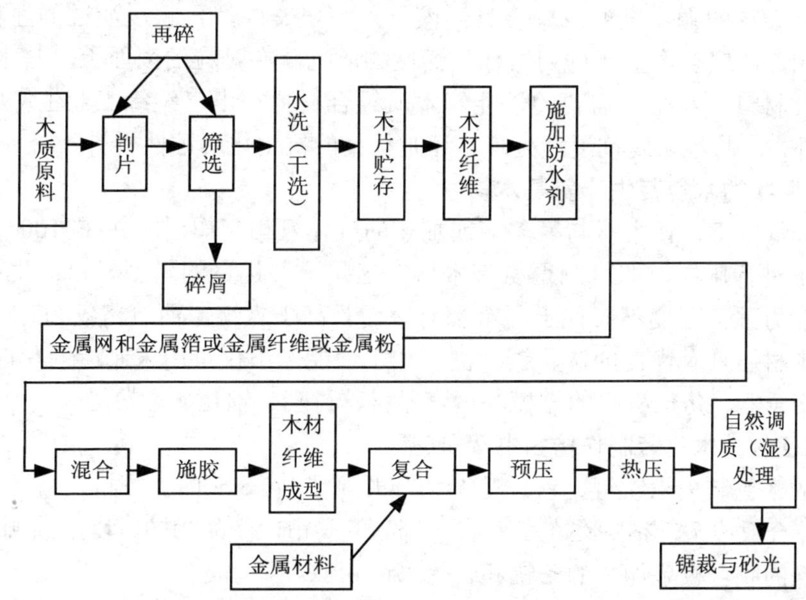

图 5-3 利用废原料制造木材/金属复合材料的工艺流程

（4）木材纤维/金属粉复合中密度纤维板工艺：对木材纤维施加一定量的脲醛树脂胶，然后将金属粉与施加了脲醛树脂胶的木材纤维均匀混合。其中金属粉与木材纤维混合后的处理方式又分两类：一类是将金属粉与施加脲醛树脂胶的木材纤维混合后直接铺装成板坯；另一类是将金属粉与施加脲醛树脂胶的木材纤维混合后，再对混合物料施加一定量的异氰酸酯胶。

（5）利用废物原料制造木塑复合材料的工艺技术：① 木塑复合材料的模压成型工艺技术：木材纤维→表面改性→与经接枝处理的热塑性塑料按比例混合→加入添加剂→铺装→预压→热压→冷却→裁边→成品。② 木塑复合材料的挤出成型工艺流程：干燥的木材纤维（塑料及助剂）→混合→塑化→挤出→成型。

5．利用木质废物制作木质陶瓷的工艺技术

木质材料经过酚醛树脂浸渍后，在隔绝氧气的条件下高温烧结，制得木质陶瓷。木质陶瓷产品的制造工艺可以分成三种。

第一种：木质材料→树脂浸渍→炭化→木质陶瓷原产品→加工→成品。

第二种：木质材料→切削加工成型→树脂浸渍→高温烧结→磨削加工→成品。

第三种：木质纤维（酚醛树脂）→混合→硬化成型→高温烧结→磨削加工。

6．利用回收的木包装制造木质隔音砖

将回收的木包装去除铁钉、铁皮等杂质后，打碎成粒度小于 1 mm 的锯木屑，将上述锯木屑与黏土混合，可烧制成建筑工业用的木屑隔音轻砖。生产时，锯木屑需经筛选，除去木块、石头等杂质后，按一定比例与黏土混合，用水调制，然后搅拌均匀，送入制砖机成型，待成型后的湿砖经干燥后，装窑烧制。在烧制过程中，木屑被烧掉，放出热量，并留下孔隙，即成轻砖。

7．利用回收的木包装生产自行润滑材料

制作时，先将木碎料放入高压釜内，进行常温真空处理，以除去易挥发成分和水分，然后将含有聚合物的稠化机油或聚合悬浮液打入高压釜内，再将浸渍过的坯料送往压制室，加热压制，使聚合物重新排列组合。活性物质沉落在颗粒的表面上，与木质素结合，从而形成整体材料，获得所需要的性能。木质组合材料在电气绝缘工业生产中得到了广泛应用。另外，木材经防腐剂浸渍处理，还是优良的抗生化腐蚀性材料。

8．利用回收的木包装生产氨基木材

在常温和低压下，使木材与氨溶液或加热的气体氨相互作用，并在 100～300 kg/cm^2 的压力条件下进行压制，即可制得氨基木材。这是一种优良的新型材料，生产成本低，耐生化腐蚀能力强，强度不仅优于所有木材，而且高于青铜，而价格仅为青铜的 1/10。另外，氨基木材还具有优良的铣、锯、刨切加工性能，不仅可用来制造刨花地板和家具，还可用于生产乐器、仿形机床的靠模、体育器材、衬套、轴瓦、齿轮等。

9．利用回收的木包装制作仿古书简条幅

将回收的木包装去除铁钉、铁皮等杂物，并制成 40 cm 的小规格三合板，然后加工成 1 cm 宽胶合板边条，粘贴在布上，与木制品的卷帘门产品相同，以水曲柳、柞木、榆木等颜色较深的胶合板条加工的条幅和古代书简相似。

10．利用回收的木包装制作复合仿石板材

以氧化镁为胶凝材料，氧化镁溶液为拌和剂，以锯木屑、稻草、石粉、麻秸、煤灰、炉渣等为填充物，以竹篾、玻璃丝为筋骨材料制成复合仿石板材。

11．木质包装废物酒精发酵的工艺过程

水解糖液→混合→（酵母活化作用）→前发酵和主发酵→80%～90%的乙醇→后发酵→乙醇酵母悬浮液（二氧化碳）。

12．木质包装废物制合成气的工艺技术

气化炉是该工艺的核心设备，生物质在气化炉内进行气化反应，生成可燃气。

（1）固定床气化炉：固定床气化炉是指气流通过物料层时，物料相对于气流来说处于静止状态，因此称作固定床。一般情况下，固定床气化炉适用于物料为块状的大颗粒原料。固定床气化炉包括下吸式固定床气化炉、上吸式固定床气化炉、横吸式固定床气化炉、开心式固定床气化炉。

用固定床气化炉合成可燃气的工艺流程：生物质→裂解→分解成炭、挥发分、焦油→焦油裂解→生物质燃气。

（2）流化床气化炉：流化床气化炉有一个热砂床，生物质的燃烧和气化反应都在热砂床上进行。在吹入的气化剂作用下，物料颗粒、流化介质（砂子）和气化介质充分接触，受热均匀，在炉内呈“沸腾”状态，气化反应速度快，产气率高，是唯一在恒温床上反应的气化炉。流化床气化炉包括单流化床气化炉、循环流化床气化炉、双流化床气化炉、携带床气化炉。

使用流化床气化炉合成可燃气的工艺流程：生物质原料（气化剂）→气化反应→生成气化气→净化。

13．利用木质废物生产液化产品的工艺技术

热裂解液化的一般工艺过程包括物料的干燥、粉碎、热裂解，产物炭和灰的分离，

气态生物油的冷却和生物油的收集。

第二节　木材包装制品

一、木材概况

（一）材料来源

木材包装制品的材料主要是木材，它主要来源于自然资源。

木材取之于森林，作为重要的工业原料，大量采伐，尤其是无计划、无补充的滥伐，必然导致森林面积、森林贮存量急剧减小，这是直接导致生态危机的重要原因之一。所以说我国在一个相当长的时期内仍然需要制定和实行植树绿化、改善生态环境和节制使用木材相并重的政策。

根据联合国粮农组织汇编的《世界森林资源状况 2005》，2005 年全球森林面积 39.52 亿 hm^2，占陆地面积的 30.3%。我国目前森林面积 1.75 亿 hm^2，森林覆盖率 18.21%，仅相当于世界平均水平的 61.52%，居世界第 130 位。随着国家的发展，木材产量和需要量之间的矛盾将会越来越突出。我国森林资源紧缺，生产建设用木材缺口甚大，进口量逐年增大，耗用外汇额惊人。

而林业资源本身，结构性矛盾突出，表现为：一是近成熟林蓄积量逐年锐减，由 1993 年的 19.6 亿 m^3 降至 2000 年的 13.5 亿 m^3，到 2010 年将进一步减至 8.75 亿 m^3；二是 20 世纪 90 年代，木材及其制品的年进口量（折合原木量）逐年上升，其中 30%为原木锯材、单板和胶合板，此乃我国大径原木短缺所致。加之近年来我国实施天然林保护工程，也会在一定时期内加剧木材供需矛盾。2003 年，我国进口的原木将近 2 500 万 m^3。

第六次全国森林资源清查表明，我国森林资源的消耗发生了可喜的转变，人工林资源向社会提供木材的份额越来越大。天然林资源消耗下降了 7 个百分点，人工林资源消耗量上升了 7 个百分点，这也充分说明了我国今后的木材需求的来源主要依靠人工林。

（二）木材包装材料的性能和包装应用

1．木材包装材料的性能

木材的性能主要表现在木材的物理性能、机械性能、握钉性能、耐腐蚀性和酸性等。

（1）木材的物理性能：木材的物理性能，包括密度、含水率、收缩率、膨胀率、气味等。

木材的密度在 0.8 g/cm^3 以上者称为最重材；密度在 0.7～0.8 g/cm^3 者称为重材；密度小于 0.5 g/cm^3 者称为轻材。重材，其强度高、变形大、握钉力也小，但钉钉时不易裂。包装材料一般应选用轻便和握钉力较好的木材，宜选用密度为 0.35～0.7 g/cm^3 的木材。

含水率的高低，会直接影响木材的强度。含水率过高会降低其抗弯和抗拉强度；含水率过低，握钉力差并出现裂缝。一般可选用含水率在 20%左右的木材。木材含水率的测定方法有三种：干燥法、蒸馏法、导电法。

木材的收缩、膨胀和可燃性是包装木材的缺点。储运过程中，气候条件变化、温湿度变化都会引起木板发生不同程度的收缩与膨胀。由于木材的组织结构不匀整，所以不同方向的收缩率亦不同，纤维方向的收缩率最小，一般为 0.1%～0.3%；弦切方向的收缩率最大，为 4%～15%；径切方向的收缩率居中，为 2%～8%。在不影响强度的条件下，尽可能选用收缩率较小而较轻的木材制作包装容器。

木材含有树脂、胶质、挥发油、单宁质等成分，故有的木材带有某种特殊气味。作为包装容器要考虑木材的气味，例如松木、柏木、樟木等不宜做茶叶、蜂蜜、糖果、点心等食品的包装容器，以免食品熏染上松节油、樟脑等特殊气味而受损失。

（2）木材的机械性能：木材抵抗外界机械力的能力，称为木材的机械性能。木材的机械性能包括木材的强度、硬度、弹性和可劈性。木材的机械性能随着木材的种类、密度、年轮、含水率和部位等因素的不同而不同。

木材的强度像其他材料一样，可分为抗拉、抗压、抗剪、抗弯、抗扭、抗劈、耐磨性、抗冲击和硬度等。木材是非均质性的各向异性材料，其纵向、径向和弦向三个方向力学强度具有明显的差异。木材的顺纹抗压极限强度为 2.5×10^9～7.5×10^9Pa，横纹抗压极限强度为顺纹的 10%～30%；顺纹抗拉极限强度平均为 1.2×10^8～1.5×10^8Pa，横纹抗拉极限强度为顺纹的 4%～10%；顺纹抗剪极限强度为 3×10^6～1.2×10^7Pa，横纹抗剪极限强度为顺纹的 3 倍。

木材的硬度，是指木材抵抗其他刚体压入的能力。木材的硬度也与其加工性能有直接关系，硬度大的木材难加工、难锯刨而耐磨损；硬度小的木材易加工，但不耐磨损。

木材的冲击韧性，是指木材受冲击力而弯曲折断时，试样单位面积所吸收的能量。吸收的能量越大，表明木材的韧性越高而脆性越低，因此，冲击韧性是检验木材的韧性或脆性的指标。国产针叶木材，其冲击韧性数值多在 17.9～67.5 kJ/m^2（0.179～0.675 kg・m/cm^2），阔叶材多在 16.0～182.2 kJ/m^2（0.160～1.822 kg・m/cm^2）。冲击韧性受木材密度、温度和木材缺陷等因素的影响。

（3）木材的握钉性能：用木材制作包装容器都是用板条装配连接而成，普通连接方法使用钉钉接。钉接强度越高，包装容器越牢固，而钉接强度取决于木材的握钉力。木材握钉力又取决于木材的性质、铁钉的种类和进钉的方式。

木材的抗劈力，是指木材的一端沿纹理方向抵抗劈开的能力，木材端部在尖楔的作用下可被顺纹劈开。抗劈力大的木材，其握钉力也强。交错纹理、木节可增大抗劈力。

握钉力是指木材对已钉入的铁钉、螺丝钉拔出的阻力，也就是木材对钉的抗拔力，抗拔力就是铁钉与木材间摩擦力。

握钉力的大小取决于木材的种类、含水率、密度、硬度、弹性、纹理方向、钉子的形状及其与木材接触面的大小等。

（4）木材的耐腐蚀性和酸性：木材是有机材料，是菌类和害虫的良好营养基，在运储过程中易受木腐菌、白蚁的侵害。对木材进行药剂处理防腐能对菌类产生毒性作用而停止其生长和发育，同时也可把木材的含水率降到 20%以下，使木材保持干燥而停止菌类生存。

木材又是含有甲酸、乙酸等酸性的材料，因此五金交电、机械、工具等金属制品应选用 pH＞4.5 的木材，从而防止金属制品受酸性腐蚀。

2. 木材包装材料的应用

主要包括包装容器（包括普通木箱、滑木箱、框架木箱、钢丝捆扎箱等）、木质底座和托盘、木质包装充填辅料、包装内衬、食品行业的包装盒、琵琶形木桶（密封木桶、不密封木桶）、异形包装制品。

（三）安全和环境影响

木质包装材料是森林病虫害传播的重要载体，若控制不当就会产生严重的影响，使企业和社会都蒙受巨大的损失。木质包装材料经常在货物运抵目的地拆卸后随意丢弃，一旦包装材料来自疫区国家，则松材线虫极易扩散。在跨国贸易中，很多种类的森林病虫害可以随木质包装材料在国际间传播，例如松材线虫是中国禁止入境的植物危害性生物之一，也是国际上公认的重要有害生物。此外松树病木中羽化出的传播媒介——天牛，可以携带大量松材线虫，经人类的运输工具也会形成长途传播。

目前美国、加拿大、巴西、澳大利亚、新西兰、韩国、欧盟十五国（包括法、英、德、荷兰、意大利、西班牙、比利时、卢森堡、葡萄牙、希腊、丹麦、瑞典、爱尔兰、奥地利、芬兰）都明确规定：要求所有从中国输入的木质包装（木质包装是指用于承载、包装、铺垫、支撑、加固货物的木质材料，如木板箱、木条箱、木托盘、木框、木桶、木轴、木楔、垫木、枕木、衬木等，胶合板、纤维板等人造板材除外）在出境前，必须经输入国认可的热处理、熏蒸或防腐处理，并且，由出入境检验检疫机构出具植物检疫证书或熏蒸证书，以证明该批木质包装材料已经过灭害处理。同时，澳大利亚、新西兰政府规定：所有木材和木制品（含经深加工的木制品，如胶合板等）在输入该国之前，均在出口国进行熏蒸除害处理；新西兰国家对竹、茎、藤的产品也要求须在出口前进行熏蒸除害处理。熏蒸的有效期为 21 天。所以，现在很多公司都用免熏蒸的木箱，时间上不受限制。

2002 年 3 月，为防止林木有害生物随货物使用的木质包装材料在国际间传播蔓延，国际植物保护公约组织（IPPC）公布了国际植物检疫措施标准第 15 号《国际贸易中的木质包装材料管理准则》（以下均简称 ISPM15），要求货物使用的木质包装材料应在出境前进行除害处理，并加施 IPPC 确定的专用标识，但经人工合成的材料或深加工的包装用木质材料如胶合板、纤维板等并不在此列。此外，诸如锯屑、刨花等木质包装材料，也许不是检疫性害虫引入的传播途径，因此可不被控制，除非技术上证明有必要。目前许多 WTO 成员国已基于该标准制定或采纳了相应的措施，在发达国家中：美国、加拿大、欧盟、新西兰和韩国都已完全实施 ISPM15，实施除害处理；而澳大利亚和瑞士则是对本国进口木质包装材料的卫生要求进行了修改，但修订后的检疫要求基本与 ISPM15 相符；除了 ISPM15 规定的以外，澳大利亚还将保持以下原有要求：无皮；每 1 m^3 用 48 g 溴甲烷熏蒸 24 h 以上以及接受处理的木材最小刨面直径不得超过 200 mm。在发展中国家：墨西哥、土耳其、秘鲁、印度、菲律宾、厄瓜多尔和多米尼加也都宣布采纳 ISPM15，现已全面实施。

为防止林木有害生物随进境货物木质包装传入我国，我国也颁布了进境货物木质包装检疫规定，要求进境货物木质包装应按国际标准在输出国家或地区进行检疫除害处理，并加施 IPPC 专用标识。该规定已于 2006 年 1 月 1 日起施行。

木质包装材料的检疫除害处理方法既关系到货物的质量，又涉及有害生物的致死程度，还影响到进境成本和通关速度。目前木竹包装材料检疫中采用的技术手段有熏蒸、热处理、药剂喷洒法、辐射和微波处理法等。在我国，熏蒸处理是目前普遍使用的化学处理方法，而溴甲烷又是木质包装出口货物熏蒸中使用最多的熏蒸剂。ISPM15 规定了溴甲烷熏蒸处理的最低标准：熏蒸最低温度不低于 10℃，时间不少于 16 h。目前，澳大利亚等国对溴甲烷熏蒸处理的实施标准最为严格，被许多国家借鉴引用，该标准对 10℃以下的溴甲烷熏蒸效果不予认可。目前我国认可的溴甲烷熏蒸标准规定还包括：在温度≥5℃时投药 80 g/m³，木竹包装的熏蒸时间为 24 h。

（四）回收利用情况

木材是一种可回收再利用的生物质材料，而木材制成的木质包装在使用废弃之后，也可回收循环使用，或通过机械化学处理和分解处理等资源化利用途径回收再利用。

木质包装废物具有多种用途，可以通过燃烧进行能源化利用，也可以通过物理、化学或机械处理技术或工艺进行资源化利用。

木质包装废物的机械、化学或分解处理包括热解利用、水解利用、制作人造板、制造新型复合材料、制作木质陶瓷、制造木质隔音砖、生产自行润滑材料、生产氨基木材、制作仿古书简条幅、制作复合仿石板材、制作酒精、制合成气和生产液化产品等。

二、典型木材包装产品

木材包装产品有普通木箱、滑木箱、框架木箱、木制底盘、托盘、钢丝捆扎箱、木桶等。

三、木材包装制品及其废物特性

（一）普通木箱

1. 基本结构

内尺寸长、宽、高之和在 2 600 mm 以下，内装物在 200 kg 以下时使用。它载重量小，通常采用板式结构，其装卸、搬运操作多为人工方式，因而必须设置手柄、手孔等操作构件，不必考虑滑木、绳口及叉车插口等结构。普通木箱的分类见表 5-1。

2. 生产工艺流程

原木或板材→断截成所用长度→配料拼板→钉箱板→组装成箱。

3. 使用资源、生产环境与排放

使用资源：电能、水。

生产环境：噪声、木质粉尘。

排放：废水、二氧化碳和废钢带。

一般来说，在原料切割和组装过程中需要消耗电能，并产生噪声和木质灰尘。在木质包装产品回收过程中需要消耗水资源和剩余废钢带，也会产生废水和二氧化碳等气体。

表 5-1 普通木箱的分类

<table>
<tr><th colspan="2">类型</th><th>箱板的铺法</th><th>适用范围</th><th>主要特点</th></tr>
<tr><td rowspan="2">1 类</td><td>1A 型</td><td>封闭箱</td><td rowspan="2">内装物在 20 kg 以下，且内部综合尺寸（内尺寸长、宽、高之和）不大于 1 300 mm、高不大于 250 mm 的二级木箱</td><td rowspan="2">无箱档、端面为一块整板</td></tr>
<tr><td>1B 型</td><td>花格箱</td></tr>
<tr><td rowspan="2">2 类</td><td>2A 型</td><td>封闭箱</td><td rowspan="2">内装物在 150 kg 以下</td><td rowspan="2">每个端面装有两根立档</td></tr>
<tr><td>2B 型</td><td>花格箱</td></tr>
<tr><td rowspan="2">3 类</td><td>3A 型</td><td>封闭箱</td><td rowspan="2">内装物在 150 kg 以下</td><td rowspan="2">每个端面装有两根横档</td></tr>
<tr><td>3B 型</td><td>花格箱</td></tr>
<tr><td rowspan="2">4 类</td><td>4A 型</td><td>封闭箱</td><td rowspan="2">内装物在 150 kg 以下</td><td rowspan="2">在端面的内侧装有立档，立档可以为三角形</td></tr>
<tr><td>4B 型</td><td>花格箱</td></tr>
<tr><td rowspan="3">5 类</td><td>5A 型</td><td>封闭箱</td><td rowspan="2">内装物在 200 kg 以下</td><td rowspan="2">端面装有立档与横档</td></tr>
<tr><td>5B 型</td><td>花格箱</td></tr>
<tr><td>5C 型</td><td>胶合板封闭箱</td><td>内装物在 150 kg 以下</td><td>端面装有立档与横档</td></tr>
</table>

4．产品主要指标

- 跌落试验：自由跌落，包括面跌落、棱跌落、角跌落；
- 堆码试验；
- 含水率：木材的含水率一般不大于 20%，但外箱档与 B 型箱的含水率可以在 24% 以下。

5．产品标准

GB/T 12464—2002 普通木箱

日本工业标准：JIS Z 1402—2003 木箱

6．产品用途

主要应用于内燃机等小型机电设备、五金零部件、电子元件、卫生洁具、建筑材料、家用电器、体育用品和食品水果等包装。

7．产品复用性

可以重复多次使用。

8．废物回收途径

社会自然回收和工业回收。

（二）滑木箱

1．基本结构

滑木箱通常在载重量小于 1 500 kg 时使用。由于必须靠机械起吊，或在地上拖动，因而必须设置滑木。滑木箱的承重靠底座、侧壁和端壁组成刚性联结来共同完成。滑木箱的结构如图 5-4 所示，滑木箱构件及名称包括：滑木、辅助滑木、底板、枕木、端木；侧面包括：侧板、箱外侧对角撑、侧挡、斜挡、辅助立柱；端面：端板、端立柱、端板对角撑、水平加强材；顶面包括：顶板、顶梁。滑木箱按结构分为 1 类（横板式）和 2 类（立板式），其特征及应用列于表 5-2。

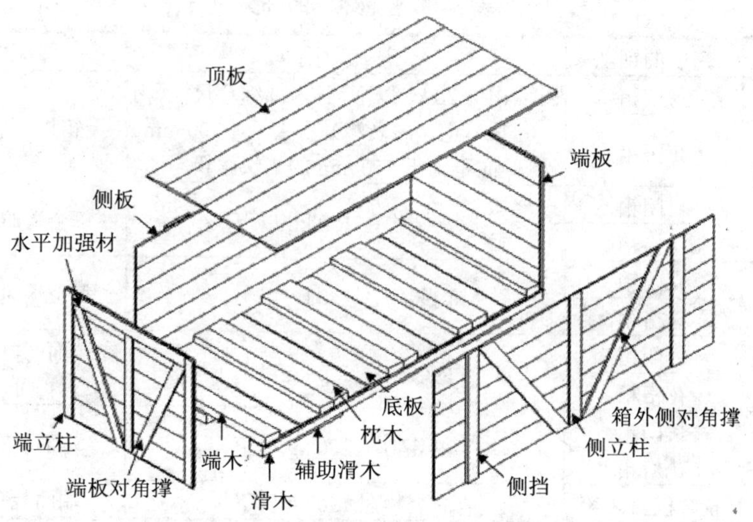

图 5-4 滑木箱的结构

表 5-2 滑木箱的结构分类

<table>
<tr><th colspan="2">类型</th><th>箱板铺法</th><th>适用范围</th></tr>
<tr><td rowspan="3">1 类（横板式）</td><td>1A 型</td><td>木板封闭箱</td><td rowspan="5">A 型和 C 型主要用于需要防水、防潮的内装物，或用于防止内装物脱落的情况；
B 型主要用于不需要防水、防潮且只需局部防护的内装物</td></tr>
<tr><td>1B 型</td><td>木板花格箱</td></tr>
<tr><td>1C 型</td><td>胶合板封闭箱</td></tr>
<tr><td rowspan="2">2 类（立板式）</td><td>2A 型</td><td>木板封闭箱</td></tr>
<tr><td>2B 型</td><td>木板花格箱</td></tr>
</table>

2．生产工艺流程

原木或板材→截断成所用长度→配料拼版→钉箱板→组装成箱。

3．使用资源、生产环境与排放

使用资源：电能、水。

生产环境：噪声、木质粉尘。

排放：废水、二氧化碳和废钢钉。

一般来说，在原料切割和组装过程中需要消耗电能，并产生噪声和木质灰尘。在木质包装产品回收过程中需要消耗水资源，也会产生废钢钉、废水和二氧化碳等气体。

4．产品主要指标

- 跌落试验：大型包装件的面跌落、棱跌落、角跌落；
- 堆码试验：顶面承载试验、侧面承载试验；
- 起吊试验：钢丝绳与试验样品顶面之间的夹角为 45°～55°，提升高度为 1.0～1.5 m；
- 包装件质量＜10 t 的起吊速度为 18 m/min，包装件质量＞10 t 的起吊速度为 9 m/min；运行方式为紧急起吊和制动、上升、下降及左右运行；运行时间为 5 min，重复次数为 3～5 次；
- 木材的含水率试验：一般不大于 20%，但外箱档、滑木、辅助滑木和 B 型箱木材的含水率可在24%以下。

5．产品标准

GB/T 18925—2002　滑木箱

6．产品用途

主要应用于大型机电设备、仪表、仪表柜包装。

7．产品复用性

可以重复多次使用。

8．废物回收状况

社会自然回收和工业回收。

（三）框架木箱

1．基本结构

框架木箱主要受力构件用材以落叶松、松木、冷杉、云杉、槭木、榆木为主，也可使用强度与之相同或更大的木材；其他构件用材应在保证木箱强度的前提下选用适当材料。框架木箱也必须设置底座，供机械装卸、起吊操作使用。框架木箱的底座一般由滑木、端木、枕木、底板、辅助滑木组成。框架木箱的承重主要靠构件组成的刚度很好的桁架来完成；壁板在多数情况下仅起密封保护的作用。框架木箱的形式及特征列于表5-3。

表5-3　框架木箱的形式

形式		箱板的铺法	组装方式	适用范围
1型	1-A	木板封闭箱	钢钉组装	用于需防水、防潮等防护的内装物
	1-B		螺栓组装	
2型	2-A	胶合板封闭箱	钢钉组装	
	2-B		螺栓组装	
3型	3-A	花格箱	钢钉组装	用于不需或只需简易防水、防潮等防护的内装物
	3-B		螺栓组装	

2．生产工艺流程

原木或板材→断截成所用长度→配料拼版→钉箱板→组装成箱。

3．使用资源、生产环境与排放

使用资源：电能、水。

生产环境：噪声、木质粉尘。

排放：废水、二氧化碳和废钢钉。

一般来说，在原料切割和组装过程中需要消耗电能，并产生噪声和木质灰尘。在木质包装产品回收过程中需要消耗水资源，也会产生废钢钉、废水和二氧化碳等气体。

4．产品主要指标

- 跌落试验：大型包装件的面跌落、棱跌落、角跌落；
- 堆码试验：顶面承载试验、侧面承载试验；
- 起吊试验；
- 木材的含水率：一般不大于20%，但滑木、辅助滑木、3型箱等用的木材含水率可以在24%以下。

5．产品标准

GB/T 7284—1998　框架木箱

日本工业标准：JIS Z 1403—2003　包装用框架木箱

6．产品用途

主要应用于大型机电设备、仪表、仪表柜包装。

7．产品复用性

可以重复多次使用。

8．废物回收状况

社会自然回收和工业回收。

（四）木制底盘

1．基本结构

木制底盘适用于装运质量为 500～40 000 kg 的产品。适用于塔、罐等大型机械设备，这些设备本身具有足够的强度和刚度，不必过细地进行密封保护。用底盘作包装处理，主要为了运输、装卸的方便。底盘的结构包括滑木、端木、枕木和底板等主要受力构件，以落叶松、松木、冷松、云松、槭木、榆木等为主，也可以使用强度与之相同或更大的材种。木制底盘的类型、特征及应用范围列于表 5-4。A 型木制底盘的结构特征如图 5-5 所示。

表 5-4　底盘类型

类型	装卸方式	适用范围
A 型	利用底盘进行起吊或滚杠、叉车装卸、搬运	作为通用底盘，适用于各类物品
B 型	直接起吊内装物本身，仅利用底盘进行滚杠装卸、搬运	主要适用于可以直接吊装的物品

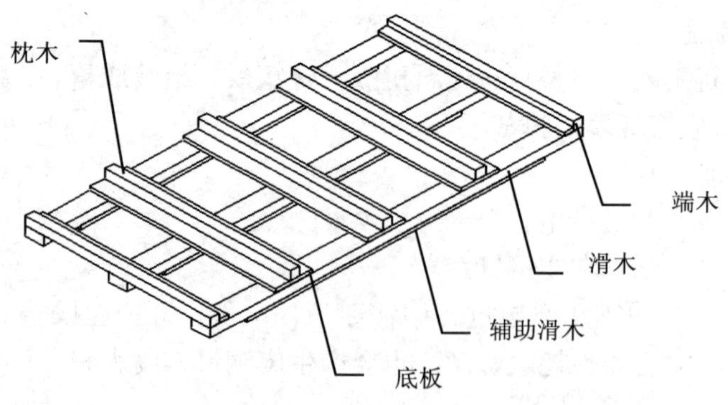

图 5-5　A 型底盘的结构图

2．生产工艺流程

原料→切割→刨光→底盘组装→熏蒸或热处理。

3．使用资源、生产环境与排放

使用资源：电能、水。

生产环境：噪声、木质粉尘。

排放：废水、二氧化碳和废钢钉。

一般来说，在原料的切割、刨光和组装过程中电锯需要消耗电能，并产生噪声和木质灰尘。在木质包装产品回收过程中需要消耗水资源，也会产生废钢钉、废水和二氧化碳等气体。

4．产品主要指标

- ➢ 起吊试验；
- ➢ 跌落试验：大型包装件的面跌落、棱跌落、角跌落；
- ➢ 叉车试验：高度低于 1 m，且重量小于 230 kg，在样品上放置一重物，模拟高度不低于 2 m 或总重量不少于 450 kg 的最低数量试验样品的堆码状态。若样品宽度大于 900 mm，应检查稳定性，若不稳定则不进行本项试验。在规定路面上运行 30 m。在约 23 s 内匀速行驶 30 m 后制动。
- ➢ 木材的含水率：底盘各构件的木材含水率应在 25%以下。

5．产品标准

GB/T 10819—2005　木制底盘

6．产品用途

适用于运输内装物质量为 500～40 000 kg 的产品，主要应用于大型机电设备、大型罐类容器、仪表柜等。

7．产品复用性

可以重复多次使用。

8．废物回收状况

社会自然回收和工业回收。

（五）木制托盘

1．基本结构

托盘是一种具有载货平面，并有叉孔，便于叉车装卸、搬运和堆存成件包装货物的一种集装器具。其最低高度应能适应托盘搬运车、叉车和其他适用的装卸设备的搬运要求。托盘本身可以设置或配装上部构件，同时托盘也是集约包装的一种。

（1）托盘的分类：

托盘按结构和外形特点分为：单面使用托盘、双面托盘、双向进叉托盘、四向进叉托盘、局部四向进叉托盘、纵梁上有 U 形槽的托盘、纵梁板重叠托盘、自由叉孔托盘、周底托盘、十字形周底托盘、翼形托盘。

托盘按使用方式可以分为一次性托盘、反复使用的托盘、管内托盘、可交换的托盘、共有托盘等。

（2）托盘各部分的结构名称：

托盘各部分的结构名称如图 5-6 所示，包括顶铺板、顶铺板组合件或网式件、底铺板、翼、板缘、底孔、叉孔、自由叉孔、铺板条、边板、紧密对接边板、倒棱、连续倒棱、局部倒棱、角部倒棱、纵梁、叉槽、纵梁桁高、纵梁脚、中心板组、垫块、纵梁板、托盘底滑板等。

托盘所用的机械紧固零件：包括直钉、抱钉、螺纹钉、螺旋钉、环形螺纹钉、断续式螺纹钉、刺钉、床花钉、U 形钉、曲钉、木螺钉、螺栓、止动螺栓、托盘铆钉、波纹紧固件等。

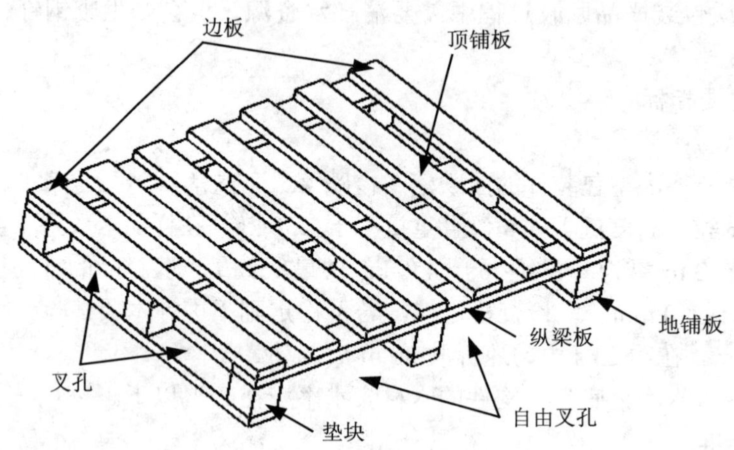

图 5-6 托盘结构图

2．生产工艺流程

原料→切割→刨光→托盘组装→熏蒸或热处理。

木托盘以原木为材料，进行干燥定型处理，减少水分，消除内应力，然后进行切割、刨光、断头、抽边、砂光等精整加工处理而形成型材板块，采用具有防脱功能的射钉（个别情况采用螺母结构）将型材板块装订成半成品托盘，最后进行精整、防滑处理和封蜡处理。

3．使用资源、生产环境与排放

使用资源：电能、水。

生产环境：噪声、木质粉尘。

排放：废水、二氧化碳和废钢钉。

一般来说，在原料生产过程中需要消耗电能，并产生噪声和木质灰尘。在木质包装产品回收过程中需要消耗水资源，也会产生废钢钉、废水和二氧化碳等气体。

4．产品主要指标

堆码试验：试验载荷 1.1 R，N 级 y=4 mm，S 级 y=1 mm。卸载 0.25R 载荷下，y 值变化不超过 1.5 mm。并在 1 h 内复原。

弯曲试验：试验载荷 1.25R，N 级弯曲 $0.025l_1$（$0.025l_2$），S 级弯曲 $0.012\,5l_1$（$0.012\,5l_2$），0.1 R 载荷下测得 1 h 内复原值不超过 $0.1l_1$（$0.01l_2$）。满载时顶铺板与底铺板之间的距离不小于 92 mm。

底铺板试验：试验载荷 1.15R，N 级弯曲 $0.02l_1$（$0.02l_2$），S 级弯曲 $0.01l_1$（$0.01l_2$）。0.1R 载荷下的满载挠度值不超过 $0.025l_3$（$0.02l_4$，$0.02l_5$）；在 0.1 R 载荷下 1 h 之内的复原值不

超过 $0.007l_3$（$0.007l_4$，$0.007l_5$）。

剪切试验：试验载荷 0.075 R，冲击距离 1 m，试验次数 3 次。三次冲击后，S 级前边缘任何点 x 值的增加不应超过 6 mm，y 值的平均增加不应超过 4 mm。N 级前边缘任何点 x 值的增加不应超过 4 mm，y 值的平均增加不应超过 2 mm。

顶铺板边缘冲击试验：试验载荷 0.075 R，冲击距离 1 m，试验次数 3 次。冲击后，S 级 x，y 值平均增加不超过 3 mm。N 级 x，y 值平均增加不超过 2 mm。

垫块冲击试验：试验载荷 0.075 R，冲击距离 750 mm，试验次数 3 次。N 级和 S 级：冲击后，x、y、z 的平均值不超过 3 mm，冲击后角位移 α 和 β 值均不超过 5°。允许垫块有压痕。在使用圆形垫块时，对位移 x 和 α 不作规定。

角跌落试验：试验载荷为托盘重量，跌落高度为 1 000 mm 或 500 mm。试验次数 3 次。跌落以后，对角线 y 值的变化最大不超过 $0.04y$。允许托盘局部压紧。

含水量：木制托盘的含水量不得少于 18%，若低于此值，每 24 小时记录主要构件的含水量直至试验项目结束。

5. 产品标准

GB/T 2934—2007　联运通用平托盘　主要尺寸及公差

GB/T 3716—2000　托盘术语

GB/T 4995—1996　联运通用平托盘　性能要求

GB/T 4996—1996　联运通用平托盘　试验方法

GB/T 16470—2008　托盘单元货载

GB/T 20077—2006　一次性托盘

YC/T 215—2007　烟草行业联运通用平托盘

德国标准：

DIN 15158—1—2005　包装　物品搬运托盘　第 1 部分：平托盘的性能要求和对试验的选择

美国材料试验协会标准：

ASTM D1185—98a（2009）　用于材料搬运及运输的托盘和相关结构物体的标准试验方法

日本工业标准：

JIS Z0601—2001　组合托盘—联运用平托盘

JIS Z0604—1989　木制平托盘

6. 产品用途

应用于使用缠绕膜包装的产品，如化工原料、生活用品、家电产品、电子产品、粮食等运输托盘。具有抗弯强度大，刚性好，承载能力大，成本低，易于维修，耐低温和高温性能好等优点，适用范围广。但抗冲击性差，在频繁的周转使用中容易损坏，使用寿命短；容易受潮，不易清洁。

7. 产品复用性

可以重复多次使用。

8. 废物回收状况

社会自然回收和工业回收。

（六）钢丝捆扎箱

1．基本结构

钢丝捆扎箱是由箱围板、端板及箱档组成，用箱围板两端的箱档固定端板的端部，箱围板绕一周，在其端部用钢丝联结组装而成。

钢丝捆扎箱的主要优点在于它利用钢丝与箱档的巧妙组合形成有足够刚度的骨架来承重。薄板仅起遮盖箱密封保护内装物的作用，因而可以大量节约木材。据统计，包装同样的产品，钢丝捆扎箱用木材只是普通木箱的 1/3，此外，钢丝捆扎箱更利于工业化大量生产。

钢丝捆扎箱按其箱档的构造分类可分为：内箱档型，箱档在箱体的内侧；外箱档型，箱档在箱体的外侧。

按其钢丝末端的拧扣方法分类可分为：Ⅰ型，钢丝末端螺旋式缠绕三圈以上；Ⅱ型，钢丝末端耳环式封口。

2．生产工艺流程

用钢丝将薄板连缀→用箱档加固→用钢丝捆扎并扭合成结→封箱。

3．使用资源、生产环境与排放

使用资源：电能。

生产环境：噪声、木质粉尘、游离甲醛。

排放：废水、二氧化碳和废钢丝。

一般来说，在原料的切割、刨光和组装过程中电锯需要消耗电能，并产生噪声和木质灰尘。在木质包装产品回收过程中需要消耗水资源，也会产生废钢丝、废水和二氧化碳等气体。

4．产品主要指标

- 跌落试验：当试验样品为空箱时，按照顶盖、底面、侧面、端面的顺序各面跌落一次；
- 堆码试验；
- 木材的含水率：不大于 20%，但对于外箱档使用的材料，其含水率可以在 24%以下。

5．产品标准

GB/T 18924—2002 钢丝捆扎箱

6．产品用途

主要应用于内燃机等小型机电设备、五金零部件、电子元件、卫生洁具、建筑材料、家用电器、体育用品和食品水果等包装。

7．产品复用性

可以重复多次使用。

8．废物回收状况

社会自然回收和工业回收。

（七）琵琶形木桶

1. 基本结构

制桶用板厚度不小于 20 mm。桶身应有 5 道加强铁箍箍紧，接头用铆钉铆牢。桶盖和桶底均须有“十”字形木档。

2. 生产工艺流程

原木或板材→断截成所用长度→配料拼板→开槽→组装成型→加箍成桶。

3. 使用资源、生产环境与排放

使用资源：电能、水。

生产环境：噪声、木质粉尘。

排放：废水、二氧化碳和废钢带。

一般来说，在原料切割和开槽过程中需要消耗电能，并产生噪声和木质灰尘。在木质包装产品回收过程中需要消耗水资源，也会产生废钢带。废水和二氧化碳等气体。

4. 产品主要指标

- 跌落试验：跌落两次，跌落部位为桶接缝或封闭器。跌落高度Ⅰ类为 1.8 m，Ⅱ类为 1.2 m，Ⅲ类为 0.8 m。
- 堆码试验：试验时间为 24 h。
- 制桶试验（适用于塞型木琵琶桶）：装水放置 24 小时，将桶内水倒掉，拆下中部塞孔以上所有桶箍，放置 2 天。木桶上部横剖面直径扩张不超过 10%。

5. 产品标准

SN/T 0370.2—2009　出口危险货物包装检验规程 第 2 部分：性能检验

6. 产品用途

木桶可以用于装运粉、粒状货物（如染料、胶料、五金件和药品等）。

7. 产品复用性

可以重复多次使用。

8. 废物回收状况

社会自然回收和工业回收。

第三节　人造板包装制品

一、人造板概况

（一）材料来源

人造板是以木材或其他植物纤维为原料，通过专门的工艺过程加工，施加胶粘剂，在一定条件下压制而成的板材。制作人造板的主要工艺是由木段旋切成单板或由木方刨切成薄木，再用胶粘剂胶合而成的三层或多层的板状材料，通常用奇数层单板，并使相邻层单板的纤维方向互相垂直胶合而成。以木材为主要原料生产的胶合板，由于其结构的合理性和生产过程中的精细加工，可大体上克服木材的缺陷，大大改善和提高木材的物理力学性能。胶合板生产是充分合理地利用木材、改善木材性能的一个重要方法。

（二）人造板材料性能和包装应用

1．人造板材料一般性能

人造板材制作的包装容器，外表较美观，并具有耐久性和一定的防潮、防湿性。胶合板既有天然木材的一切优点，如容重轻、强度高、纹理美观、绝缘等，又可弥补天然木材自然产生的一些缺陷，如节子、幅面小、变形、纵横力学差异性大等。胶合板生产是对原木的合理利用。因它没有锯屑，每 2.2～2.5 m^3 原木可以生产 1 m^3 胶合板，可代替约 5 m^3 原木锯成板材使用，而每生产 1 m^3 胶合板产品，还可产生剩余物 1.2～1.5 m^3，这是生产中密度纤维板和刨花板比较好的原料。胶合板具有变形小、幅面大、施工方便、不翘曲、横纹抗拉力学性能好等优点。人造板包装不受检验检疫制度限制，包装用人造板板材是经干燥、热压等深度加工工艺制成，制造过程中的高温已将有害微生物全部杀死，所以不需再进行杀虫熏蒸除害处理。利用人造板板材对货物进行包装既减小了跨国贸易中传播森林病虫害的风险，又加快了货物的通关速度，也降低了木质包装的成本。人造板结构具有可设计性，木材是生物质材料，有着一些自身材料不可抗拒的特性，如木材易受温度和湿度影响产生热胀冷缩和吸湿现象，导致箱体变形或裂缝，并且易燃和易腐朽。人造板作为包装材料使用时，其结构性能具有可设计性，可以根据使用条件的不同（干燥或潮湿环境），精确地设计其载荷等级。通过对板材厚度、密度以及热压工艺的控制，获得不同的力学机械性能。不同用途的包装箱体可以选择不同的人造板结构板材，使得包装箱体在力学结构上具有可控制性。当然人造板也能很好地满足大型包装箱体的幅面要求。但是它也有一些缺点如强度不足，不能用于装载大型设备等，制造中使用含甲醛等有害物质的化工材料，对人体健康有损害。目前许多国家对甲醛释放量均有限定，在使用上仍然受到较多的限制。

2．主要人造板材的性能

人造板材主要分为刨花板、胶合板、细木工板、塑木复合板、软质纤维板、硬质纤维板、中密度纤维板、竹胶合板等。

（1）胶合板的性能特点：胶合板的一般层数均采用奇数层，有 3 层、5 层、7 层乃至更多层，只有这样，胶合板的结构才能平衡。用胶合板制成的包装容器质轻、坚固、不易变形和开裂，具有良好的防腐、防潮性能。用它代替部分木材包装可节省大量木材。由于胶合板木材纹理纵横交错、木纹方向互相垂直，从而使多层的收缩、强度相互补充，避免顺纹和横纹方向的差异影响，使胶合板不会发生开裂和翘曲等变化。胶合板多用酚醛树脂、脲醛树脂以及骨胶等作粘合剂，具有耐久、耐热、抗菌、无臭、无味等性能。

（2）刨花板的性能特点：刨花板是北美、欧洲于 20 世纪 70—80 年代发展起来的一种新型板种。由于刨花板采用了特殊工艺和专用设备，基本保留了木材的天然特性，因此它具有抗弯强度高，线膨胀系数小，尺寸稳定性好，材质均匀，易于进行表面装饰等优点。由于其刨片是按一定方向排列，它的主要特点是纵向抗弯强度比横向抗弯强度大得多。

（3）塑木复合板的性能特点：塑木复合板有以下优点：耐用、使用寿命长，有木材的外观，比塑料制品硬度高、刚性好；有优良的物性，比木材尺寸稳定性好，不会产生裂纹、翘曲，无木材的节疤、斜纹，还可通过着色、覆膜或复合表层等工艺制成外观绚丽的制品；具有热塑性塑料的加工性，便于推广应用；有木材的二次加工性：可锯、刨、粘结、涂漆、用钉子或螺钉固定，并且容易维修；不怕虫蛀、耐老化、耐腐蚀、不会吸湿变形；能重复使用和回收再利用，也可部分生物降解，对环境友好。

（4）纤维板的性能特点：内部结构均匀，密度适中，尺寸稳定性好，变形小；静曲强度、内结合强度、弹性模量、板面和板边握螺钉力等物理力学性能均优于刨花板；表面平整光滑，便于二次加工，可粘贴旋切单板、刨切薄木、油漆纸、浸渍纸，也可直接进行油漆和印刷装饰；纤维板幅面较大，板厚也可在 2.5～35 mm 范围内变化，可根据不同用途组织生产；机械加工性能好，锯截、钻孔、开榫、铣槽、砂光等加工性能类似木材，有的甚至优于木材；可在纤维板生产过程中加入防水剂、防火剂、防腐剂等化学药剂，生产特种用途的纤维板。

3．人造板材料的包装应用

包装容器（包括胶合板箱、拼装式胶合板箱、细木工板包装箱、竹胶合板箱等）、胶合板托盘、包装充填辅料、包装内衬、食品行业的包装盒、胶合板桶、异形包装制品等。

（三）安全和环境影响

生产人造板需大量使用毒性高的甲醛为原料制造的胶粘剂（如脲醛树脂胶等），由于胶粘剂中的甲醛释放期很长，一般长达 15 年，导致甲醛成为室内空气中的主要污染物。

甲醛为较高毒性的物质，在我国有毒化学品优先控制名单上高居第二位。甲醛已经被世界卫生组织确定为致癌和致畸形物质，是公认的变态反应源，也是潜在的强致突变物之一。

（四）回收利用情况

木材是一种可回收再利用的生物质材料，而木材制成的木质包装在使用废弃之后，也可回收循环使用，或通过机械化学处理和分解处理等资源化利用途径回收再利用。

木质包装废物具有多种用途，可以通过燃烧进行能源化利用，也可以通过物理、化学或机械处理技术和工艺进行资源化利用。

木质包装废物的机械、化学或分解处理包括热解利用、水解利用、制作人造板、制造新型复合材料、制作木质陶瓷、制造木质隔音砖、生产自行润滑材料、生产氨基木材、制作仿古书简条幅、制作复合仿石板材、制作酒精、制合成气、生产液化产品等。

二、典型人造板包装产品

典型的人造板包装产品包括拼装式胶合板箱、胶合板托盘、组合型塑木平托盘、刨花板模压托盘等。

三、人造板包装制品及其废物特性

（一）拼装式胶合板箱

1．基本结构

拼装式胶合板箱又称框档胶合板箱，由胶合板及框档组合而成。以胶合板作为主要材料，箱体通过金属或其他材料制成，连接构件相互配合拼装而成的包装容器。这是一种自重很小，外观整洁精致的小型包装箱，适用于空运。其主要优点是构件标准化，适合于工业化成批生产。

胶合板箱的结构如图 5-7 所示，主要包括顶盖、端板、侧板、托盘、固定舌片式（或插片、簧片、铰链、锁扣）、钢带等。

2. 生产工艺流程

（1）胶合板的生产工艺流程为：原木截断→木段剥皮→旋切或刨切→单板整理→芯板涂胶→组坯→热压→贮存。

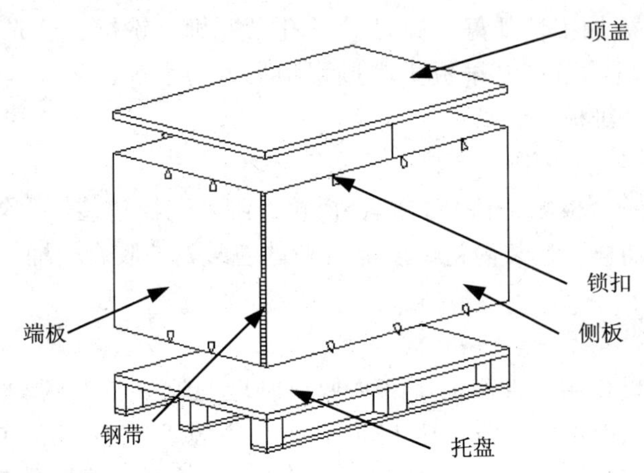

图 5-7 胶合板箱结构

（2）拼装式胶合板箱的生产工艺如图 5-8 所示。

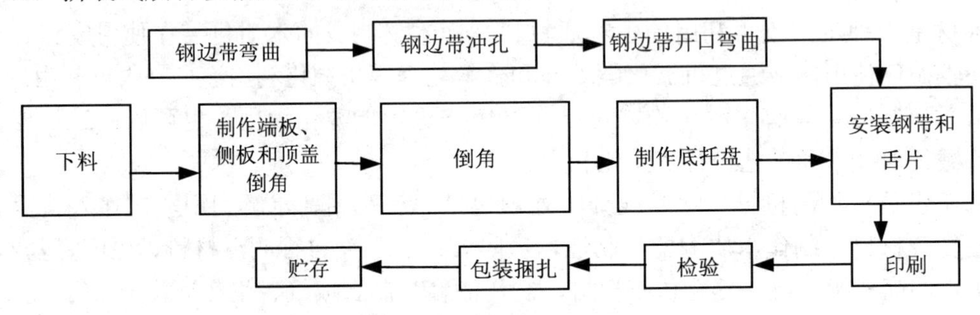

图 5-8 拼装式胶合板箱生产工艺

3. 使用资源、生产环境与排放

使用资源：电能、水。

生产环境：噪声、木质粉尘、游离甲醛。

排放：废水、二氧化碳和废钢带。

一般来说，在原料的高温压合、切割和组装过程中需要消耗电能，并产生噪声和木质灰尘。在木质包装产品回收过程中需要消耗水资源，也会产生废钢带。废水和二氧化碳等气体。

4．产品主要指标

（1）胶合板的性能指标：含水率 6%～16%，胶合强度≥0.7 MPa，甲醛释放量≤5.0 mg/L。

（2）拼装式胶合板箱的性能指标：

箱板物理性能要求：含水率 6%～14%，胶合强度≥0.70 MPa，静曲强度顺纹方向≥40 MPa，横纹方向≥30 MPa，游离甲醛释放量≤5.0 mg/L，拼接强度≥1.5 kN。

连接构件连接强度：横向≥1.5 kN，纵向≥1.0 kN。

整体压力：无明显破损，在施压方向上变形量不大于 30 mm；连接构件无失效变形、与箱板发生撕裂、脱离等功能上失效。

错位压力：无明显破损，在施压方向上变形量不大于 30 mm；连接构件无失效变形、与箱板发生撕裂、脱离等功能上失效。

局部压力：无明显破损，在施压方向上变形量不大于 30 mm。压缩载荷为 2 kN。

跌落：无明显破损、内装模拟物无散落。包装件质量＜100 kg 时，跌落部位为底面、四底角、四底棱，各跌落 1 次。跌落高度为 300～1 000 mm。包装件质量≥100 kg 时，跌落部位为底面、底面的四个角、四个底棱，各跌落 1 次。跌落高度为 200～400 mm。

障碍物冲击：无箱板裂纹、明显破损现象；连接构件无失效变形、与箱板发生撕裂、脱离等功能性失效。冲击末速度为 1.5 m/s。分别冲击样品的 4 个侧面。

起吊（只用于托盘箱）：无明显扭曲变形和破损现象。钢丝绳与试验样品顶面之间的夹角为 45°～55°。提升高度：1.0～1.5 m。起吊速度：包装件质量＜10 t，起吊速度为 18 m/min；包装件质量＞10 t，起吊速度为 9 m/min。运行方式：紧急起吊和制动、上升、下降和左右运行。运行时间：5 min。重复次数：3～5 次。

5．产品标准

BB/T 0040—2007　拼装式胶合板箱

6．产品用途

主要应用于大型机电设备、仪表、仪表柜包装、内燃机等小型机电设备、五金零部件、电子元件、卫生洁具、建筑材料、家用电器、体育用品和食品水果等包装。

7．产品复用性

可以重复多次使用。

8．废物回收状况

社会自然回收和工业回收。

（二）塑木托盘

1．基本结构

以聚烯烃塑料（PP、HDPE、LDPE 等）和植物纤维（锯木屑、糠壳粉等）为主要原料，加工成型材后，用螺钉等紧固件组合而成，能两向或四向进叉，分成单面、双面使用。构成组合型塑木平托盘的功能性构件包括顶铺板、纵梁、底铺板、垫块等。组合型塑木托盘按结构、外形特点分类，包括单面使用两向进叉、单面使用四向进叉、双面使用两向进叉、双面使用四向进叉四种。

2．生产工艺流程

锯木和塑料→混合→压制→塑木板材→切割加工→用螺栓固定→制成托盘。

3．使用资源、生产环境与排放

使用资源：电能、水。

生产环境：噪声、粉尘。

排放：废水、二氧化碳和废钢钉。

一般来说，在原料生产过程中需要消耗电能，并产生噪声和粉尘。在包装产品回收过程中需要消耗水资源，也会产生废钢钉，废水和二氧化碳等气体。

4．产品主要指标

- 材料吸水性：≤3%。
- 剪切试验：外观无影响使用的裂纹、变形或破损。
- 顶铺板边缘冲击试验：外观无影响使用的裂纹、变形或破损。
- 垫块冲击试验：外观无影响使用的裂纹、变形或破损。
- 常温角跌落试验：对角线变化率≤4%，外观无影响使用的裂纹、变形或破损。
- 低温角跌落试验：达到－18±2℃后 5 min 内开始试验。对角线变化率≤4%，外观无影响使用的裂纹、变形或破损。
- 堆码试验：挠度值≤4 mm。
- 抗弯试验：挠度值≤$0.04l_1$，≤$0.04l_2$；残余挠度值≤$0.02l_1$，≤$0.02l_2$。
- 底铺板试验：挠度值≤$0.05l_3$，≤$0.05l_4$，外观无影响使用的裂纹和变形。
- 常温均载试验：负载 1.1 R，保持 48 h。挠曲率≤1.5%，外观无影响使用的裂纹和变形。
- 高温均载试验：55℃环境中进行，负载 1.1 R，保持 48 h。挠曲率≤3.0%，外观无影响使用的裂纹和变形。

5．产品标准

BB/T 0020—2001　组合型塑木平托盘

6．产品用途

塑木托盘结合了部分木托盘和塑料托盘的特点，具有良好的防潮、防腐、防酸碱的性能，自重大；组装方式与木托盘相似，适合于非标定制托盘。

7．产品复用性

可以重复多次使用。

8．废物回收状况

社会自然回收和工业回收。

（三）刨花板模压托盘

1．基本结构

刨花板模压托盘是以木材、环保合成树脂和石蜡防水剂等为原料，经高压一次模压成型。结构包括顶铺板、垫块等。

2．生产工艺流程

木质刨花→加入干燥剂→加入胶粘剂→铺入模具→高温高压下成型→脱模→对飞边作修整。

3．使用资源、生产环境与排放

使用资源：电能、水。

生产环境：噪声、木质粉尘、游离甲醛。

排放：废水、二氧化碳。

一般来说，在原料的高温压合、切割和组装过程中需要消耗电能，并产生噪声和木质灰尘。在木质包装产品回收过程中需要消耗水资源，产生废水和二氧化碳等气体。

4．产品主要指标

堆码试验、弯曲试验、底铺板试验、剪切试验、顶铺板边缘冲击试验、垫块冲击试验、角跌落试验、含水量。

5．产品标准

GB/T 4995—1996　联运通用平托盘性能要求

GB/T 4996—1996　联运通用平托盘试验方法

6．产品用途

为承载单元负荷货物和制品的水平平台装置，用于集装、堆码、搬运和运输货物。

7．产品复用性

可以重复多次使用。

8．废物回收状况

社会自然回收和工业回收。

第四节　竹包装制品

一、竹材概况

（一）材料来源

竹子，禾本科多年生木质化植物。竹子生长快，成材早，产量高，用途广。竹子对水热条件要求高，而且非常敏感，地球表面的水热分布支配着竹子的地理分布。东南亚受太平洋和印度洋季风汇集的影响，雨量充沛，热量稳定，是竹子生长理想的生态环境，也是世界竹子分布的中心。竹子常和其他树种一起组成混交林，而且处于主林层之下，过去很少受人重视。当上层林木砍伐后，竹子以生长快、繁殖力强的特点很快恢复成次生竹林。竹子用途不断扩大，经济价值高，人们植竹造林，形成人工林。次生竹林和人工竹林，又以它强大的地下茎向四周蔓延扩大。因此，近几十年来，地球表面森林面积逐年减少（据统计，1988 年以来，热带森林平均每年消失 2 425 万 hm^2，每分钟消失 46.14 hm^2），而竹林面积却日益扩大。一般竹子造林 5～10 年以后，就可以年年砍伐利用。我国竹材年产量极大（年产量在 20 亿根以上）。

（二）竹材性能和包装应用

1．竹材的性能

（1）竹材的物理特性：密度在很大程度上决定着竹材的力学性质，密度主要取决于纤维含量、纤维直径及细胞壁厚度，密度随纤维含量增加而增加。研究表明，立地条件好，竹子生长快，维管束密度低，竹材的密度就低；立地条件差，竹子生长慢，竹材密度大，生长在降雨少、气温低地区的竹类其密度较大，而在降雨多、温度高地区的竹类其密度较小。竹材因维管束中的导管失水后收缩而收缩，其收缩率比木材要小。干燥后的竹材吸水性很强，吸水后，体积膨胀，强度降低。干燥后再浸水的竹材的膨胀率比气干竹材低，膨胀速度也较快。

（2）竹材干燥特性：竹材干燥是竹材工业化利用不可或缺的一个重要环节。由于竹材本身各向异性的特点以及其固有的节间组织，如干燥不好势必造成开裂等各种现象发生。竹壁外侧的维管束微小，但数量多，而竹壁内侧的维管束大而少。由于这种独特的结构，竹杆干燥时很容易劈裂。

（3）竹材力学性质：竹材力学性质主要为顺纹抗拉强度和弹性模量、顺纹抗压强度和弹性模量、顺纹剪切强度以及顺纹静曲强度和弹性模量等。竹材的力学强度随含水率的增高而降低，但当竹材处于绝干条件下时，因质地变脆，强度反而下降。竹杆上部比下部的力学强度大，竹壁外侧比内侧的力学强度大。毛竹节部的抗拉强度比节间的低 1/4，而其他的力学性质均比节间高，原因是节部维管束分布弯曲不齐，受拉时易被破坏。竹材的力学强度一般随竹龄的增长而提高，但当竹杆老化变脆时，强度反而下降。立地条件越好，竹材力学强度越低；小径材比大径材的力学强度高；有节整竹比无节竹段的抗压强度和抗拉强度都要高；整竹劈开后的弯曲承载能力比整竹要低；气干试样的压缩强度、抗拉强度、弹性模量和破裂模量要比新鲜试样高得多；竹壁外侧的破裂模量较高，而弹性模量没有改变。就强度和成本而言，竹子被认为是自然界中效能最高的材料。

（4）竹材化学成分与性质：竹材的化学成分类似于木材，但又有别于木材。竹材主要由纤维素、半纤维素和木素组成，一般来讲，整竹由 50%～70%的全纤维素、30%的戊聚糖和 20%～25%的木素组成。竹材中除了纤维素、半纤维素及木素外，还有一定数量的抽提物，如蛋白质、淀粉、蜡、脂肪和树脂等。这些低分子和高分子化合物不是竹材组织的结构物质，是竹材化学组成的次要成分，但其抽提物类型和数量的变化，不仅对竹材的色香味、抗虫、抗菌性及耐久性有密切关系，而且对竹材材质的均匀性也有重要影响。由于竹材在使用过程中易遭虫蛀和发霉的特性，对竹材中糖类及淀粉的研究主要集中在糖及淀粉的含量以及不同采伐期不同部位的糖及淀粉含量的变化。

（5）竹胶合板的性能特点：竹胶合板具有良好的物理、化学性能，用它制成各类包装箱用于机电类产品的包装，可代替大量木材，节省资金，成本比木材包装低一半左右。竹胶合板与其他材质的框架组合（木框架）可用于大中型产品的运输包装，其重量、性能均优于实木包装，能够满足海运、空运及其他运输条件。目前已经开发生产的竹包装材料有六大系列：竹编胶合板、特种竹编胶合板、竹材层压板、竹材胶合板、竹材碎料板和竹材刨花复合板。

竹胶合板的主要优点是幅面大、重量轻、强度大、耐水浸泡、防潮、防虫蛀、防鼠咬，可锯可钉，平整美观、可刷漆、可喷漆，可组装钉合成包装容器。

2．竹材的包装应用

竹包装用于水产、特产包装、茶叶、食品、酒类、礼品类包装、竹胶合板箱、竹托盘等。

（三）安全和环境影响

竹材包装的货物出口到国外，按照检疫规定，其中有许多货物或其包装材料必须经过检疫熏蒸处理才能出入境，以消灭其中危险的检疫性有害生物，如一些检疫性害虫和病菌等；另外，按照贸易合同的约定，有些货物在出入境前亦必须进行熏蒸处理，以消灭某些指定的害虫和病菌。

按照熏蒸场所的不同，出入境货物的熏蒸通常可分为货柜熏蒸、熏蒸室熏蒸、大船熏蒸和特定地点的帐幕熏蒸等。

生产竹胶合板等人造板需大量使用毒性高的甲醛为原料制造的胶粘剂（如脲醛树脂胶等），由于胶粘剂中的甲醛释放期很长，一般长达 15 年，导致甲醛成为室内空气中的主要污染物。

甲醛为较高毒性的物质，在我国有毒化学品优先控制名单上高居第二位。甲醛已经被世界卫生组织确定为致癌和致畸形物质，是公认的变态反应源，也是潜在的强致突变物之一。

（四）回收利用情况

竹材是一种可回收再利用的生物质材料。竹制包装在使用废弃之后，可回收循环使用，通过燃烧进行能源化利用，通过物理、化学或机械处理进行资源化利用。竹材包装废弃物可热解利用获得竹炭、竹醋和竹焦油等产品；可水解利用；经机械处理可生产人造板，如竹刨花板等；制造复合材料，如塑木板材等。化学分解处理可生产生物基天然气木质素和微晶纤维素等产品。

二、典型竹材包装产品

竹胶合板箱、竹托盘等。

三、竹材包装制品及其废物特性

（一）竹胶合板箱

1. 基本结构

用竹胶合板与木材或型钢等材料制成的包装箱。

（1）按其材料分为三类：

Ⅰ类箱—竹木箱：箱档或框架为木材，端、侧、顶板和底板使用竹胶合板的包装箱。

Ⅱ类箱—竹钢箱：底座或框架为型钢结构（或钢、木混合结构），端、侧、顶板和底板使用竹胶合板的包装箱。

Ⅲ类箱—竹菱镁砼箱：底座、顶盖及框架为菱镁砼构件，端、侧板使用竹胶合板的包装箱。

（2）按其结构分为表 5-5 所示的几种形式。

表 5-5　竹胶合板箱的类型

种类	形式	结构特征	适用范围
Ⅰ类	Ⅰ-A 型	箱档	适用于内装物质量 200 kg 以下的包装箱
	Ⅰ-B 型	滑木、箱档	适用于内装物质量 500 kg 以下的包装箱
	Ⅰ-C 型	内框架	适用于内装物质量 400～100 000 kg 的包装箱
	Ⅰ-D 型	外框架	
Ⅱ类	Ⅱ-B 型	钢框架	适用于内装物质量 500 kg 以下的包装箱
	Ⅱ-C 型	内框架	适用于内装物质量 100 000 kg 以上或内装物质量 10 000 kg 以下，但底座需周转使用的包装箱
	Ⅱ-D 型	外框架	
Ⅲ类		菱镁砼框架	适用于内装物质量 10 000 kg 以下，内销产品用的包装箱

2．生产工艺流程

（1）竹胶合板的生产工艺：竹帘机械编织→竹帘干燥→帘涂胶→坯→热压→锯边→砂光→分等检验→包装入库。

（2）竹胶合板箱的生产工艺：

竹胶合板箱：竹胶合板与木材或型钢→断截成所用长度→配料拼板→钉箱板→组装成箱。

竹木箱：木材制成箱档或框架→和竹胶合板制成的端、侧、顶板和底板放在一起钉箱板→组装成箱。

竹钢箱：型钢（或钢木混合结构）→制成底座或框架→和竹胶合板制成的端、侧、顶板和底板一起钉箱板→组装成箱。

竹菱镁砼箱：菱镁砼构件→制成底座、顶盖及框架→和竹胶合板制成的端、侧板一起钉箱板→组装成箱。

箱档箱：箱档、竹胶合板→制成端面、侧面、顶盖及底面→钉箱板→组装成箱。

滑木箱：滑木→制成底面→制成箱档箱。

钢框架箱：型钢→焊接→制成构件→制成框架→和竹胶合板箱板一起组装成箱。

内外框架箱：框架构件→放在箱板外侧→组装成箱。

3．使用资源、生产环境与排放

使用资源：电能、水。

生产环境：噪声、木质粉尘、游离甲醛释放。

排放：废水、二氧化碳和钢钉。

一般来说，在原料的生产过程中需要消耗电能，并产生噪声和木质灰尘。在木质包装产品回收过程中需要消耗水资源，也会产生废钢钉、废水和二氧化碳等。

4．产品主要指标

（1）竹编胶合板的性能指标：板面翘曲度≤2.0%，含水率≤15%，静曲强度≥50.0 MPa，水煮（浸）—冰冻—干燥保存强度≥30.0 MPa，甲醛释放量≤50 mg/100 g。

（2）竹胶合板箱的性能指标：

内装物质量不大于 200 kg 的竹胶合板箱：压力试验、跌落试验。

内装物质量大于 200 kg 的竹胶合板箱：压力试验、顶面承载试验、侧面承载试验、跌落试验。

5．产品标准

GB/T 13123—2003 竹编胶合板

GB/T 13144—2008 包装容器 竹胶合板箱

6．产品用途

主要应用于大型机电设备、仪表、仪表柜包装、内燃机等小型机电设备、五金零部件、电子元件、卫生洁具、建筑材料、家用电器、体育用品和食品水果等包装。

7．产品复用性

可以重复多次使用。

8．废物回收状况

社会自然回收和工业回收。

（二）竹托盘

1．基本结构

竹托盘是以天然竹为原材料，经过加工制作而成的环保型免熏蒸托盘。包括顶铺板、底铺板、纵梁、垫块等组件。按结构、外形特点分类，包括单面使用两向进叉、单面使用四向进叉、双面使用两向进叉、双面使用四向进叉四种。

2．生产工艺流程

竹板材→切割加工→用螺栓固定→制成托盘。

3．使用资源、生产环境与排放

使用资源：电能、水。

生产环境：噪声、木质粉尘、游离甲醛释放。

排放：废水、二氧化碳和钢钉。

一般来说，在原料的生产过程中需要消耗电能，并产生噪声和木质灰尘。在产品回收过程中需要消耗水资源，也会产生废钢钉、废水和二氧化碳等。

4．产品主要指标

堆码试验、弯曲试验、底铺板试验、剪切试验、顶铺板边缘冲击试验、垫块冲击试验、角跌落试验、含水量。

5．产品标准

GB/T 4995—1996 联运通用平托盘 性能要求

GB/T 4996—1996 联运通用平托盘 试验方法

6．产品用途

作为承载单元负荷货物和制品的水平平台装置，用于集装、堆码、搬运和运输货物。

7．产品复用性

可以重复多次使用。

8．废物回收状况

社会自然回收和工业回收。

第六章　玻璃类包装

第一节　玻璃类包装概述

一、玻璃包装材料的发展

玻璃是一种历史悠久的包装材料。早在 3000 多年前，欧洲的腓尼基人首先发现并发明了制作玻璃的工艺，制成的玻璃制品使腓尼基人发了一笔大财。大约在 4 世纪，罗马人开始把玻璃应用在门窗上。到 1291 年，意大利的玻璃制造技术已经非常发达。这也给意大利带来了财富，意大利人告诫自己："我国的玻璃制造技术绝不能泄露出去，把所有的制造玻璃的工匠都集中在一起生产玻璃！"就这样，意大利的玻璃工匠都被送到一个与世隔绝的孤岛上生产玻璃，他们在一生当中不准离开这座孤岛。到 1688 年，一名叫纳夫的人发明了制作大块玻璃的工艺。从此，玻璃成了普通的物品。随着商品流通的需要和玻璃制作工艺的发展，玻璃容器逐渐成为优良的传统包装。

我国自第一个五年计划从国外引进全套玻璃生产技术以来，玻璃包装工业有了很大发展。特别是 20 世纪 80 年代末，随着改革开放，国内对玻璃包装容器的需求量大幅增长。玻璃包装容器行业引进了新技术、新设备、新材料，大大提高了国内装备、耐火材料的配套水平。20 世纪 90 年代，企业全面进入市场经济。玻璃包装容器工业也面临结构调整改组的局面，形成了一批企业集团。由于国外大集团的介入，组建了一批高水平的合资、独资企业。经过企业体制大规模的改革，企业改制、改组、改造基本完成，国有资本基本退出竞争领域。部分民营企业虽然建厂比较晚，但是起点高，广泛吸纳技术人才，经营灵活，发展快。生产集约化程度和生产企业地区性的集中度都有所提高。

1997 年我国玻璃包装容器的产量比 1978 年的 137 万 t 增长了 426%，年平均递增 8.66%；2004 年比 1999 年增长 33.96%，年平均递增 6.02%；递增速度减缓。产品品种大量增加。玻璃包装容器基本满足了国内酒类、饮料、医药等行业的产品包装的需要。特别是三资企业生产的啤酒、饮料、葡萄酒等的包装瓶，都可由国内供应。瓶罐的轻量化工作也取得了很大的成绩，640 ml 的啤酒瓶从 550 g 降到 480 g；用小口压吹法生产的 330 ml 啤酒瓶，瓶重可降到 162 g。随着引进先进的技术和设备，带动了国产机械的机电一体化水平和窑炉节能技术不断提高。随着窑炉控制水平的提高，国内最大的蓄热室马蹄焰窑的熔化面积超过 100 m^2，熔化率达 3 t/（m^2 · d）；深澄清池玻璃窑炉多通道式蓄热室的玻璃熔窑及计算机窑炉控制技术、电助熔和全电熔窑等各种形式的节能窑炉使熔化玻璃的能耗大大下降。先进的燃煤瓶罐窑炉吨玻璃液消耗标煤在 250 kg 以下，燃油的瓶罐窑炉吨玻璃液消耗重油在 120 kg 以下。同时，玻璃熔窑使用的耐火材料品种增加了，质量提高了。以氧化法生产的电熔锆刚玉砖、镁质、硅质、高铝质、黏土质耐火材料及各种保温材料基本可满足国内玻璃熔窑的需要。玻璃制品的自动成型机械为生产各种玻璃制品提供了优质高效的生产设备。国产的行列式制瓶机已可做到八组双滴，并可实现电子定时控制。电子控制技术已用在生产过程中的控制和生产管理上。已有一部分企业采用电子秤称量、计算机控制的自动配料车间，并且配备了原子吸收光谱快速分析成分，对稳定生产工艺，提高产品质量起到了积极作用。行列式制瓶机的电子定时系统不仅用在六组、八组机以上的双滴料机上，在六组、八组单滴机上也开始应用。CAD 辅助设计缩短了产品造型和模具设计的周期，为企业产品创新创造了条件。

目前企业结构经过调整，组建了一批企业集团，企业实力增强了，企业规模也相应扩大了。国内最大的玻璃包装容器生产企业的生产能力已达到年产 45 万 t。

二、玻璃包装材料基本特征

（一）玻璃的原料

玻璃原料是指组成玻璃的各种原始材料。现在使用的玻璃是由石英砂、纯碱、长石及石灰石经高温制成的。根据它们的作用和用量可以分为主料和辅料两大类。主料决定着玻璃的物理化学性质，包括：①硅砂；②长石、瓷土、蜡石；③纯碱、芒硝；④石灰石；⑤硼酸、硼砂及含硼矿物质；⑥碳酸钡、硫酸钡；⑦含铅化合物；⑧碎玻璃。辅料则是为了改善玻璃某一方面的性能或为了加快熔化过程而加入的物料，包括：①澄清液；②助熔剂；③脱色剂；④着色剂、乳浊剂。

玻璃是一种硅酸盐类非金属材料，熔融时由较为透明的高温液体物质形成连续网络结构，冷却过程中粘度逐渐增大而硬化变成不结晶的固体。普通玻璃（$Na_2O \cdot CaO \cdot 6SiO_2$），主要成分是二氧化硅。

玻璃包装容器主要选择了两类包装玻璃，最常见的为钠钙玻璃，其次是硼硅酸盐玻璃。

钠钙玻璃是钠钙硅酸盐玻璃的简称。它的主要成分是：SiO_2、CaO 和 Na_2O。钠钙玻璃是用途和用量最多的玻璃品种。由于含 Na^+较多，玻璃表面的 Na^+易于瓶中溶液里的 H^+交换，于玻璃表面生成 NaOH。NaOH 又与玻璃反应，生成 SiO_2 并且逐渐向溶液中移动，污染瓶中溶液。所以，钠钙玻璃只能用于粉状药品的包装。不过，经表面处理后，钠钙玻璃的耐腐蚀性能会大大提高，可用于中性、酸性以及化学稳定性比较好的药液的包装，如注射剂的包装。

硼硅酸盐玻璃的主要成分是 SiO_2、氧化硼（B_2O_3）和氧化铝（Al_2O_3）。由于含有氧化硼，因此化学稳定性非常好，能耐大多数化学药品的腐蚀，特别适用于易被污染的中性、酸性和碱性药液的包装，如注射液、盐水等。适于高级化妆品的包装。硼硅酸盐玻璃的耐热性和耐冲击性都很好，常用作烤箱容器。

玻璃具有良好的表面硬度、高透明性、化学稳定性、高阻隔性以及便于回收利用性。玻璃包装不受大气影响、不被不同化学组成的固体或液体物质所分解。通过改变玻璃的化学组成就能够调整玻璃的化学性质和耐辐射性质，而且玻璃具有透明、美观、价格低廉、可回收等性质，即使废弃后也不会造成环境污染问题。

（二）玻璃包装材料的特征

玻璃包装材料具体特征如下：

- 无色晶体状坚硬固体，密度一般为 2.5 g/cm³；强度约为 10 000 MPa。
- 规则的四面体网络结构，透明度好，有光泽，有较好的装饰性能。
- 耐化学性能很高，但产品耐热交变性能差。
- 对于气体、液体、固体有很好的阻隔性能。
- 玻璃没有固定熔点，普通玻璃一般在 700℃左右软化；要完全熔化需 1 000～2 000℃。
- 有良好的加工性能，根据需要改变玻璃的组分或经一些特殊处理可以大幅度提高玻璃的性能。

三、包装性能与应用

（一）耐热性

玻璃容器在盛装食品时，有时要进行短时间内的高温灭菌。因此要求玻璃容器具有良好的承受急剧温差变化的能力。由于玻璃受热时和遇冷时结构单元的振幅有一定的差值，故温度的急剧变化会导致玻璃的体积也发生变化。通常用玻璃的线膨胀率（由于温度变化而引起的长度变化率）和体膨胀率（由于温度变化而引起的体积变化率）来表示玻璃的热膨胀。同时，玻璃的导热率越高，玻璃容器的耐热性越好。

（二）热冲击强度

玻璃由于受极冷或极热作用而在玻璃瓶壁上产生张应力和收缩应力，当张应力大于玻璃强度时就会引起玻璃瓶的破裂。此时的张应力为玻璃的耐热冲击强度。

（三）抗冲击强度

玻璃包装容器在使用过程中破裂的直接原因大多是来自外界的冲击。这种冲击分为两种类型。一类是运动的物体冲击静止的瓶子；另一类正好相反。第一种类型的三种应力：①触应力：在冲击接触点处产生接触应力。②弯曲应力：当瓶壁受到外力冲击时，发生弯曲，在瓶壁内部产生弯曲应力。③铰接应力：发生在冲击支点上的应力。如图 6-1 所示。

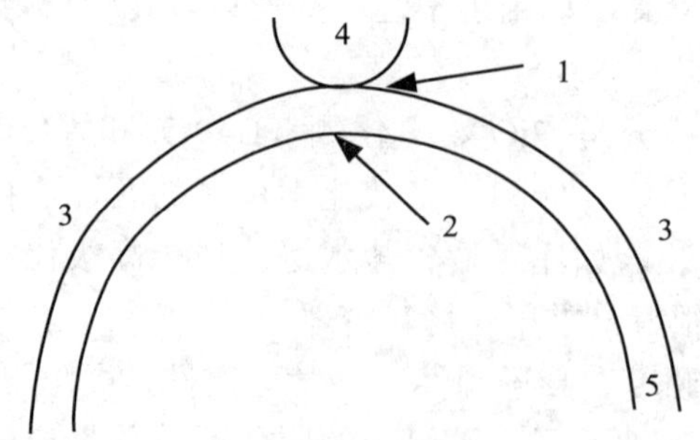

1. 接触应力；2. 弯曲应力；3. 扭转应力；4. 物体；5. 瓶身

图 6-1　碰撞时产生的应力

（四）垂直载荷强度

玻璃瓶在垂直载荷作用下，会在瓶肩外表面上及瓶底边缘产生张应力。瓶子的外表面上有许多裂纹，所以张应力越大，瓶子越容易发生破裂。

（五）光学性能

玻璃是具有屋顶型结构的物质，所以透明度很高。纯净的玻璃为透明状固体，能透过可见光。对于玻璃包装容器而言其光泽、颜色和透明性都能影响包装的效果和质量。

（六）化学稳定性

玻璃常被看成是惰性材料。这种看法与观察时间较短有关。玻璃长时间受水、酸、碱的侵蚀时，也会发生破坏。玻璃的化学稳定性是指其抵抗水、酸、碱和其他介质侵蚀的能力。

玻璃包装不受大气影响、不被不同化学组成的固体或液体物质所分解，通过改变玻璃的化学组成就能够调整玻璃的化学性质和耐辐射性质，而且玻璃具有透明、美观、价格低廉、可回收等性质，不会造成环境问题。

四、安全和环境影响

玻璃有易碎的特点，在包装运输中应该注意轻拿轻放，同时在包装物上注明内装物特点，以防对搬用工人和消费者造成伤害。玻璃容器在制作中需要煤、电、水等能源，会对环境产生“三废”。玻璃厂废水类似于焦化废水，废水中主要含有焦油、挥发酚、氰化物、氨氮等污染物。在中国玻璃工业中，普遍存在玻璃制造废水未经处理直接排放的现象。虽然这些废水水质相对化工行业来讲污染较轻，但是由于其排放量大，且排放的废水中含有油类、SS、氟及重金属等的污染物，这些污染物对自然环境和人类的危害是严重的，所以玻璃厂废水在排放前必须经过处理。同时噪声污染也会影响周围群众的生活质量，应对工厂做好选址、规划等工作。

五、回收利用情况

（一）回收途径

玻璃瓶包装的回收复用主要为低值、量大的食品包装玻璃瓶，如啤酒瓶、汽水瓶、酱油瓶、食醋瓶等，一般通过在商店交押金方式购物回收；其他玻璃瓶罐由社会人员收购用于回炉再生或回收转型使用，或损坏后当垃圾处理。

（二）回收利用方式

1．回收复用

废弃玻璃瓶包装的包装复用指回收包装重复使用。它又有回收同物包装利用和更物包装利用两种形式。

同物包装利用又分为同品牌和异品牌的包装利用。例如，啤酒玻璃瓶回收利用再作啤酒包装则为同物包装利用，但是，可能原来包装的啤酒不是回收后包装的啤酒了，这时就是同物包装的异品牌包装利用；反之，回收瓶前后包装为同一品牌啤酒，则称为同品牌包装利用。目前市场上的回收利用多为同物包装利用的异品牌包装利用。

更物包装利用也较为普遍，如有很多生产食醋的厂家，将回收回来的啤酒玻璃瓶、酱油玻璃瓶等用于食醋的包装。

玻璃包装瓶罐的回收工艺为：挑拣分类→清理→清洗（水冲）→洗涤清洗→水洗→烘干水分→消毒→待用。

- 挑拣分类：指将不同品种类别的玻璃瓶按结构形状分类，以便于按用途进行使用。
- 清理：指将瓶身上的标贴，特别是塑料标贴标签清除干净，同时还将瓶口损伤有缺口的瓶清除，以保证在使用时不发生事故（压碎压破或伤残的瓶会因机械压力而崩裂产生片落入瓶内物品中）。
- 洗涤剂清洗：为的是将瓶中污垢去除，使之更为卫生清洁。
- 消毒工艺：是食品或要求较严格的化学品必需的工艺，尤其对医药用品或化妆品更是要求严格消毒。

2. 回炉再生

回炉再生是指将回收来的各种包装玻璃瓶用于同类或相近包装瓶的再制造，这实质上是一种为玻璃瓶制造提供半成品原料的回收利用。回收炉再生是一种适宜于各种难以进行复用或破损无法复用玻璃瓶的回收利用方法。该回收方法耗能较多。

具体工艺过程就是将回收的玻璃瓶，进行初步清理、清洗、按色彩分类等预处理；回炉熔融与原始制造相同；用回炉再生的料通过吹制、吸附等不同工艺方式制造各种玻璃包装瓶。

适量加入碎玻璃有助于玻璃的制造，这是因为碎玻璃与其他原料相比可以在较低温度下熔融。因此回收玻璃制瓶需要的热量较少，而且炉体磨损也可减少。研究表明，在玻璃制造中，掺入30%左右的碎玻璃是适宜的。

目前玻璃容器工业在制造过程中约使用 20%的碎玻璃，以促进熔融以及与其他原料的混合。碎玻璃的75%来自玻璃容器的生产过程中废料，25%来自容器消费后的废料。

将废弃玻璃包装瓶（或碎玻璃料）用于玻璃制品的原料回用，应注意如下问题。

（1）精细挑选去除杂质：在玻璃瓶回收料中必须去除杂质金属和陶瓷等杂物，这是因为玻璃容器制造商需要使用高纯度的原料。例如，在碎玻璃中有金属盖等可能形成干扰熔炉作业的氧化物；陶瓷和其他外来物质则在容器生产中形成缺陷。

（2）颜色挑选：回收利用颜色也是个问题。因为带色玻璃在制造无色火石玻璃时是不能使用的，而生产琥珀色玻璃时只允许加入 10%的绿色或火石玻璃。因此，消费后的碎玻璃必须用人工或机器进行颜色挑选。碎玻璃如果不进行颜色挑选直接使用，则只能用来生产浅绿色玻璃容器。

3. 回收转型

回收玻璃瓶包装的转型利用是指将回收的玻璃包装直接加工，转为其他有用材料的利用方法。用于开发新产品，如微晶玻璃、泡沫玻璃、玻璃微珠、玻璃纤维、建筑材料、公路面复层材料、玻璃肥料等。

这种利用方法分为两种，一种是加热型；另一种是非加热型。

（1）非加热型：非加热型利用也称机械型利用。其具体方法是根据使用情况直接粉碎或先将回收的破旧玻璃经过清洗、分类、干燥等预前处理，然后采用机械的方法将它们粉碎成小颗粒，或研磨加工成小玻璃球待用。其利用途径有如下几种：

- 将玻璃碎片用作路面的组合体、建筑用砖、玻璃棉绝缘材料和蜂窝状结构材料；
- 将粉碎的玻璃直接与建筑材料成分共同搅拌混合，制成整体建筑预制板；
- 粉碎了的容器玻璃还可以用来制造反光板材料和服装用装饰品；
- 用于装饰建筑物表面使其具有美丽的光学效果；
- 可以直接研磨成各种造型，然后粘合成工艺美术品或小的装饰品（如纽扣）等；
- 玻璃和塑料废料的混合料可以模铸成合成石板产品；
- 可以用于生产污水管道。

（2）加热型：加热型利用是将废玻璃捣碎后，用高温熔化炉将其熔化后，再用快速拉丝的方法制得玻璃纤维。这种玻璃纤维可广泛用于制取石棉瓦、玻璃缸及各种建材与日常用品。

玻璃瓶是生产耗能最多的包装产品之一。它回收利用很有价值。如何更有效地使玻璃包装循环使用，是国内外研究的热点。

回收利用最大的缺点是消耗大量的水和能源，回收时洗瓶过程会产生大量污水，清洗时主要以碱洗液为主，直接排放污水会造成环境污染，应注意污水处理，防止直接排放。以满足再生制品的要求。

第二节 玻璃包装容器产品分类

玻璃包装容器按制造工艺可以分为两大类，一类是用模具成型的瓶罐。另一类是用玻璃管制成的安瓿等管制瓶。

瓶罐是玻璃包装容器的主要形式。它的造型设计主要有以下几个方面的考虑：被包装物品的性质、强度、成型工艺、审美、实用性等。圆柱形瓶用途最广，用量最大，强度高，成型工艺简单。除此以外，还有方形、椭圆形、异形瓶，如三角形、多面体形等。瓶口形状有细口、广口、内磨口小口、外磨口大口等之分。瓶口的设计主要考虑以下几个方面因素：被包物品的挥发性、取物方便、易于封口等。

根据瓶罐使用的场合，可将瓶罐分成：

- 饮料瓶：这类瓶的瓶身直径大，瓶口小，使内装饮料与空气的接触面积减小。
- 牛奶瓶：这类瓶子属于大口瓶。
- 罐头瓶：为广口瓶，用于果酱、水果和蔬菜罐头等，是用量和用途最多的玻璃包装容器。
- 5～50 L 手工制成的大瓶：这类瓶子的瓶口很小，瓶颈很大，用于化学药品（如酸液、碱液）等的包装。
- 磨口瓶：可分为磨口小口瓶和磨口大口瓶。用于易挥发物品的包装，如化学药品、试剂、医药品等。
- 墨水瓶：为异形瓶，其瓶形接近于扁瓶。这种瓶的特点是：把瓶倾斜放置可以用尽所有的墨水。

玻璃瓶罐市场品种繁多，主要以啤酒瓶、白酒瓶比重最大，合起来占整个瓶罐市场的 20%还要多，啤酒瓶每年有 12 亿～18 亿支的需求量，白酒瓶至少也有 12 亿支左右的需求。啤酒包装是玻璃瓶用量最大的领域。啤酒瓶质量的提高，一定程度上反映出行业产品质量的提升。啤酒瓶抽样合格率的总体趋势是逐年上升，反映了总体质量水平在逐年提高。2006 年啤酒瓶产品质量抽查合格率为 72.6%；产品抽样合格率为 86.2%。调查抽查结果表明，市场占有率较高的大中型企业产品质量较好，具有先进的生产工艺和严格的质量管理，而部分小型生产企业的产品质量问题较多。

安瓿和管制药瓶是用于医药品包装的玻璃容器。如：10～20 ml 的抗菌素药瓶；1～100 ml 的安瓿瓶用于注射剂的包装。这类瓶子玻璃必须具备良好的化学稳定性，所以采用硼硅酸盐玻璃制造。

第三节 玻璃包装容器及其废物特性

一、各种包装玻璃瓶罐

（一）基本配方

各种用途包装玻璃瓶罐的化学成分见表 6-1、表 6-2。

表 6-1 钠钙玻璃瓶罐的化学成分

单位：%

玻璃成分 / 用途	SiO_2	Al_2O_3	CaO	Fe_2O_3	MgO	BaO	ZnO	Na_2O	K_2O	Cr_2O_3	MnO_2
绿色啤酒瓶	68.0	3.6	8.5	0.51	2.3	1.0		15.7		0.07	0.09
棕色啤酒瓶	66.3	5.8	6.6	0.7	2.2			15.7			2.7
一般酒瓶	71.5	3.0	7.5	0.06	2.0			15.0			
罐头瓶	69.0	4.5	9.0	0.27	2.5	0.6		15.0			
汽水瓶	65.0	8.0	11.0	0.50	4.0	0.30		11.0			
化妆品瓶	75.0	2.5	5.5		0.5	0.5	1.5	14.5			
雪花膏瓶	64.0	5	8.2				9.4	13.4			
文教用瓶	72.0	6.0	5.5		0.5	0.5		15.5			

表 6-2 硼硅酸盐玻璃瓶罐的化学成分

单位：%

玻璃成分 / 用途	SiO_2	Al_2O_3	CaO	B_2O_3	Na_2O	K_2O	MgO
盐水瓶	74.5	4.5	5.8	2.4	12.8		
试剂瓶	74.0	4.8	3.7	6.0	11.5		
盛酸瓶	77.7	2.12	3.21	0.05	14.6	0.96	0.73

（二）生产工艺流程

原料混合、熔化→瓶罐成型→退火→表面处理→检验→包装。

玻璃包装容器的制造过程基本相似，只是在成型方法上有所差别。

1．原料的混合、熔化

玻璃瓶的性能取决于玻璃的化学组成，因此，在瓶罐成型前，应该根据瓶的用途确定玻璃中各种化学组成的质量分数。然后计算出各种原料的实际用量。

从贮料仓中卸出原料后，按照实际用量准确称量。然后送到搅拌机中进行 2～5 min 的搅拌混合。碎玻璃可直接加入搅拌机中与其他原料混合，也可以直接加到混合好的原料中。原料混合均匀以后，需要抽检，以确保配方的顺利实施。将混合料输送到熔炉中。在 1 450 ℃的高温下混合熔化，在熔化过程中发生一系列复杂的化学反应和物理反应，涉及分解、固态反应、液固反应和熔化。最后形成均匀的玻璃液。混合熔化的时间和熔化温度与原料中易熔氧化物和难熔氧化物所占的比例有关。一般碱性氧化物起助熔的作用。加入碎玻璃也可以缩短熔化时间、降低能耗，因此熔化碎玻璃要比熔化新原料耗能少。熔炉的温度越高，原料的熔化速度越快，但是，温度太高会加快炉内耐火材料的腐蚀，引起混合料中某些低熔点物质的挥发。所以钠钙玻璃的熔化温度控制在 1 400～1 600℃高温区内。在熔化均匀的玻璃液中存在着熔化过程中分解放出的大量气体，其质量分数一般为 15%～20%。这些气泡严重影响玻璃的质量。混合料中的澄清剂可以起到清除气泡的作用。

熔化混合料的熔炉亦称熔窑，有坩埚窑和池窑之分。坩埚窑用于小批量有特殊要求的瓶罐玻璃的熔化。池窑则用于大规模瓶罐玻璃的熔化。目前主要有两类：马蹄焰熔炉和横焰熔炉，都是用耐火砖砌筑而成的。在熔炉中的不同部位要使用不同类型的耐火砖，与熔融玻璃接触的耐火砖都是耐化学腐蚀性很强的材料，他们一般都含大量的 Al_2O_3 和 ZrO_2。熔炉外层则选择隔热性好的耐火砖，这些砖都被围绕熔炉的钢架固定着。

熔炉的玻璃也从熔炉中一个狭窄的通道流入澄清部，并开始冷却和热均匀化。然后经供料道分配给瓶罐成型机。

2．瓶罐成型

玻璃具有遇热变软、遇冷变硬的特性，是玻璃瓶罐成型的基础。

将圆柱形的料滴变成瓶罐的过程叫做成型。玻璃的成型经历了人工、半自动和全自动的过程。目前主要使用行列式制瓶机。它由各独立的分部组成。每一个分部都有一个初型模和一个成型模，可以独立完成制瓶。在 IS 制瓶机上制造瓶的方法有两种：一种是吹—吹法；另一种是压—吹法。

（1）吹—吹法：制瓶上方的供料系统将料滴滴入初型模中，如图 6-2（a）所示。料滴以 5～7 m/s 的速度落入初型模中，落料时，在初型模上方放置接料漏斗；料滴落入初型模后，让闷头落在漏斗顶部，进行补气。初型模中的料滴被来自上方的压缩空气向下压入下面的口模内，形成瓶口和瓶颈，如图 6-2（b）所示。补气完毕后，退出冲头，从下面向上吹压缩空气，一直到玻璃紧贴初型模和闷头，如图 6-2（c）所示，得到中空的型坯。然后移开闷头，打开初型模，用翻转机构把型坯传递到成型模中，如图 6-2（d）所示。然后向里吹压缩空气，使玻璃紧贴成型容器，如图 6-2（e）所示。打开成型模，用钳瓶机把已成型的瓶子从型模中取出放在停置板中。

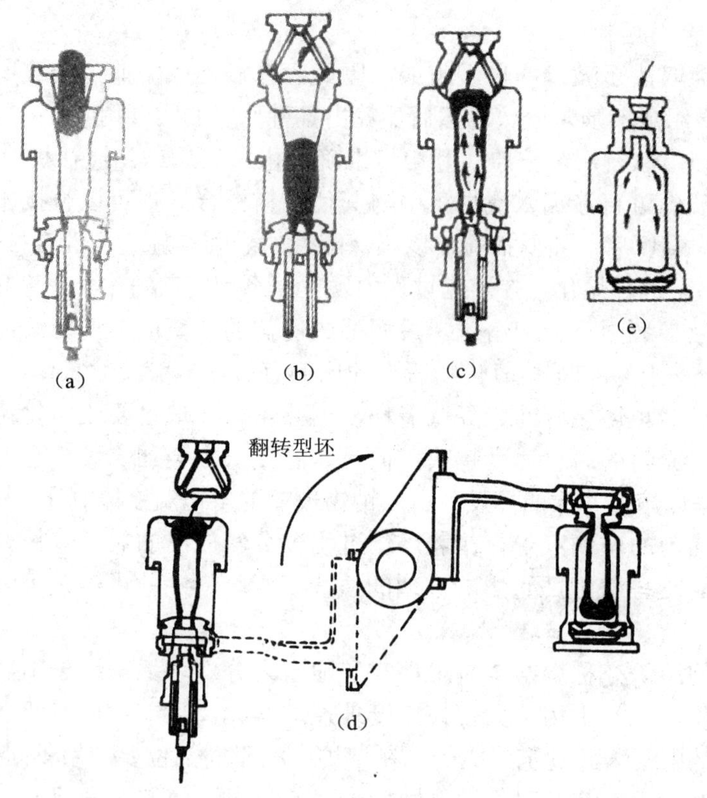

图 6-2　吹—吹法示意

（2）压—吹法：料滴通过漏斗以 5～7 m/s 的速度落入初型模中，如图 6-3（a）所示。闷头直接下落到初型模的顶部，冲头上升，压紧玻璃紧贴闷头和初型模腔壁，如图 6-3（b）所示，模腔被玻璃填满以后，余下的玻璃料被向下挤入口模中，瓶口部成型完毕。打开初型模，用翻转机构把型坯传递到成型膜中，如图 6-3（c）所示。关闭成型模，打开口模。将吹气头盖在成型模上，从瓶口处向型坯内吹气，使玻璃紧贴在成型模内壁。

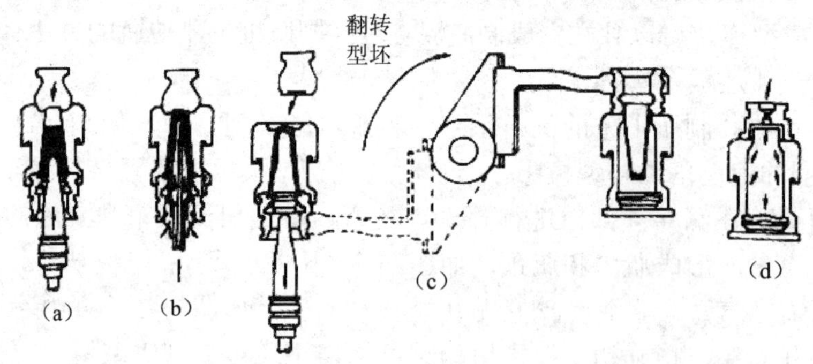

图 6-3　压—吹法示意

如图 6-3（d）所示打开成型模，用钳瓶机把已成形的瓶子从成型模中取出放在停置板上。

吹—吹法和压—吹法的区别主要是在型坯的成型方法上有所不同。吹—吹法适宜于生产小口瓶，即直径小于 38 mm 的瓶子；而压—吹法则适宜于生产大口瓶。

在玻璃瓶罐的成型过程中，由于料滴温度不均匀，模具温度太低，模具不够精确等原因，会在玻璃瓶罐上产生各种各样的缺陷。最常见的有以下几种：

- 裂纹：玻璃瓶罐在成型过程中要多次与模具、钳子等物接触，使瓶罐外壁上产生很多细小的裂纹。这些裂纹是引起玻璃瓶破裂的主要原因。
- 气泡：瓶罐中的气泡主要是成型过程中，冲头上升太快，带进一部分空气或杂质引起的。
- 瓶壁厚薄不均匀：这主要是由预料低的温度不均匀而引起的。温度较高的部分粘度小，比较容易吹薄，温度较低的部分则相反。模具设计不合理也是原因之一。
- 突出物：指瓶子的接缝处向外突出。这是由于模具制造的不够正确，或者是模具的安装不吻合造成的。
- 波纹：在瓶壁上有折皱。这是由于料滴过长，并且没有滴落在初型模的中间，与模壁粘联而产生的。
- 表面缺陷：是指瓶表面发毛，不平。这往往是由于模腔表面不光滑而引起的。

玻璃瓶罐是在模具中成型的，因此模具的质量关系到瓶罐的质量。模具具有：优良的耐热性和热稳定性，表面光洁度高、良好的导热性和较小的热膨胀系数，很高的耐磨性等。通常选用灰铸铁或球墨铸铁制造瓶罐成型模具；口模常选用铜镍铝合金；闷头和冲头则选用硬度很高的，并且易于与玻璃脱离的镍硼合金。

3．退火

玻璃瓶罐在成型过程中，吹入的空气使瓶内壁冷却。瓶外表面与模具接触时急速冷却。由于玻璃的导热性能很差，故瓶壁中心部分的玻璃还是比较软，比内壁、外壁玻璃的温度要高。这样的瓶壁内就会产生应力差，使瓶子的强度大大降低。退火的目的是为了消除这部分残余应力。退火处理在退火炉中进行。将放在停置板上的瓶子送到退火炉中，退火炉先升高玻璃瓶罐的温度。使它略高于退火温度，然后在这个温度下保持几分钟。

升高温度的目的是为了使瓶壁和瓶中心部分的温度接近，消除因受热不均而产生的残余应力。然后从退火炉的热端缓慢地向冷端移动。瓶温逐渐地、均匀的降低。在冷端处，瓶子已经完全冷却。退火的长度一般为 25～35 m，宽度为 3～4 m，退回时间为 35～45 min。

4．表面处理

为了提高玻璃瓶罐的耐化学腐蚀性，增加其表面光滑性以及提高玻璃瓶罐的强度，常在瓶罐退火前后对他进行表面处理。常用的方法有以下几种：

（1）内表面化学处理：用于医用药液包装的瓶罐必须进行表面处理，以防止 Na^+进入药液，在退火炉热端向瓶子内表面喷 SO_2 气体，SO_2 与瓶子表面的 Na^+发生化学反应，生成 Na_2SO_4，玻璃表面成为缺 Na^+而富 SiO_2 的中性表面。覆盖在玻璃表面的云雾状的 Na_2SO_4 沉淀物经水冲洗即可脱落。不过，冲洗工艺在药液罐装前由灌装厂负责完成。

另一种方法是使用碳氢氟化物气体。在退火热端向瓶内表面喷碳氢氟化物气体，也能阻止玻璃中 Na^+的逸出，提高玻璃的化学稳定性。

（2）外表面增强处理：从前面玻璃的性能中已经知道，瓶罐外表面处于张应力状态时很容易使表面裂纹扩展，导致瓶罐破裂。而处于压缩应力状态下，则能增加玻璃的强度。在退火炉热端采用离子交换法即可达到增加玻璃瓶罐强度的目的：将玻璃瓶罐放入熔融的硝酸钾中，K^+置换 Na^+，玻璃表面结构发生挤压，从而形成均匀的压应力。

（3）外表面的保护性处理：在玻璃的外表面涂上一层保护性物质，以免外壁受到刻画，磨损。在退火的热端，让含有锡或钛的气体与瓶罐的外表面接触，在瓶罐表面形成一层金属氧化物层。在退火炉的冷端，用喷枪将聚乙烯、蜡、硅酮、硅烷等喷在瓶罐外表面，形成抗磨损的保护层。

（三）使用资源、生产环境与排放

使用资源：煤炭、电能、冷却循环水。

生产环境：噪声、高温、粉尘。

（四）产品主要指标

玻璃包装产品的主要指标包括：外观质量，尺寸允许偏差、厚度允许偏差、对角线差、弯曲度，光学性能，颜色均匀性，玻璃瓶垂直轴偏差，玻璃瓶罐抗机械冲击，溶出试验，特异性指标。其中溶出试验是根据食品包装材料和容器的不同用途（盛装水性、酸性、油性、醇性食品），分别用水、4%乙酸、正己烷、65%乙醇浸泡后做蒸发残渣、高锰酸钾消耗量、重金属、脱色试验。特异性指标是根据食品包装材料，检测氯乙烯单体、苯乙烯单体、环氧衍生物、甲醛、增塑剂、*N*-亚硝基类物质残留等指标。

（五）产品标准

GB 4544—1996　啤酒瓶

QB 2142—1995　碳酸饮料玻璃瓶

QB/T 3562—1999　500 毫升冠形瓶口白酒瓶

QB/T 3563—1999　500 毫升罐头瓶

（六）产品用途

玻璃瓶罐包装容器在食品、化妆品、药品及化工工业中的应用非常广泛，容量从 1 ml 到十几升不等。瓶罐形状各异，有圆柱形、矩形、椭圆形和多面体形等。

（七）产品复用性

部分食品用玻璃容器使用后，可通过押金方式以及社会回收人员收回的方式实现循环再利用。化学品玻璃容器几乎不进行回收复用。

（八）废物回收途径

食品玻璃瓶罐，价值越高的商品其玻璃瓶回收率越低。玻璃包装容器回收途径通常分三种情况：

（1）由分销商通过对消费者收取押金方式来提高玻璃容器的回收率，再由厂商收回。

常见于牛奶与啤酒行业。

（2）一些一次性使用的日常的生活消费品包装，由社会回收人员收回，集中于废品回收站后，集中运输到玻璃制品厂回炉再利用。

（3）一些化学品玻璃包装容器属于一次性使用容器，装有毒害的容器成为废品后，经特殊无害化处理密封后深埋处理，以免污染环境。

二、医用包装安瓿和管制药瓶

（一）基本配方

1．模制抗生素瓶

该类产品基础化学成分为钠—钙—硅酸盐玻璃、无硼或低硼中性料，玻璃组成中碱性氧化物（R_2O）含量一般控制在 13%以下，且产品在生产过程中经过表面硫化处理，故该类产品以其优良的化学稳定性等性能被大量、广泛地用于抗生素类粉针剂的包装，用量约为抗生素粉针剂总量的 70%。如表 6-3 所示。

表 6-3 药用玻璃瓶 单位：%

玻璃成分 用途	SiO_2	Al_2O_3	CaO	Fe_2O_3	MgO	BaO	ZnO	Na_2O	K_2O	Cr_2O_3	MnO_2
药用瓶（茶色）	71.0	4.0	7.5	0.30	2.0	0.1		15.2			

2．水针剂包装

主要为玻璃安瓿，目前国内市场年需求量为 290 亿支。国内生产厂家众多。原国家医药管理局 1990 年开始强制淘汰非易折安瓿，该产品已开始升级换代，但是当前安瓿易折化的问题表现尤为突出。推行易折安瓿的目的就在于使安瓿易折，从而避免安瓿使用时因挫击所形成的玻璃微粒进入药液。需要耐强酸、强碱及避光的安瓿，安瓿需要优质印字。

3．盛装注射用输液的玻璃瓶

内表面耐水性必须达到 121℃内表面耐水性测定法和分级（试行）（YBB 0024—2003）中的 HC1 级和 HC2 级的要求。符合这项要求的玻璃有两种：一种是含氧化硼（B_2O_3）10%的硼硅酸盐玻璃，简称Ⅰ型玻璃，它具有优异的化学稳定性。我国目前还没有这种玻璃制造的输液瓶，国际上也不多。另一种是经过内表面处理的钠—钙—硅酸盐玻璃，简称Ⅱ型玻璃，它的内表面有一层很薄的富硅层，能达到Ⅰ型玻璃的效果，为国际上广泛采用。目前我国 1/3 的输液瓶是用这种玻璃制造的，其余 2/3 的输液瓶是采用含氧化硼（B_2O_3）2%左右非Ⅰ非Ⅱ型玻璃制造的。

（二）生产工艺流程

安瓿和管制玻璃药瓶都是用玻璃管拉制而成的。它们的生产工艺流程与玻璃罐瓶生产流程相似：原料混合、熔化→流料槽→拉管机→玻璃管→成型→退火→成品。

配料和原料混合、熔化均与瓶罐玻璃的步骤一样，这里主要介绍瓶的成型方法。

安瓿和管制药瓶所用的玻璃管采用丹纳法或下拉法拉制而成。图 6-4 为丹纳拉管机拉管示意图。在熔炉中熔化好的玻璃液，经流料槽流到有一定倾斜角度的旋转管上。旋转管由耐火材料制成，固定在传动机构上，由电机驱动以 5～10 r/min 的速度均匀转动。旋转管与水平成 15°～20°，放在马弗炉中。马弗炉的温度低于旋转管上玻璃的温度。玻璃有拉管机以一定的速度牵引，可以连续不断地生产玻璃管。玻璃管的外径和壁厚由玻璃的粘度、流量、充气量和拉管速度决定。丹纳法可以拉制外径为 2～40 mm，壁厚为 0.3～0.4 mm 的玻璃管。将拉好的玻璃管进行退火处理，然后切割成适当长度的玻璃管以备制造安瓿和管制小瓶之用。

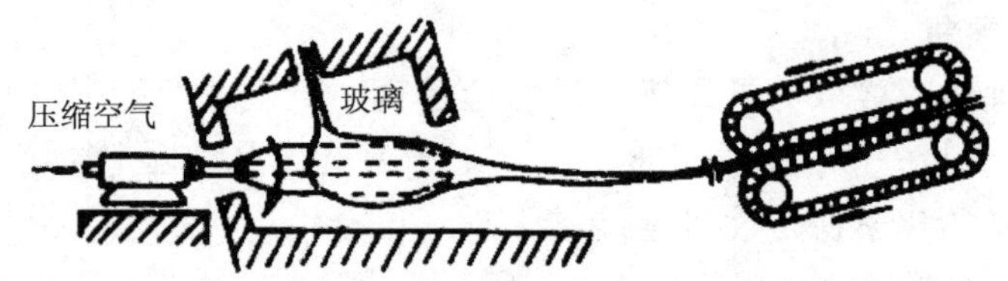

图 6-4 丹纳拉管示意

将玻璃洗净、干燥，然后放入立式成型机中，用一套卡盘夹具夹住，在卡盘的间隙间加热，通过机器的旋转段，安瓿和小瓶即可制成。安瓿的成型工艺如图 6-5 所示。首先加热玻璃管，然后拉长。在瓶肩处用喷灯加热制出缩颈。继续拉伸，并用喷灯封底。最后一步是修整茎管即修整安瓿的长度。在安瓿的缩颈部用陶瓷颜料划上一圈彩色线，做好开启记号。然后将安瓿瓶进行退火处理和包装。

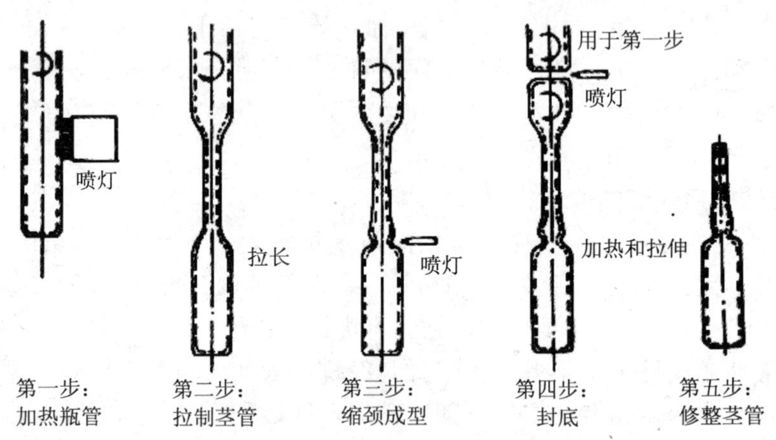

图 6-5 安瓿的成型过程示意

管制药瓶的成型方法与安瓿相似，也是立式成型机中制成的。小瓶的成型过程如图 6-6 所示。首先用喷灯加热使底部开口，然后用模具成型瓶肩和瓶口。瓶口的内径和口内形状则用一柱形塞来控制。最后用喷灯分开小瓶和玻璃管。将小瓶送到二次成型机上进行尺寸调整和退火处理。最后进行包装。

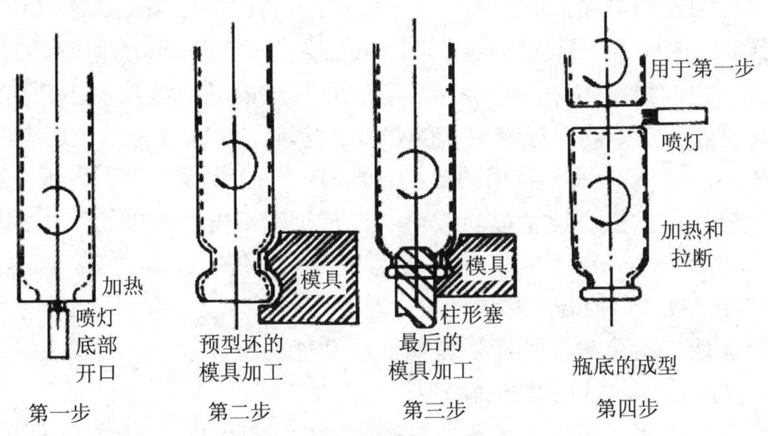

图 6-6　管制药瓶的成型过程示意

（三）使用资源、生产环境与排放

使用资源：煤炭、电能、冷却循环水。

生产环境：噪声、高温。

（四）产品主要指标

药用玻璃的检测项目主要分为理化性能、规格尺寸和外观质量三大项。同国际药用玻璃标准及检测方法接轨后，还要增加玻璃的化学成分及有害物质浸出含量的检测。

1．理化性能

理化性能是药用玻璃重要的质量指标及检测项目，是产品内在质量的反映和体现，直接影响药品的质量。属于理化性能检测的项目有：耐水性、内应力、耐内压力、抗热震性、耐冷冻性、折断力、耐酸性和耐性等。

（1）耐水性：耐水性即药用玻璃的化学稳定性。由于药用玻璃是直接接触药品的包装容器，在药品的保质期内，不能因化学性质的变化而导致药品变质或失效，所以化学稳定性的优劣直接关系到药品的质量。

耐水性的检测分为颗粒法和容器法，其试验原理为用一定分量酸溶液中和玻璃容器表面或内部的含量。颗粒法是对玻璃材质的化学性能的检测，检测方法标准为《玻璃在121℃耐水性的颗粒试验方法和分级》（GB 12416.2—1990）、《玻璃在 98℃耐水性的颗粒试验方法和分级》（GB/T 6582—1997）。容器法是对玻璃内表面化学性能的检测，检测方法标准为（YBB0024—2003）、《玻璃容器内表面耐水侵蚀性能测试方法及分级》（GB/T 4548—1995）。

另外，为与国际标准接轨，国家标准《玻璃制品　玻璃容器内表面耐水侵蚀性能　用火焰光谱法测定和分级》（GB/T 4548.2—2003）能对玻璃表面耐水释出物质和释出量进行定量测定。

（2）内应力：内应力即玻璃的退火质量或退火特性。退火质量差的玻璃容器在使用过程中易产生破碎或炸裂，影响药品的盛装和用药安全。检测内应力常用的标准为《药用玻璃容器内应力检验方法》(GB 12415—1990),其试验原理是以不同波长的光程差来确定玻璃容器中的内应力,目前常用的为 LRR-85A 数显定量应力测定仪。

(3)耐内压力:内压力是衡量玻璃容器综合强度的项目。玻璃内部结构,玻璃壁厚的不均匀及表面外观缺陷均会影响玻璃的强度。检测方法标准为《玻璃容器 耐内压力试验方法》(GB/T 4546—2008)。常用的检测仪器有:TYJ-B 线性增压内压力试验机。

(4)抗热震性:抗热震性是检验玻璃容器抵抗温度变化的能力,一般用耐热温差来表示。检测方法标准为《玻璃容器 抗热震性和热震耐久性试验方法》(GB 4547—2007)。常用的检测仪器为数显自控温冷热急变仪。

(5)耐冷冻性:耐冷冻性是衡量玻璃低温性能的检测项目。主要用于冻干剂玻璃瓶的检验。检测仪器为:−43℃以下的冰柜。

(6)折断力:折断力是检测安瓿瓶易折性能的项目,也是衡量安瓿瓶使用性能的重要指标。常用的检测仪器为:ZLY-2000 数显折力仪。

(7)耐酸性和耐性:耐酸性和耐性是衡量玻璃化学稳定性的项目。检测方法为《玻璃在 100℃耐盐酸浸蚀性的火焰发射或原子吸收光谱测定方法》(GB 6581—2007),《玻璃耐沸腾盐酸浸蚀性的重量试验方法和分级》(GB/T15728—1995),《玻璃耐沸腾混合碱水溶液浸蚀性的试验方法和分级》(GB/T 6580—1997)。主要的检测仪器有:火焰光度计、原子吸收光谱仪及实验室常规仪器。

2. 规格尺寸

规格尺寸是药用玻璃主要成型工艺质量。一致性及良好稳定的规格尺寸是药品包装生产的基础,对药品的灌装、密封及贮存使用均有很大影响。

(1)几何尺寸:瓶口、瓶身各部位的几何尺寸一般采用数显电子卡尺、游标卡尺或高度尺等量具检测。

(2)瓶壁、瓶底、瓶口厚度:常用的测量仪器有:数显电子瓶底厚、壁厚测量仪,数显电子瓶口边厚测量仪。

(3)垂直轴偏差:瓶子垂直度的检测项目。检测方法标准为《玻璃瓶罐垂直轴偏差试验方法》(GB 8452—2008)。测量仪器为:ZPY-10 数显轴偏差测量仪。

(4)直线度:直线度是对玻璃管弯曲程度的检测项目。常用测量仪器为:LSR-1000 数显玻管直线度仪。

(5)重量、容量:重量、容量检测是用称重法及滴定法测量瓶子的重量和容积。

3. 外观质量

外观质量是检测玻璃容器各类表面缺陷的项目。主要有:结石、气泡、条纹、气泡线、裂纹、合缝线等。对外观质量项目的检测一般采用目测或带刻度的放大镜测量。

4. 化学成分及有害物质含量

化学成分及有害物质含量的检测是提高药用玻璃容器的质量水平,与国际水平接轨的重要检测项目。

医药行业标准(YBB 0034—2003)非等效采用《正常大规模生产的玻璃按成分分类及其试验方法》(ISO 12775—1997),这个标准对各类药用玻璃的成分、材质要求、性能及应用范围均作出了明确的分类和规定。

药用玻璃生产的原料中常以 As_2O_3、Sb_2O_3 作为澄清剂引入玻璃成分,国际标准对这些物质的释出量均有规定，我国医用玻璃标准《药用玻璃铅、镉、砷、锑浸出限量》（YBB 0017—2005）从安全卫生的角度对有害元素进行了限定。

玻璃的着色需要用金属盐，如蓝色需要用氧化钴，茶色需要用石墨，竹青色、淡白色、深绿色则需要用氧化铜和重铬酸钾，无色需要用碱。因此安全检测时玻璃容器碱、铅及砷（消泡剂）的溶出量容易超标。

5．产品标准

GB 2640—1990　模制抗生素玻璃瓶

YBB 0034—2003　药用玻璃成分分类及其试验方法（试行）

GB 2637—1995　安瓿

GB/T 2639—2008　玻璃输液瓶

GB 4544—1996　啤酒瓶

GB/T 12414—1995　药用玻璃管

BB/T 0018—2000　包装容器葡萄酒瓶

QB 2142—1995　碳酸饮料玻璃瓶

QB/T 3562—1999　500 毫升冠形瓶口白酒瓶

QB/T 3563—1999　500 毫升罐头瓶

6．产品用途

药品、试剂包装等。

（1）新型药用玻璃包装：

Ⅰ类玻璃模制瓶：主要用于包装血浆、白蛋白、球蛋白等产品，规格在 20～100 ml。

Ⅰ类玻璃管制瓶：主要用于包装冻干生物制剂、粉针、疫苗、基因工程药等产品，规格在 3～12 ml，主要是 2～8 ml，大的规格也有 32 ml。

（2）卡式瓶：国外已部分取代针剂安瓿用于包装高档大容量液体剂型药物，国内主要用于胰岛素注射剂包装。

（3）预灌封注射器：主要用于包装疫苗、干扰素等生物药品，是一次性含药注射剂。被广泛用于注射剂、粉针剂、生物药品、血液制品、冻干剂、口服液等领域。

7．产品复用性

药品（医用）瓶几乎不进行回收复用。

8．废物回收途径

由医疗机构等进行处理。一些一次性医用玻璃要经特殊灭菌处理密封后深埋。

第七章　陶瓷类包装

第一节　陶瓷类包装概述

一、陶瓷包装的发展

陶瓷包装，一般是指用普通或特种陶瓷制成不同造型的包装容器。常见的陶瓷容器有瓶、缸、坛、罐、壶等。

陶瓷包装历史悠久，陶制品是人类制造和使用的最早物品之一，也是最早的包材之一。据考证，我国陶器的烧制已有近万年的历史，而瓷器的出现也有 1 800 余年的历史，早已应用于人们的日常生活当中。早在氏族社会，人类就已经用黏土制成罐，作为容器盛装水和食物。由于陶瓷包装材料具备优异的耐高温、耐磨、耐变形、耐腐蚀、绝缘等特性，加之其因组成元素的不同会具有不同的性质，在各种新材料、新工艺层出不穷的今天，作为一种结构材料在某些包装领域中已经成为不可缺少的一类包装材料并得到广泛的应用。

20 世纪后期，随着许多新技术（如电子技术、空间技术、激光技术、计算机技术等）的兴起，以及基础理论（如矿物学、冶金学、物理学等）和测试技术（如电子显微镜技术、X 射线衍射技术和各种频谱仪等）的发展，人们对包装材料结构和性能之间的关系有了深刻认识。通过控制材料的化学成分和微观组织结构，研制出许多不同性质的陶瓷包装材料，使其焕发新的生命力，得到越来越广泛的应用。如玻璃陶瓷在炊具上的成功应用就是很好的证明。

二、陶瓷材料来源

传统上，陶瓷是指以黏土为主要原料与其他天然矿物经过粉碎混炼、成型、煅烧等过程而制成的各种制品。陶瓷材料属于硅酸盐类材料。

制作陶瓷的原料种类很多，最主要的是黏土和一些天然矿物、岩石等。可归纳为三大类，即具有可塑性的黏土类原料、具有非可塑性的石英类原料和能生成玻璃相的长石、滑石、钙镁的碳酸盐等溶剂性原料。

（一）黏土类原料

包括高岭土、多水高岭土，烧后呈白色的各种类型黏土和作为增塑剂的膨润土等。我国储量巨大，据最新统计资料，全国已经探明的陶瓷黏土矿床达到 180 余处。福建省龙岩发现了我国目前最大的高岭土矿，其储量高达 5 400 万 t。黏土是多种微细矿物组成的混合体，是一种土状岩石，其粒径多数小于 2 μm。主要的黏土矿物都是含水的铝硅酸盐，随着地质生成条件的不同，还会含有少量的碱金属氧化物、碱土金属氧化物等。

黏土类原料主要有以下三点作用：

（1）塑化作用：黏土加入水可以变成有可塑性的软泥，将其塑造成各种形状，烧结后变得致密坚硬。这样一种性能构成了陶瓷生产的工艺基础。

（2）结合作用：黏土是形成陶器主体结构和瓷器中晶体的主要来源，能赋予瓷器以良好的机械强度、介电性能、热稳定性和化学稳定性。

（3）成瓷作用：黏土是陶瓷坯体烧结时的主体，黏土的熔融温度具有一定范围，在某个温度下，不能完全熔化，因此在焙烧过程中能保持一定形状。焙烧后，黏土成为多孔性材料。不同成分的黏土可制造不同品种的陶瓷制品。

（二）石英类原料

自然界中的二氧化硅结晶矿物统称为石英。地球上储量多，我国优质石英资源储量丰富，以湖南、江西、河北、福建等省最丰富。石英属于瘠性材料（减黏物质），可降低坯料的粘性，对泥料的可塑性起调节作用。在烧成时，黏土因失水而收缩，很容易产生龟裂，石英对粘度的降低和加热膨胀性可部分抵消坯体收缩的影响。在瓷器中，大小适宜的石英颗粒可以大大提高坯体的强度，还能使瓷器的透光度和强度得到改善。

（三）长石类原料

长石的主要成分是钾、钠、钙的铝硅酸盐。在我国，资源分布于江西、湖南、福建、广西、广东、河南、河北、辽宁、内蒙古等地。长石属于溶剂原料，高温下熔融后可以溶解一部分石英及高岭土分解产物，形成玻璃状的流体，并流入多孔性材料的空隙中，起到高温胶结作用，形成无孔性材料。

（四）辅助原料

石灰石在我国分布面积很广，各地均有产出。菱镁矿在辽宁海城与营口，储量约为世界产量的 1/4；滑石等含水碳酸镁盐类辅料产地有辽宁、山东、内蒙古、广西、湖南、云南等。不同的辅助原料作用也不尽相同，如烧制骨瓷时加入动物的骨灰可以增加半透明性和强度；碳酸盐类辅料如石灰石、菱镁矿可降低烧结温度，缩短烧结时间，增加产品透明度；滑石在降低烧结温度的同时，能改善陶瓷的性能，如白度、透明度、机械强度、热稳定性。

此外还有作为助剂的各种特殊原料，如助磨剂、助滤剂、解凝剂、增塑剂、增强剂等，以及作为陶瓷釉料的各种化工原料，均可大量生产。

在我国，陶瓷原料矿物资源储量丰富，矿点分布遍及全国各省、市、自治区。这一资源优势既能够为继续推动我国陶瓷包装材料发展打下基础，又为我国发展陶瓷包装大批量出口，创造了丰厚的条件。

陶瓷包装只占陶瓷行业一小部分，产量和规模相对薄弱，包装应用上的局限也阻碍了技术的进步，陶瓷行业的弊端也直接影响陶瓷包装的发展。主要的问题表现在产业发展结构不合理、产业集中于劳动力密集型产品；技术密集型产品明显落后于发达工业国家；生产要素决定性作用正在削弱；产业能源消耗大、产出率低、环境污染严重、对自然资源破坏力大；企业总体规模偏小、技术创新能力薄弱、管理水平落后等。为减轻经济发展对资源使用的压力，需要大力发展循环经济，实现资源的高效和循环利用。

三、陶瓷材料种类和基本特征

按陶瓷坯体的结构质地不同，陶瓷包装材料分为两大类：陶和瓷。

（一）陶

坯体结构较为疏松，致密度较差，通常有一定吸水率，断面粗糙无光，没有半透明性，敲之声音粗哑。又分为粗陶、普通陶和细陶。

粗陶：它的原料主要是含杂质较多的砂质黏土。它坯质粗疏、多孔、表面粗糙、色泽较深、气孔率和吸水率较大，吸水率小于 15%，不施釉。主要用于花盆等。

普通陶：吸水率小于 12%，断面颗粒较粗，气孔较大，表面施釉，制作不够精细。主要用作陶缸。

细陶：它的原料主要是陶土。坯体呈白色，质地较粗陶器细腻，气孔率和吸水率也较小，吸水率小于 15%，断面颗粒细，结构均匀，施釉或不施釉。常用作陶罐、陶坛和陶瓶。

（二）瓷

坯体致密，基本上不吸水，吸水率小于 3%，有一定的半透明性，断面呈石状或贝壳状。又分为炻瓷、普通瓷和细瓷。

炻瓷：也称半瓷，其主要原料是陶土或瓷土。它坯体致密，已完全烧结，吸水率小于 3%，但还没完全玻璃化，透光性差，通常胎体较厚，呈色，断面呈石状，制作较精细。常用作陶坛、陶缸等。

普通瓷：吸水率小于 1%，有一定透光性，断面呈石状或贝壳状，制作较精细。

细瓷：它的原料主要是颜色纯白的瓷土。组织致密、色白、表面光滑，坯体完全烧结，断面细腻，呈贝壳状，完全玻璃化，吸水率极低（小于 0.5%），对液体和气体的阻隔性好，制作精细。主要用作瓷瓶。

四、陶瓷材料性能与应用

陶瓷包装材料使用历史久远，至今仍在包装材料中占有一席之地，主要由于陶瓷耐热性、耐火性与隔热性比玻璃好，且耐酸和耐药性能优良。陶瓷包装材料透气性极低，可多年不变形、不变质，是理想的食品、化学品的包装容器。具体性能与应用如下：

保护功能：防冲击、防震动、耐压；以及根据不同需要防湿、防高温或低温、防微生物、防光照、防气体，甚至防盗窃等。

促销功能：陶瓷产品在沟通企业与消费者的过程中，竞争是不可避免的，为此，包装作为强化保护功能、促销功能的有效性和经济性，必须在生产、流通、仓储、使用和销售等方面具有宽广的弹性和适应性。陶瓷的包装正是适应了这种要求，方便运输与销售，并且减轻了人们的工作强度。

宣传功能：陶瓷包装在包装、装饰产品的过程中，借助一些影像、图案、文字，给消费者创造一个美的视觉形象，以不同形式表现产品，宣传它们的特点、功用，帮助消费者认识产品，直接产生一种广告宣传的效果，刺激人们的视觉器官，以赢得更多的购物者和欣赏者。

美化功能：传统的陶瓷艺术与现代审美意识相结合，使之焕发出新的活力，从而更好地服务于大众，包装产品在畅销的过程中亦给企业带来经济效益。

在应用上，不同商品包装对陶瓷的性能要求不尽相同。如高级饮用酒瓶，要求陶瓷不仅机械强度高，密封性好，而且要求白度好，具有光泽；日用陶瓷容器，主要从化学稳定性方面来考虑，如坛、罐等；另外还有的工艺使陶瓷表面处于承受预加压应力状态，相对提高使用强度，形成滑润的表面，达到易洗刷、消毒、灭菌、保持良好的清洁状态的目的，如日常餐具、茶杯、食品包装保鲜等。

陶瓷包装材料虽然有以上特性，但还存在着不足之处。主要包括陶瓷生产多为间歇式，生产效率低；陶瓷容器在成型与焙烧时伴随着不可避免的收缩与变形，尺寸误差较大，给自动包装作业带来一定困难；包装材料的密度较大，给运输和包装增加成本；运输过程中，陶瓷材料抗冲击性差，易破损；在烧制的过程中会加入一些铅、铬等重金属原料，可能会流入人体中造成健康危害，所以在加入金属元素提高陶瓷抗破损能力的同时，需要加强对材料的检验和验收。陶瓷包装的应用还具有一定局限性。

五、材料安全及环境影响

（一）材料安全

在陶瓷材料的生产过程中，出于对釉面光泽与助熔作用的考虑，在釉面于釉上颜料中常常使用铅、镉和铬等重金属元素。在使用过程中，重金属元素或多或少会渗出材料，如果被人食入，这些重金属元素不会被排泄出来，日积月累后会影响健康。

（二）环境影响

陶瓷生产过程中产生的烟气、粉尘、固体废料和工业废水污染环境较严重。目前我国陶瓷工业所使用的窑炉多以煤和重油作为能源，会排出大量二氧化碳和二氧化硫，企业需严格控制排放量，使之达到国家标准；成型修坯车间须装有吸尘器，避免粉尘污染；榨泥机排出的废水应尽量回收，反复使用；废匣片、废瓷片也应尽量回收粉碎，继续使用。

六、回收利用情况

大部分陶瓷包装为日用陶瓷容器，如水杯、餐具等，日常生活中没有专门的部门对此类容器进行回收，只有极少数的针对高级酒瓶的回收。所以对于材料的回收几乎只存在于生产过程产生的废料和经过使用的破损的容器。

随着社会经济及陶瓷工业的快速发展，陶瓷工业废料日益增多，对城市环境造成巨大压力，限制了城市经济发展及陶瓷工业的可持续发展。根据不完全统计：仅佛山陶瓷产区，各种陶瓷废料的年产量已经超过 400 万 t，而全国陶瓷废料的年产量估计在 1 000 万 t 左右。因此，我们应该重视、研究解决陶瓷生产中废料的再循环和利用问题。

（一）陶瓷包装废料来源与分类

陶瓷废料主要是指陶瓷制品生产过程中，由于成形、干燥、施釉、搬运、焙烧及贮存等工序中产生的废料，通常大致分类如下。

坯体废料：主要是指陶瓷制品焙烧之前所形成的废料，包括上釉坯体废料及无釉坯体废料。

废釉料：在陶瓷制品的生产过程中（抛光砖的研磨、抛光及磨边倒角等深加工工序除外）所形成的污水，经净化处理后形成的固体废料，通常含有重金属元素，按其化学含量多少可分为有毒废釉料和有害废釉料。

烧成废料：陶瓷制品经焙烧后生成的废料，主要是烧成废品及在贮存和搬运等过程中的损坏而造成的。

匣钵废渣：日用陶瓷制品通常采用隔焰加热的方式进行焙烧。而获得隔焰加热方式最经济的方法是采用匣钵焙烧。由于匣钵多次承受室温—高温—室温过程的热应力作用及装钵过程中的搬运、碰撞等，易于损坏而成为匣钵废渣。

（二）陶瓷废料综合利用

1. 用来生产陶瓷砖

陶瓷企业生产时会造成许多种类的工业废料。如用于淘洗原料及冲刷设备排出的废泥水、烧成后的瓷砖废品、不可再用的匣钵与窑具等。废弃的泥水经回收、拣去杂物、除铁外，又可以添加入瓷砖的配料中用于瓷砖坯料。对于废品、废匣钵与废窑具之类经过高温烧成的废料，也可采用重新粉碎加工方法，将其磨碎成粒径在 5 mm 以下的碎料，然后按比例添加到瓷砖或西式瓦的配料中用于瓷砖坯料。国际上许多国家已将绿色陶瓷制品定位为在生产线上不形成污染的产品。陶瓷企业形成无废料排放、良性循环的生产体制，已成为许多企业追逐的目标。

将废坯、废泥通过干燥、破碎过筛加工后用作仿古砖的坯料，无原材料费用，粉料制造费用极低。结合废坯、废泥的化学成分及特性，还可开发生产风格不同的艺术砖。既环保又降低陶瓷产品成本。

2. 用来生产多孔陶瓷

我国一些研究者经过多年的努力，研制出一种利用陶瓷厂废料生产多孔陶瓷的工艺方法。首先将固体废物加工成一定目数的粉料备用。将各种原料称量并混合均匀后，装入不锈钢模具中，放入电炉内烧制。配料中以土粉作填充料，瓷粉作骨料，粉煤灰和釉粉作发泡基础料，另有发泡剂煤粉和助泡剂硼酸、硝酸钠等。配料时，先将发泡基础料、发泡剂和助泡剂混合均匀，并过 100 目筛三遍，然后加入填充剂和骨料混匀后平摊于不锈钢模内，置于电炉内烧制。

该方法所研制的多孔陶瓷容重低，强度高，适合于新型墙体材料，亦可用于制造广场透水砖；利于建陶厂固体废物生产多孔陶瓷，不需增添设备，废料利用率高，经济效益高，社会效益好。

3．用于制备水泥

将陶瓷废料作为廉价原料用于水泥生产，实现陶瓷、水泥两大工业的有机结合，无疑会产生很大的社会效益和经济效益。既能大量处理陶瓷废料，又可以为水泥工业生产提供一种新的原材料。

4．用于开发固体混凝土材料

固体废物混凝土材料（SWC）是以固体废物为主要原料，具有普通混凝土性能的一种环保材料。通过试验研究表明，以陶瓷废料为主要原料，辅以水泥和高强粘结剂制备的 SWC 材料，其性能符合免烧型广场道路砖的标准要求。

5．用来生产陶粒

近年来国内外开始了利用工业废料生产陶粒的研究。由于陶瓷容重小、内部多孔，形态、成分较均一，具有一定的强度和坚固性，因而具有质轻、耐腐蚀、抗冻、抗震和良好的隔绝性、保温、隔热、隔音、隔潮等功能特点，可以广泛应用于建筑、化工、石油等部门。在建筑方面，可以作为轻骨料制备混凝土和墙体保温板，也可以作为填料填在空心墙或窑的衬层中隔热保温。以陶瓷厂的废料做成的轻质陶粒为主要原料，辅以造孔剂和防水剂，采用一般的成型方法研制成一种新型多孔地铁吸音材料。通过性能测试分析，该吸音材料吸音频率范围宽，吸音效果明显。

6．废瓷片的再利用

国内某陶瓷厂提供了一条利用废瓷片的有效途径，即利用它来生产釉料。其应用方法是将废瓷片直接配料经轮碾机再配料球磨，其粉磨至通过 150 目或 200 目筛，制成瓷粉再配料球磨效果最佳。应用表明，釉料中引入一定量的废瓷粉，可防止吸“黄粉”现象，减少针孔和釉泡等缺陷，提高釉面光泽度和白度，提高釉面硬度。因此，用废瓷粉取代部分长石、烧黏土或氧化铝，不仅变废为宝，降低釉料成本，而且还显著改善产品质量，值得推广应用。

21 世纪是环保的世纪，随着我国可持续发展战略的实施，对环境保护提出了更高的要求。我国作为世界上最大的陶瓷生产国，如果将陶瓷废料充分利用起来，不但可以解决巨大的环境危机，而且可实现社会和经济可持续发展，从这个意义上讲我国废瓷资源的循环再利用具有重大的社会效益和经济效益。

第二节 陶瓷包装产品的类别

陶瓷包装产品主要指日用陶瓷容器，在包装材料中所占的比例还是比较小的一部分，如餐具、茶具、酒瓶、缸、坛、盆、罐等。按造型可分为以下几种：

- 缸器：这是一类大型容器，它上大下小，内外施釉。可用于包装皮蛋、盐蛋等。
- 坛类：这类容器容量也较大，有的坛一侧或两侧有耳环，以便于搬运，其外围多套柳条筐、荆条筐等，以起缓冲作用。常用来包装硫酸、酱油、咸菜等。
- 罐类：它的容量较坛类小，有平口与小口之分，内外施釉。常用于包装腐乳、咸菜等。
- 瓶类：这是陶瓷容器中用量较大的包装容器，其造型独特，古朴典雅，图案精美，釉彩鲜明。主要用于高级名酒包装、颗粒药物包装。

第三节　陶瓷包装容器及其废物特性

一、基本配方

（1）黏土类原料：黏土在细瓷配料中的用量常达 40%～60%，在陶器中用量还可增多。

（2）石英类原料：在日用陶瓷中，石英类原料一般占 25%左右。

（3）长石类原料：在日用陶瓷中，长石类原料一般占 25%左右。

（4）辅助原料：除了上述三类原料，根据需要还要加入一些其他添加剂，占 10%左右。

二、陶瓷包装容器的制造和加工工艺过程

首先根据陶瓷种类和用途制备坯料，通过不同的成型方法制成具有一定形状和大小的坯体（也叫生坯），即成型；生坯经干燥修整后可释釉装饰，经高温烧成，检验合格后成为陶瓷包装容器。

陶瓷包装容器制造加工工艺流程一般为：备料→坯体成型→干燥和烧成→施釉→工艺加工→检验入库。

（一）备料

首先原料车间按要求制作坯料。成型对坯料提出细度、含水率、可塑性、流动性等性能要求，因此，各配料的质量、配比和加水量都应十分准确。加水量对混合物性能有很大影响。水量过低，混合物之间强度变弱易碎，因此，水量必须满足一个最低限。这一最少量的水，就是所谓塑性极限。可以加入稍多于这个极限的水，当加入的水达到了上限，即所谓水限后，过多的水则将使黏土变湿、变稀、变黏。黏土所需水的精确数量，在很大程度上取决于黏土的类型和其表面状态。

（二）成型

陶瓷包装容器的成型方法有可塑成型法、注浆成型法两大类。

1．可塑成型法

可塑成型法是利用模具和刀具等运动造成压力、剪力、挤压等外力对具有可塑性的坯料进行加工，迫使坯料在外力作用下发生可塑变形而制成坯的成型方法。可塑成型法坯料含水量一般在 18%～26%。这种方法主要用于盘状、杯状的陶瓷包装容器的成型，且多采用滚压法，主要有两种滚压成型方法：

（1）盘类陶瓷包装容器的滚压成型。如图 7-1 所示，坯料放入石膏制成的旋转模具 3 上，以旋转的滚压头 1 滚压成盘状的坯体 2。

（2）杯类陶瓷包装容器的滚压成型。如图 7-2 所示，滚压头 1 为圆柱形，可在阴模 3 内径方向滚压，将坯料滚压成深度较大的杯状坯体 2。

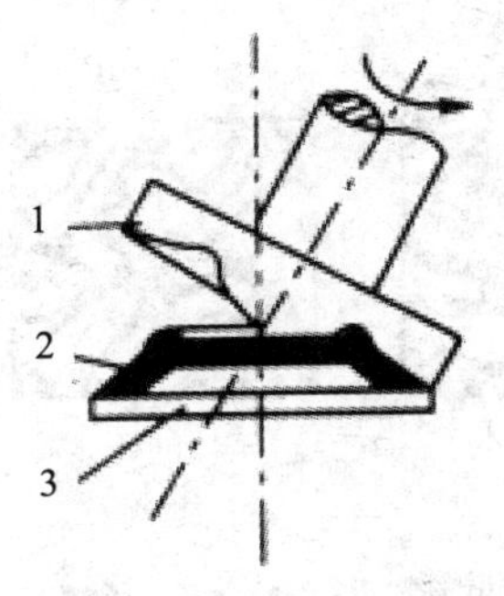

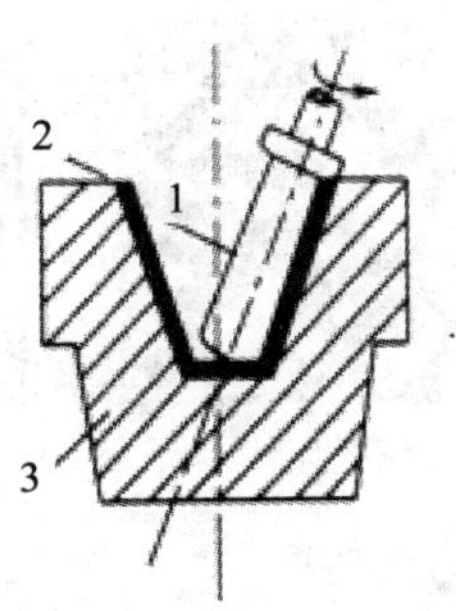

1. 滚压透；2. 坯体；3. 模具

图 7-1　浅盘的滚压成型　　　图 7-2　杯的滚压成型

2. 注浆成型法

这种方法坯料含水量较高，为 30%～40%，适于制作外廓复杂或细颈瓶形陶瓷包装容器。注浆成型是基于石膏模能吸收水分的特性。如图 7-3 所示为注浆成型操作过程。先将泥浆注入石膏模具中，靠近模壁处的泥浆水分被石膏模型吸收而形成泥层，待泥浆在模型中停留一段时间，形成坯体所需厚度时，倒出多余的泥浆，随后带模干燥，待注件干燥收缩脱模后，取出注件。用这种方法注出的坯体，注件的外形取决于模型工作面的形状，而内表面则与外表面基本相似。坯体的厚度取决于操作时泥浆在模型中提留的时间。

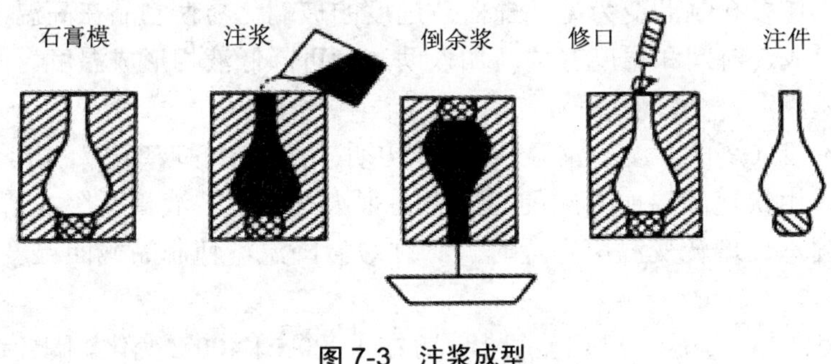

图 7-3　注浆成型

成型后的坯体只是半成品，后面还要经过干燥、上釉、装坯、烧成等多道后续工序，还要经过多次人手和机械手取拿放下，所以要求提高坯体干燥强度，以尽可能减少生坯破损率。

（三）干燥和烧成

排除坯体中水分的工艺过程称为干燥。通过干燥，坯体获得一定强度以适应运输及修坯、粘接、施釉、烧成等加工要求。坯体中，水分布在颗粒之间的间隙处和颗粒表面的空洞处。干燥时，间隙处的水分蒸发了，颗粒间隙缩小，坯体收缩，如图 7-4 所示。干燥速率很重要，如干燥过快，表面水分蒸发速度大于内部水分扩散速度，则表面先收缩，就会造成龟裂，所以必须控制表面排水速率，使它大致与坯体内部水的扩散速率相等。

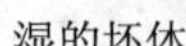

湿的坯体

半干的坯体

干燥的坯体

图 7-4 黏土颗粒收缩

在干燥后要进行烧成。所谓烧成，是指对成型干燥后的陶瓷坯体进行高温处理的工艺过程。烧成分为以下四个阶段：

（1）低温阶段（室温～300℃）：由于干燥时不可能完全排出水分，所以烧成的第一步要排出坯体中的残余水分。

（2）分解及氧化阶段（300～950℃）：在600～800℃时，坯体矿物中的化合水要排出，故这个阶段也要把握加热速率，以保坯体收缩均匀，不产生龟裂；此阶段还发生有机物、碳素和无机物等的氧化，碳酸盐、硫化物等的分解。

（3）玻璃化成瓷阶段（900℃～烧成温度）：上述氧化、分解反应继续进行，在900℃时原料开始熔融，即玻璃化，熔融产生的玻璃液可流动填充干燥颗粒的空隙。在这个阶段，玻璃化程度要适当，这不但可以增加制品强度，还可以使制品变为半透明，表面光滑，密度增加，使多孔制品变为无孔瓷器。过度的玻璃化易使制品在高温下变软和塌陷。玻璃化程度与组成、时间和温度有关。加入助溶剂可降低液相形成温度。此阶段结束后，釉层玻化，坯体瓷化。

（4）冷却阶段（烧成温度～室温）：冷却初期，瓷胎中的玻璃相还处于塑性状态，可快速冷却，此时由快速降温而引起的热应力在很大程度上被液相所缓冲，不致产生有害作用。但降到固态玻璃转变温度附近时，必须缓慢降温，使制品截面温度均匀，尽可能消除热应力。

不同的陶瓷制品，烧成温度相差很多，可在1 000～1 400℃变化。陶瓷通常在1 100℃左右，瓷器、软瓷器可达1 300℃，硬瓷器高达1 460℃。

一般陶瓷的烧化工艺可分为一次烧成和二次烧成两大类。一次烧成就是将生坯施釉后入窑经高温煅烧一次制成陶瓷产品的方法；二次烧成是在施釉前后各进行一次高温处理的烧成方法。二次烧成法通常有两种类型：一种是将未施釉的生坯烧到足够高的温度使之成瓷，然后进行施釉，再于较低温度下进行釉烧；另一种是先将生坯在较低温度下焙烧（素烧），然后施釉，在较高温度下再次进行烧成。

（四）施釉

釉是熔融在陶瓷制品表面上一层很薄很均匀的玻璃质层。

陶瓷制品施釉的目的在于改善制品的技术性及使用性质，以及提高制品的装饰质量。以玻璃态薄层施敷的釉层，可提高制品的机械强度，防止渗水和透气，赋予制品平滑光亮的表面，增加制品的美感并保护釉下装饰。釉料用量一般占烧成制品量的5%～9%。

施釉前，要对生坯或素烧坯进行表面清洁，以保证良好的釉层黏附。施釉方法有浸釉法、喷釉法、烧釉法、刷釉法和荡釉法等。在烧成时，坯体表面的釉料熔融为完全的液体，冷却以后为一层坚固的玻璃。

釉料的化学成分与玻璃相似，是硅石、硼酸等酸性化合物和氧化硅、石灰、矾土、碳酸钾（钠）等碱性化合物生成的硅（硼）酸盐。釉的种类很多，只有当釉与施釉坯体的具体性质很相近时，釉的宝贵性质才能得以利用，如陶器要施以陶釉，瓷器要施以瓷釉。在釉料中配以不同的物料，还可以使釉层具有不同的性质，如透明釉、乳浊釉、结晶釉、无光釉等。

（五）容器加工

随着陶瓷增韧强化技术的进步以及机械加工方法的开发，陶瓷的加工工艺多种多样。按照供给能量的方式，可将目前陶瓷的加工方法进行分类，具体情况如图 7-5 所示。

这些加工方法中，机械加工方法的效率高，因而获得广泛应用，特别是金刚石砂轮磨削、研磨和抛光较为普遍。进行表面精加工时，可采用图 7-5 中 1～5、7～10 和 15 所示的方法，其他加工方法大多适用于打孔、切割或微加工等。切割时大多用金刚石砂轮进行磨削切割，打孔时按照不同孔径分别进行超声波加工、研磨或磨削方式加工。

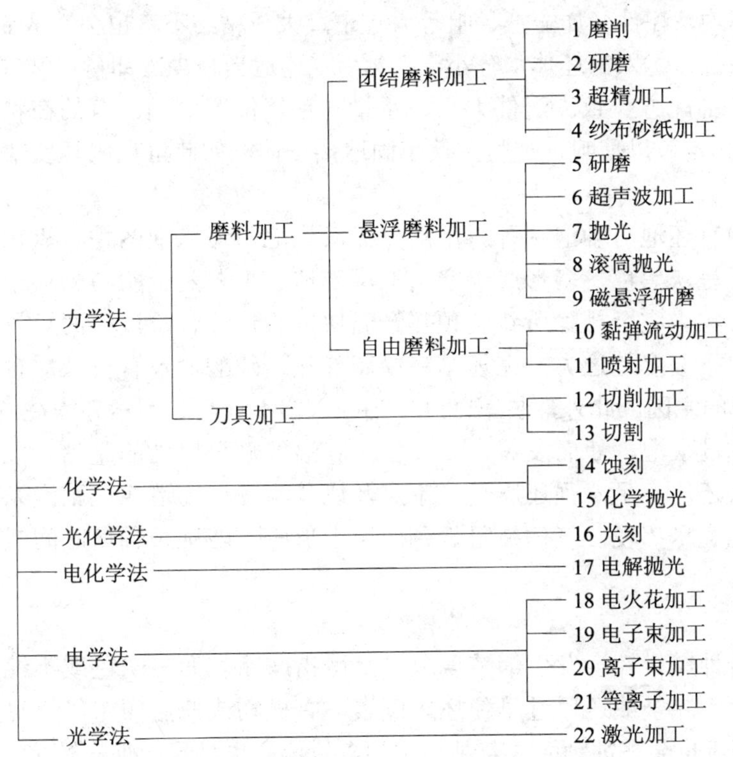

图 7-5 陶瓷加工方法分类

三、使用资源、生产环境与排放

使用资源：自来水、煤、重油。

生产环境与排放：烟气（含有二氧化碳、二氧化硫）、粉尘、固体废料和工业废水。

四、陶瓷包装产品主要缺陷及技术指标

（一）陶瓷包装产品的主要缺陷

在陶瓷的生产过程中，从原料至烧成经过多道工序，其中任何一道稍有疏忽都会造成制品的缺陷。陶瓷包装产品的缺陷主要有：

1．变形

产品烧成变形是陶瓷行业最常见、最严重的缺陷，如口径歪扭不圆，几何形状有不规则的改变等。主要原因是装窑方法不当。如匣钵柱行不正，匣钵底或垫片不平，使窑车运行发生震动，影响到产品的变形。另外，产品在烧成中坯体预热与升温快时，温差大易发生变形。烧成温度过高或保温时间太长也会造成大量的变形缺陷。使用的匣钵高温强度差或涂料抹不平时也会造成烧成品的变形。

2．开裂

开裂是指制品上有大小不同的裂纹。其原因是坯体入窑水分太高（大于 2%以上），预热升温和冷却太快，导致制品内外收缩不均。有的是坯体在装钵前已受到碰撞，有内伤。坯体厚薄不均、配件（如壶把、咀等）重量过大或粘结不良也会造成制品开裂。

防止的办法是：①入窑坯体水分小于 2%，车速适当减少冷却量。②装窑时套装操作谨慎，垫片与坯体配方一致。配件大小、重量与粘接位置恰当。有的在粘接泥浆中加入10%～15%的釉料，可以使咀、把与主体牢固熔接一体，如此可克服开裂缺陷。

3．起泡

烧制品起泡有坯泡与釉泡两种。坯泡分为氧化泡与还原泡两种。氧化泡指坯泡外面覆盖釉层，断面呈灰黑色，多形成于窑内低温部位。主要是瓷胎与釉料中的分解物未能充分氧化，烧失物未完全排除所致。预热升温快，氧化分解阶段时间短、氧化结束时窑内温度过低，上下温度差过大，在坯釉料中碳酸盐、硫酸盐及有机杂质含量较多等，都是造成产品起泡的主因。此外，装车密度不当、入窑水分高等因素亦须注意。

还原泡又称过火泡，断而发黄，多发生于高温近喷火口处的制品。主要由于坯体内硫酸盐与高价铁还原不足，强还原气氛不足及烧成温度过高造成。釉泡系沉积炭及分解物在釉熔前未能烧尽挥发，气体被阻于釉面层中形成。若延长釉熔时间或适当平烧即可解决。

4．烟熏

不论采用何种燃料都会发生烟熏现象。烟熏指产品表面呈灰色或不纯正的白色。主要由于坯体氧化不完全或还原过早使坯内碳素、有机物或低温碳未能烧尽在釉层封闭之前。有时烟气倒流也会熏蚀釉面。若釉料中钙含量偏高也易形成烟熏缺陷。

5．阴黄

制品表面发黄或斑状发黄，有的断面也有发黄现象，多出现在高火位处。主要原因是升温太快，釉熔融过早，还原气氛不足，而使瓷胎中的 Fe_2O_3 未能还原成 Fe。此外，装钵柱太低，窑顶局部产品温度偏高而还原不足也会形成阴黄缺陷。在产品原料中 TiO_2 含量太高，也会导致产品发黄，如若在坯料中加入微量 CoO，可遮盖产品的黄色。

6．生烧与过烧

生烧的制品外观发黄、吸水率偏高、釉面光泽差而粗糙、强度低、敲打时声音浑浊；过烧时产品发生变形，釉面起泡或流釉。主要原因在烧成温度偏高或偏低，高温保温时间控制不当，装车密度不合理或烧成温差大等产生局部过烧或生烧。

7．针孔

指产品釉面出现微小凹痕或小孔。形成此类缺陷的原因之一是坯料中有机物。碳素、氧化铁含量较高，当升温快时烧失物未能完全烧尽挥发而到后期高温阶段才逸出釉面，形成宛如微观火山状的针孔。此外，高温炉还原气氛太弱，喷火口部位产品再次被氧化也会造成针孔。再者，当釉料流动性差或施釉过薄时也会发生针孔缺陷。

8．无光

亦称消艳。产生釉面无光的原因是釉面形成微细体和釉层熔融不良，因此形成釉面无光缺陷。可在冷却初期采取快速冷却，防止釉面层析晶，提高釉面光泽度。

9．釉面不平

简称桔釉，釉面呈桔皮状。一般发生于盘、碟类制品。主要原因是釉面波化时升温过快，烧成温度过高，使釉面产生沸腾现象所致。另外釉浆厚薄不均、高温流动性差及釉料研磨不细等都是形成缺陷的症结所在。

10．惊釉

产品釉面有发丝粗的裂纹。主要原因是坯、釉膨胀系数相差较大。这就需要重新调整坯、釉配料配方。此外烧成温度过高、冷却制度不合理或釉层过厚也会形成惊釉缺陷。

（二）陶瓷包装产品的技术指标

陶瓷包装制品大都属于日用陶瓷制品，针对日用陶瓷，主要技术指标有以下几个方面：

1．吸水率

日用陶瓷试样开口气孔吸附的水的质量与干燥试样质量的比值称为该试样的吸水率，以百分比表示。

在日用陶瓷生产中，通常用吸水率来反映陶瓷产品的烧结程度，即成瓷性的优劣，也间接表示了显气孔率的大小。测定陶瓷原料与坯料烧成后的显气孔率与吸水率，可以确定其烧结温度与烧结范围，从而制定烧成曲线。陶瓷材料的机械强度、化学稳定性和热稳定性等与其吸水率有密切关系，从配料与工艺上可以采取措施，提高陶瓷制品的致密度，从而使吸水率降到最低限度。

2．尺寸规格

陶瓷包装容器存在着干燥收缩和烧结收缩，且纵横收缩度不一致，一般纵向比横向大 1.5%～3%，不同的泥料收缩范围差很大，需要靠实验数据和检验来掌握和控制，以达到要求的准确尺寸。陶瓷容器的直线型形面的平直度可用钢尺以贴切的方式检验，弧线型形面则用样板贴切检查。

3．热稳定性

指陶瓷产品承受温度剧烈变化而不破坏的性能，又称抗热震性。

日用陶瓷的热稳定性取决于坯料和釉料的化学组成、矿物组成及显微结构。由于陶瓷内外受热不均匀，坯与釉的热膨胀系数差异而引起热应力，强度超过应力而开裂。一般陶瓷的热稳定性与抗张强度成正比，与弹性模量成反比。导热系数、热容、密度也不同程度上影响热稳定性。

4. 光泽度

光线照射在材料表面上，可以发生镜面反射与漫反射、镜面透射与漫透射。具有明确方向性的反射光线，称为镜面反射，镜面反射的分数决定了陶瓷釉面的光泽度。

一般采用光电光泽度计，即用硒光电池测量照射在釉面镜面反射方向的反光量，并规定折射率 N=1.567 的黑色玻璃的反光量为 100%，将被测陶瓷釉面的反光能力与此黑色玻璃的反光能力相比较，得到的数据即为釉面的光泽度。

5. 白度

光线照射在陶瓷表面上，漫反射的分数决定了陶瓷表面的白度。

传统的测定方法是在日用陶瓷器白度测定方法规定的条件下，测定照射光逐一经过主波长为 620 μm、520 μm、420 μm 三块滤光片滤光后，试样对标准白板的相对漫反射率，并按规定计算公式计算，所得的结果为日用陶瓷的白度。

6. 透光度

光能通过材料后，剩余光能所占的百分比，称为透光度。对于日用陶瓷，因陶器不透光，这里的透光度常常指细瓷器的半透明性。类似于透光但不透明的乳白玻璃与磨砂玻璃。关键取决于散射系数。

7. 化学稳定性

化学稳定性是陶瓷或釉抵抗各种化学试剂侵蚀的一种能力。化学试剂一般都是酸、碱、盐及气体。陶瓷的化学稳定性取决于陶瓷坯釉的化学组成、结构特征和密度。化学试剂对陶瓷坯釉的腐蚀作用由试剂的化学特性、浓度、杂质、温度、压力以及其他条件决定。化学组成一定，通过严格的工艺控制可以提高坯釉的化学稳定性。如铅的溶出量不一定与釉的含铅量有直接关系，主要取决于釉彩中耐酸化合物与铅的存在形式。

陶瓷的化学稳定性主要是耐酸率、耐碱率。测定方法有失重法与滴定法。如果陶瓷的耐酸度、耐碱度很高，则由于腐蚀而减少的质量甚微，用补重法称不出来，而且很不准确。对化学稳定性高的陶瓷材料利用酸碱浓度滴定法比较准确。

8. 釉面硬度

硬度是衡量材料软硬的一种力学性能。陶瓷硬度常用莫氏硬度法和显微硬度计测定。莫氏硬度指矿物在釉面划线的方法，一般的日用陶瓷为 5～7，即相当于磷石、正长石和水晶的硬度。

釉面硬度对于日用陶瓷餐具是一个重要的指标。硬度高则餐具瓷的釉面能承受刀叉的经常磨刻而不致出现刻痕。

9. 釉面应力

釉面应力的产生是由于坯与釉的热膨胀系数存在差异，当陶瓷制品从高温冷却至室温时，由于坯和釉结合在一起而收缩不一致引起的。坯釉应力是双向的，但釉与坯相比釉层较薄，在坯釉应力作用下更易受到破坏。若釉层中存在过大的釉面应力将出现釉面裂纹、釉层剥落和产品变形等缺陷。坯釉膨胀系数的差异是影响坯釉适应性的一个重点。

10．铅、镉溶出量

出于对釉面光泽与助熔作用的考虑，在釉料与釉上颜料中常常使用铅与镉等重金属元素。这些重金属元素流入人体之后，很难被排出，虽然都是很微量的元素，但是日久天长，在身体中积累会对人体造成严重的危害，所以对铅与镉溶出量的测定是十分重要的检验项目。

五、陶瓷包装应用

陶瓷容器主要用做食品用器具，包装上常见于酒、颗粒药丸的包装。

六、陶瓷包装的应用标准

（一）基础标准、通用技术标准及试验方法标准

GB/T 3295—1996　陶瓷制品45°镜向光泽度试验方法

GB/T 3296—1982　日用陶瓷器透光度的测定方法

GB/T 3298—2008　日用陶瓷器热抗震测定方法

GB/T 3299—1996　日用陶瓷器吸水率测定方法

GB/T 3300—2008　日用陶瓷器变形检验方法

GB/T 3301—1999　日用陶瓷的容积、口径误差、高度误差、重量误差、缺陷尺寸的测定方法

GB/T 3302—2009　日用陶瓷器包装、标志、运输、贮存规则

GB/T 3303—1982　日用陶瓷器缺陷术语

GB/T 3534—2002　日用陶瓷器铅、镉溶出量的测定方法

GB/T 4734—1996　陶瓷材料及制品化学分析方法

GB/T 4736—1984　日用陶器透气性测定方法

GB/T 4737—1984　日用陶器渗透性测定方法

GB/T 4738.1—1984　日用陶瓷材料耐酸、耐碱性能测定方法（块状法）

GB/T 4738.2—1984　日用陶瓷材料耐酸、耐碱性能测定方法（颗粒法）

GB/T 4739—1995　日用陶瓷颜料色度测定方法

GB/T 4740—1999　陶瓷材料抗压强度试验方法

GB/T 4741—1999　陶瓷材料抗弯强度试验方法

GB/T 4742—1984　日用陶瓷冲击韧性测定方法

GB/T 4966—1985　日用陶瓷抗张强度测定方法

GB 5000—1985　日用陶瓷名词术语

GB 5001—1985　日用陶瓷分类

GB/T 5003—1999　日用陶瓷器釉面耐化学腐蚀性的测定

GB/T 6297—2002　陶瓷原料差热分析方法

GB 8058—2003　陶瓷烹调器铅、镉溶出量允许极限和检测方法

GB 12651—2003　与食物接触的陶瓷制品铅、镉溶出量允许极限

GB 14147—1993　陶瓷包装容器铅、镉溶出量允许极限

GB/T 15614—1995 日用陶瓷颜料光泽度测定方法
QB/T 1010—1999 陶瓷材料、颜料真密度的测定
QB/T 1321—1991 陶瓷材料平均线热膨胀系数测定方法
QB/T 1322—2010 陶瓷泥料可塑性指数测定方法
QB/T 1465—1992 陶瓷原料、颜料颗粒分布测定方法
QB/T 1503—1992 日用陶瓷白度测定方法
QB/T 1545—1992 陶瓷泥浆相对粘度、相对流动性及触变性测定方法
QB/T 1546—1992 陶瓷釉料熔融温度范围测定方法
QB/T 1547—1992 陶瓷材料烧结温度范围测定方法
QB/T 1548—1992 陶瓷坯泥料线收缩率测定方法
QB/T 1640—1992 陶瓷模用石膏粉物理性能测试方法
QB/T 1641—1992 陶瓷用石膏化学分析方法
QB/T 1642—1992 陶瓷坯体显气孔率、体积密度测试方法
QB/T 1967.1—1994 红色类陶瓷颜料化学分析方法
QB/T 1967.2—1995 黄色类陶瓷颜料化学分析方法
QB/T 1967.3—1995 白色类陶瓷颜料化学分析方法
QB/T 1967.4—1995 蓝绿色类陶瓷颜料化学分析方法
QB/T 1967.5—1996 黑色类陶瓷颜料化学分析方法
QB/T 2382—1998 亮金水、亮钯金水试验方法
QB/T 2434—1999 日用陶瓷原料含水率的测定
QB/T 2435—1999 日用陶瓷原料筛余量的测定
QB/T 3731—1999 日用陶瓷器釉面维氏硬度测定方法

（二）产品质量标准

GB/T 3532—2009 日用瓷器
GB/T 10811—2002 釉下（中）彩日用瓷器
GB/T 10812—2002 玲珑日用瓷器
GB 10813.1—1989 日用青瓷器
GB 10813.2—1989 陈设艺术青瓷器
GB 10813.3—1989 片釉青瓷器
GB 10813.4—1989 青瓷器系列标准 食用青瓷包装容器
GB/T 10814—2009 建白高级日用细瓷器
GB/T 10815—2002 日用精陶器
GB/T 10816—2008 紫砂陶器
GB/T 13522—2008 骨质瓷器
GB/T 13523—1992 铜红釉瓷器
QB/T 1222—1991 普通陶器 缸类
QB/T 1635—1992 日用陶瓷用高岭土
QB/T 1636—1992 日用陶瓷用长石

QB/T 1637—1992　日用陶瓷用石英
QB/T 1638—1992　日用陶瓷用滑石
QB/T 1639—1992　陶瓷模用石膏粉
QB/T 1682—1993　高铝质匣钵
QB/T 1683—1993　铝硅镁质匣钵
QB/T 2264—1996　陶瓷用瓷石
QB/T 2381—1998　亮金水亮钯金水
QB/T 3732.3—1999　普通陶器 包装坛类

七、产品复用性

日用陶瓷主要为餐具、茶具、缸、坛、盆、罐等食品容器，可重复使用；瓶类作为饮料、药物包装容器一般属一次性使用，少数高级酒瓶有专门人员收集重复使用。

八、回收利用情况

陶瓷工业废料比较集中，可回收再加工使用。陶瓷包装容器使用废弃后一般作为垃圾由环卫人员处理，或填埋或分拣出来运往加工厂。

参考文献

[1] 陈永常. 复合软包装材料的制作与印刷[M]. 北京：中国轻工业出版社，2007.

[2] 陈昌杰. 塑料薄膜的印刷与复合[M]. 北京：化学工业出版社，2004.

[3] 陈昌杰. 绿色包装技术及其典型案例[M]. 北京：化学工业出版社，2008.

[4] 陈港，唐爱民，张宏伟. 现代纸容器[M]. 北京：化学工业出版社，2002.

[5] 戴宏民. 包装与环境[M]. 北京：印刷工业出版社，2007.

[6] 戴宏民. 绿色包装[M]. 北京：化学工业出版社，2002.

[7] 戴宏民. 新型绿色包装材料[M]. 北京：化学工业出版社，2005.

[8] 顾幸勇，陈玉清. 陶瓷制品检测及缺陷分析[M]. 北京：化学工业出版社，2006.

[9] 韩永生. 塑料包装薄膜成型与实例[M]. 北京：化学工业出版社，2006.

[10] 郝晓秀，王建清. 包装材料学[M]. 北京：印刷工业出版社，2006.

[11] 何新快，胡更生，吴璐烨. 软包装材料复合工艺及设备[M]. 北京：印刷工业出版社，2007.

[12] 黄棋尤. 塑料包装薄膜 生产·性能·应用[M]. 北京：机械工业出版社，2003.

[13] 金属包装市场蕴藏巨大商机[J]. NON-FERROUS METALS RECYCLING AND UTILIZATION，2006，（12）：40-41.

[14] 江谷. 复合软包装材料与工艺[M]. 苏州：江苏科学技术出版社，2003.

[15] 江谷. 软包装材料及复合技术[M]. 北京：印刷工业出版社，2008.

[16] 路高辉，解念锁. 再生金属资源利用与钢铁工业可持续发展[J]. 科技信息，2008，（12）：160.

[17] 骆光林. 包装材料[M]. 北京：印刷工业出版社，2005.

[18] 骆光林. 绿色包装材料[M]. 北京：化学工业出版社，2005.

[19] 刘一山. 造纸工业环境污染与控制[M]. 北京：化学工业出版社，2008.

[20] 刘一星. 木质废物再生循环利用技术[M]. 北京：化学工业出版社.

[21] 李坚，李淑君. 新型炭材料——木陶瓷[M]. 长春：东北林业大学出版社.

[22] 李晓平，白波. 人造板胶粘剂合成及其应用[M]. 长春：东北林业大学出版社.

[23] 马荣. 木材陶瓷[J]. 兵器材料科学与工程.

[24] 马荣. 木材陶瓷的制备与性能研究[J]. 西安交通大学学报.

[25] 邱定蕃，吴义千，符斌. 我国有色金属资源循环利用[J]. 有色冶金节能，2005，（4）：6.

[26] 邱定蕃. 有色金属资源循环利用[C]. 江苏技术师范学院学报，2006， 12（6）.

[27] 全国塑料制品标准化技术委员会秘书处. 实用塑料制品标准手册[M]. 北京：中国标准出版社，2006.

[28] 潘松年. 包装工艺学 [M]. 北京：印刷工业出版社，2004.

[29] 彭国勋，宋宝丰. 物流运输包装设计[M]. 北京：印刷工业出版社，2006.

[30] 孙可伟，李如燕. 废物复合成材技术[M]. 北京：化学工业出版社，2006.

[31] 桑永. 塑料材料与配方[M]. 北京：化学工业出版社，2005.

[32] 谭国民. 纸包装材料与制品[M]. 北京：化学工业出版社，2002.

[33] 田雁晨，王文广. 塑料配方大全[M]. 北京：化学工业出版社，2004.

[34] 王德忠. 金属包装容器——结构设计、成型与印刷[M]. 北京：化学工业出版社，2003.

[35] 王建清. 包装材料学[M]. 北京：中国轻工业出版社，2009.

[36] 王建清，韩永生，等. 包装材料学[M]. 北京：国防工业出版社，2004.
[37] 王瑞栋. 包装动力学与结构设计.
[38] 武军，李和平. 绿色包装[M]. 北京：中国轻工业出版社，2007.
[39] 许健南. 塑料材料[M]. 北京：中国轻工业出版社，2001.
[40] 杨瑞丰. 瓦楞纸箱生产实用技术[M]. 北京：化学工业出版社，2006.
[41] 杨斌编. 绿色塑料聚乳酸[M]. 北京：化学工业出版社，2007.
[42] 严丽，刘慧颖．几种常见金属污染环境对人体危害的简介[J]．黑龙江冶金，2004，（4）：45-46.
[43] 严继民，等. 吸附与凝聚——固体表面与孔[M]. 北京：科学出版社.
[44] 尹章伟. 包装材料、容器与选用[M]. 北京：化学工业出版社，2003.
[45] 岳开峰，等. 医药包装手册[M]. 长春：吉林科学技术出版社，1990.
[46] 赵延伟，范军红．金属包装废物综合治理研究[J]．中国包装工业，2000，（70）：24-28.
[47] 张玉龙. 废旧塑料回收制备与配方[M]. 北京：化学工业出版社，2008.
[48] 周祥兴，郁文娟，张惠曦. 实用塑料包装制品手册[M]. 北京：中国轻工业出版社，2000.
[49] 周祥兴，任显诚. 塑料包装材料成型及应用技术[M]. 北京：化学工业出版社，2004.
[50] 周祥兴. 软质塑料包装技术[M]. 北京：化学工业出版社，2002.
[51] 周祥兴，张维镛. 包装用塑料薄膜工艺[M]. 北京：中国物资出版社，2001.
[52] 周祥兴，等. 实用塑料包装制品手册 膜·容器·编织袋·周转箱·缓冲材料·印刷技术[M]. 北京：中国轻工业出版社，2002.
[53] 周祥兴. 塑料包装材料成型与彩印工艺[M]. 北京：中国物资出版社，1999.
[54] 周殿明，张丽珍. 塑料薄膜实用生产技术手册[M]. 北京：中国石化出版社，2006.
[55] 周殿明. 塑料薄膜挤出成型技术问答[M]. 北京：化学工业出版社，2008.
[56] 周廷美．包装及包装废物管理与环境经济[M]．北京：化学工业出版社，2007.
[57] 周震，武兵．印刷油墨的配方设计与生产工艺[M]．北京：化学工业出版社，2003.
[58] 张克惠. 塑料材料学 [M]. 西安：西北工业大学出版社，2000.
[59] 张云洪. 陶瓷工艺技术[M]. 北京：化学工业出版社，2006.
[60] 郑全成. 运输与包装[M]. 北京：清华大学出版社，北京交通大学出版社.
[61] 中国包装标准汇编（纸包装卷）[S]. 北京：中国标准出版社，2006.
[62] 中国标准出版社第一编辑室，中国包装技术协会信息中心. 中国包装标准汇编（塑料包装卷）[M]. 北京：中国标准出版社，2006.
[63] [美] R. J. 赫恩南德兹. 塑料包装 性能、加工、应用、条例[M]. 北京：化学工业出版社，2004.
[64] [德]苏珊·E.M.赛克. 塑料包装技术[M]. 北京：中国轻工业出版社，2000.
[65] 冈部敏弘，斋藤幸司，等. 多孔质炭素材料・ウツドセラミツクスの开发——电磁シールド特性・材料.
[66] 冈部敏弘，斋藤幸司，等. 新型多孔质炭素材料・ウツドセラミツクス.
[67] Hiroshi I，Masami F，et al. Mechanical Properties of Woodceramics： A Porous Carbon Material. Journal of Porous Materials.
[68] Keisuke H. Laser Beam Machining of Porous Wooderamics. Journal of Porous Materials.
[69] Kiyokazu K，Kiyotaka S，Hiroyuki E. Preparation and Properties of Woodceramic Thin Films. Journal of Porous Materials.
[70] Tomoharu A，Kazuo H，et al. Friction and Wear of Woodceramics under Oil and Water Lubricated Sliding

Contacts. Journal of Porous Materials.

[71] Toshikazu S，Nobukazu K，et al. Electrical Properties of Woodceramics. Journal of Porous Materials.

[72] Toshihiro O，Kouji S，Kazuo H. New Porous Carbon Materials，Woodceramics：Development and Fundamental Properties. Journal of Porous Materials.

[73] 中国食品产业网. www.foodqs.com.

[74] 中国资源回收网. www.chinazyhs.com.